# Stata par la pratiqu
# statistiques, graphiques et
# éléments de programmation

# Stata par la pratique : statistiques, graphiques et éléments de programmation

ERIC CAHUZAC
*Institut National de la Recherche Agronomique, ESR, Toulouse*

CHRISTOPHE BONTEMPS
*Institut National de la Recherche Agronomique, GREMAQ, Toulouse*

A Stata Press Publication
StataCorp LP
College Station, Texas

Published by Stata Press, 4905 Lakeway Drive, College Station, Texas 77845
Typeset in LaTeX $2_\varepsilon$
Printed in the United States of America

10 9 8 7 6 5 4 3 2 1

ISBN-10: 1-59718-042-4
ISBN-13: 978-1-59718-042-9

# Remerciements

Il nous aurait été simplement impossible d'écrire cet ouvrage sans l'enthousiasme de Pierre Dubois envers Stata et sans l'appui scientifique de Michel *"Max"* Simioni. C'est pourtant sous la pression des questions et des critiques stimulantes de Michel Blanc et de Valérie Orozco que nos notes n'ont pas fini, une fois de plus, en un fichier LaTeX de 100 Ko sur nos disques durs. Merci à eux de nous avoir permis de vivre cette aventure.

Bien évidemment, ce serait faire preuve d'ingratitude que de ne pas remercier ici ceux qui ont motivé la rédaction de ces chapitres : étudiants, chercheurs et collègues ayant participé à nos diverses formations à Aix, Caen, Dijon, Marseille, Montpellier et bien sûr à Toulouse.

L'occasion nous est donnée ici d'exprimer notre sympathie à l'égard de nos collègues de l'unité d'Économie et Sociologie Rurales de Toulouse et du département SAE2 de l'INRA pour leur aide et pour nous avoir permis de travailler dans des conditions agréables.

Nous sommes également reconnaissants à la dynamique équipe de StataCorp — *special thanks to William Gould and William Rising* — qui a accepté d'éditer ce livre (le premier en Français) sans oublier les nombreux lecteurs qui nous ont aidés à améliorer la clarté de cet ouvrage. Les inévitables erreurs qui peuvent subsister sont nôtres.

*INRA*                                                                 Eric Cahuzac
*Toulouse, France*                                          Christophe Bontemps
*Mai 2008*

# Table des matières

# Avant-propos

Cet ouvrage représente la mise en commun d'une expérience partagée sous Stata. Il n'a pas pour but d'être un manuel d'utilisation exhaustif, mais s'avère efficace en réponse à des questions courantes sur des exemples concrets. Il s'adresse principalement à des utilisateurs plutôt débutants mais ayant eu une première approche avec un logiciel statistique. Il leur permettra d'acquérir une autonomie rapide et leur donnera des principes de base pour une utilisation aisée du logiciel.

Le choix d'un logiciel se place dans la durée et n'est donc pas anodin. Parmi les logiciels présents sur le marché dans le domaine de la statistique et de l'économétrie, Stata se place en concurrent direct des principaux logiciels généralistes comme SAS et SPSS. Il existe également de nombreux logiciels spécialisés en économétrie (Eviews, LIMDEP, Rats...), en mathématique et optimisation (Gamms, Maple, Mathematica...) ainsi que des environnements de programmation statistiques (R, S, S-PLUS...) ou économétriques (Gauss, Matlab...). La bonne connaissance d'un logiciel ne devrait pas enfermer l'utilisateur dans la pratique de ce seul logiciel comme c'est souvent le cas. Il va de soi qu'un logiciel spécialisé sera plus adapté à des traitements spécifiques ; mais, selon nous, le praticien devrait maîtriser un logiciel généraliste pour répondre aux besoins courants, connaître les fonctionnalités de logiciels complémentaires et savoir utiliser les logiciels plus adaptés à sa spécialité.

Cet ouvrage a pour vocation de faire découvrir Stata avec ses forces et ses faiblesses[1]. Il a été écrit avec et pour Stata 10 et inclut donc les nouveautés du logiciel, mais la grande majorité des commandes décrites fonctionne avec des versions antérieures. Les chapitres se veulent indépendants dans leur lecture et d'accès direct afin de répondre à des problèmes types. Nous proposons chaque fois que c'est possible des exemples concrets avec leurs commandes commentées. Ce document ne se substitue en aucun cas à la documentation complète et officielle de Stata (au contraire il y fait référence) mais illustre, à partir d'exemples, une sélection de commandes résolument pratiques.

Nous vous proposons les chapitres suivants :

**Le chapitre 1** renseigne sur le concept même du logiciel Stata, sa philosophie et son organisation de base. Ce chapitre sert à comprendre son fonctionnement général ainsi que certaines logiques d'utilisation.

---

1. Nous ne proposerons pas une comparaison point à point avec des logiciels comme SAS ou SPSS laissant le lecteur intéressé consulter Mitchell (2007).

**Le chapitre 2** permet une entrée en matière efficace en ce qui concerne la gestion des données. On y aborde les principales solutions permettant d'importer des données, de les transformer et de les enregistrer.

**Le chapitre 3** aborde les aspects de statistiques descriptives en fonction de la nature des données étudiées. Des calculs simples de fréquences à l'analyse de données multivariée, les concepts statistiques couramment utilisés seront traités à partir d'exemples.

**Le chapitre 4** complète le précédent en formalisant l'analyse au travers des modélisations les plus courantes. On s'intéressera ici à expliquer un phénomène (continu, discret, ordonné...) par un certain nombre de variables observées. Partant de la régression linéaire, nous aborderons des modélisations plus spécifiques de la variable à expliquer.

**Le chapitre 5** est un chapitre "visuel" car il complète les travaux effectués dans les étapes précédentes de manière graphique. Il essaye, face à la diversité des possibilités graphiques, de donner une ligne de conduite efficace afin d'illustrer vos résultats.

**Le chapitre 6** est un chapitre d'aide à la publication puisqu'il va vous apprendre à diffuser les résultats obtenus avec Stata sur les supports les plus courants.

**Le chapitre 7** va vous aider à aller plus loin. Pour tous ceux qui n'auront pas été épuisés après la lecture des chapitres précédents, nous aborderons certains aspects plus techniques de programmation tout en restant à un niveau abordable de compréhension. La lecture de ce chapitre peut être faite dans un second temps si nécessaire, une fois les concepts de base maîtrisés.

**Le chapitre 8** conclut par de petits exemples qui sont nés peu à peu de l'utilisation de ce logiciel et qui, sur le moment, ne nous ont pas parus évidents. Comme ce sont parfois des cas d'école et que vous rencontrerez peut-être les mêmes difficultés, nous vous les livrons tels quels ; mais là aussi vous pouvez laisser cette partie à votre curiosité future.

Les chapitres 2, 3, 4, 5 et 6 sont donc les piliers de cet ouvrage et présentent une certaine chronologie dans les besoins de l'utilisateur de Stata. Le chapitre 1 est plus un chapitre de logique d'utilisation, tandis que les chapitres 7 et 8 pourront être abordés de façon indépendante au fil des besoins et de votre curiosité.

## Convention typographique utilisée dans cet ouvrage

Le symbole @ qui apparaît accolé au nom de certaines commandes identifiera, dans la suite, des commandes externes qui ne sont pas livrées dans la version de base de Stata. On pourra utiliser la commande findit suivi du nom de la commande, pour afficher dans le *viewer* une liste d'informations associée à des liens permettant d'installer en un clic la commande désirée. On pourra aussi saisir directement ssc install nom_de_commande dans la ligne de commande Stata (cf. section 1.2.6).

# 1 La logique Stata

## 1.1 Un parcours

Stata est un logiciel statistique apparu dans le milieu des années 80 (1985) et disponible à l'origine sur PC uniquement[1] (Newton 2005). De ce départ timide et somme toute banal s'est peu à peu construit, plus qu'un simple logiciel destiné au domaine scientifique, un véritable "esprit Stata" qui fait que tout utilisateur de Stata (même occasionnel) peut revendiquer son appartenance à cette famille. Là ou d'autres éditeurs se sont contentés de fournir des versions régulièrement actualisées de leur logiciel, Stata propose en plus un service et une communauté de programmeurs. Stata a su utiliser les nouvelles technologies, et en particulier celle du Web, pour permettre à son produit d'être évalué, jugé, testé, et donc d'évoluer chaque jour un peu plus pour satisfaire l'utilisateur. Ce dernier, à son tour, peut participer à l'évolution du produit en proposant ses compétences au service de cette communauté d'utilisateurs.

On comprend très vite cette dynamique lorsque l'on utilise Stata, même pour la première fois, puisque dès son installation le logiciel doit subir une mise à jour[2]. Les mauvaises langues diront qu'un logiciel qui évolue si vite doit avoir du mal à être stable et doit être difficile d'emploi. Cela a pu être le cas pour les versions antérieures, où la multitude d'instructions redondantes pouvait dérouter le débutant. Depuis les dernières versions, on a assisté peu à peu à l'homogénéisation des commandes ainsi qu'à plus de facilité dans les mises à jour, celles-ci pouvant même être planifiées.

La logique de Stata repose sur un noyau compilé (.exe) qui comprend les principales instructions et qui peut éventuellement appeler des procédures annexes (.ado) livrées en standard ou à télécharger sur les sites miroirs de Stata (voir section 1.2.5). Ces instructions annexes sont des programmes écrits en langage Stata qui ont été développés par StataCorp[3] ou bien par des programmeurs (enseignants, scientifiques, utilisateurs, étudiants...) qui ont livré leurs sources à Stata pour en faire bénéficier l'ensemble des utilisateurs. Dans ce dernier cas, les programmes ont subit une procédure d'évaluation et de tests afin de répondre à un cahier des charges et de garantir leur bon fonctionnement et leur exactitude, au même titre que les procédures d'évaluation qui existent pour la publication d'un article dans une revue scientifique. C'est cette caractéristique qui fait la dynamique et la diversité des thématiques de Stata. En effet, plus besoin d'attendre

---

1. Lire aussi les articles de Becketti (2005) et de Cox (2005a) sur les débuts de Stata.

2. Pour une utilisation optimale de Stata, une connexion Web est par conséquent fort utile (mais pas obligatoire). Nous supposerons dans cet ouvrage que le lecteur dispose de cette connexion.

3. Groupe industriel qui développe le logiciel Stata et gère les services associés comme les formations, le support technique, la publication, des rencontres annuelles d'utilisateurs...

la nouvelle version officielle du logiciel pour bénéficier des améliorations et des corrections d'erreurs : des mises à jour viennent enrichir le produit régulièrement. Ainsi, Stata bénéficie d'une "communauté des développeurs" bien plus importante que pour un logiciel classique. La diversité des domaines scientifiques des utilisateurs (mathématiques, sciences du vivant, sciences humaines, etc.) se retrouve alors dans les différents domaines couverts par le logiciel. Stata possède ainsi cette particularité — peu commune dans le monde du logiciel commercial — d'évoluer en direction de la demande des utilisateurs et non pas de l'offre du fournisseur.

C'est cet effort de mutualisation de la connaissance scientifique qui fait qu'aujourd'hui Stata se positionne comme un logiciel de pointe, tant pour les chercheurs et étudiants de tous domaines que pour quiconque veut faire de l'analyse, de la représentation graphique de données, de la statistique et de l'économétrie appliquée de bon niveau avec un minimum de programmation.

## 1.2    Une organisation

### 1.2.1    Les différents Stata

Pour faire simple, Stata est développé sur les plates-formes Windows, Macintosh et Unix en plusieurs versions Small Stata, Stata/IC, Stata/SE, et Stata/MP qui se différencient chacune par leur capacité de traitement des données. Les principales limites sont fournies dans le tableau suivant :

|  | Small Stata | Stata/IC | Stata/SE /MP |
|---|---|---|---|
| Nombre d'observations | 1000 | 2 147 483 647 | 2 147 483 647 |
| Nombre de variables | 99 | 2047 | 32 767 |
| Taille des matrices | 40 x 40 | 800 x 800 | 11 000 x 11 000 |

Il va de soi que ces limites sont conditionnées par la capacité de la machine utilisée puisque Stata travaille en mémoire vive. De plus, pour chacune de ces versions, la valeur limite n'est pas obligatoirement la valeur définie par défaut à l'ouverture du logiciel. De ce fait, certains messages d'erreur peuvent apparaître indiquant un manque d'espace mémoire même si votre version accepte des fichiers plus gros (voir annexe A).

Enfin, certaines commandes ont leurs propres limites (rarement atteintes). Pour les visualiser et pour en avoir une idée complète il suffit d'interroger l'aide (help limits). A moins de posséder la version Small, c'est la machine utilisée qui limitera votre enthousiasme et rarement le logiciel.

### 1.2.2    Les fenêtres

La prise en main de Stata est simple et repose sur un environnement composé de 4 fenêtres, visibles en permanence et qui divisent le poste de travail :

– Results est la fenêtre la plus grande où s'affichent les résultats des opérations effectuées par Stata et des commandes soumises ;
– Review est une fenêtre qui enregistre les commandes soumises à Stata afin de pouvoir y faire référence à tout moment. En cliquant sur l'une d'entre elles on la rappelle dans la fenêtre de commande. Depuis la version 10, on peut sélectionner plusieurs commandes dans cette fenêtre afin de les soumettre à nouveau au système ; les commandes qui ont généré des erreurs sont écrites en rouge. Enfin, le contenu de la fenêtre Review peut être enregistré afin de récupérer les commandes exécutées durant la session (voir aussi section 7.1.3) ;
– Variables est la fenêtre où s'affiche la liste des variables du fichier chargé en mémoire avec leur label, leur type et leur format. Si l'on clique sur l'une des variables son nom apparaît également dans la fenêtre de commande. Un clic droit dans cette fenêtre donne accès à de nombreuses options depuis la version 10 de Stata comme par exemple la possibilité de renommer les variables ou de changer leur label ;
– Command est la petite fenêtre en bas de l'écran. Elle sert à saisir les commandes afin de les soumettre immédiatement à Stata au moyen de la touche "Entrée".

Depuis les versions 9 et 10, les fenêtres Review et Variables peuvent être réduites sous forme d'onglets afin de laisser plus de place aux résultats. Pour cela, il faut aller dans le menu de configuration (Edit > Preferences > General Preferences... | onglet Windowing) et cocher les cases désirées. Ensuite en cliquant sur la punaise qui apparaît en haut à droite sur le cadre de ces fenêtres, celles-ci se masquent[4]. A ces 4 fenêtres s'ajoutent les fenêtres suivantes :

Viewer, qui apparaît lors d'une demande d'aide (commande help) ou lors de la visualisation de fichiers log (au format smcl, voir aussi section 7.1.3). L'aide peut également être accessible en cliquant sur l'icône représentant un œil dans la barre d'outils.

Do-file Editor, la fenêtre dédiée à l'éditeur de texte de Stata. L'éditeur de Stata va vous permettre d'enregistrer les commandes relatives à un traitement afin de pouvoir le reproduire ultérieurement ou bien d'en exécuter directement une partie (voir aussi section 7.1.3). L'éditeur s'ouvre soit par le menu déroulant (Window > Do-file Editor > New Do-file), soit en cliquant sur son icône. Depuis la version 9, plusieurs fenêtres d'édition peuvent être ouvertes.

Data Editor est l'éditeur de données de Stata, il permet de modifier directement le fichier de données en mémoire. A la fermeture de l'éditeur, il vous est demandé de confirmer les modifications. Dans l'affirmative, les commandes correspondant à vos modifications s'affichent dans la fenêtre Result. Si le but est de simplement visionner les données en mémoire, on peut ouvrir cette fenêtre en mode Browser uniquement. Cette action s'opère simplement à l'aide de l'icône dans la barre d'outils de Stata.

---

4. Vous pouvez jeter un œil au tutorial audio sur la manipulation des fenêtres qui est mis en ligne à l'adresse suivante : http://www.ats.ucla.edu/stat/stata/faq/stata9gui/dockfloatpin.html.

Enfin, chaque fenêtre peut être ouverte par pression simultanée de la touche [Ctrl] et d'une touche numérique du clavier (de 1 à 8). La pression des touches [Ctrl+8] ouvre par exemple l'éditeur de données (voir help keyboard ou section 1.2.7).

### 1.2.3   Les fichiers

Avec Stata on manipulera le plus souvent 3 types de fichiers avec des extensions spécifiques :
– des fichiers de type .dta qui sont les fichiers de données au format Stata ;
– des fichiers .do qui sont au format texte et qui contiennent les commandes (ou programmes) nécessaires pour un traitement. Ce sont les fichiers générés par l'éditeur interne.
– des fichiers .ado qui sont des procédures — fournies ou à télécharger —, c'est-à-dire des routines écrites dans le langage Stata et qui permettent de réaliser des traitements spécifiques (voir aussi section 7.3.2).
Les fichiers de données .dta s'ouvrent directement à partir de la fenêtre principale (File > Open...) ou en cliquant sur l'icône représentant un dossier dans la barre d'outils. Stata donne aussi accès en standard à un jeu de données d'exemples afin de tester certaines commandes. On y accède avec le menu déroulant (File > Example Dataset...), mais cela nécessite une connexion web afin de récupérer les données.

D'autres types de fichiers sont également à connaître :
– les fichiers de type .hlp (ou .sthlp depuis la version 10), c'est à dire les fichiers d'aide en ligne de Stata. Ce sont des fichiers texte écrits en SMCL (*Stata markup and control language*), un langage à balises comme le HTML mais spécifique à Stata ;
– les fichiers .gph, qui est le format d'enregistrement des fichiers graphiques de Stata (voir section 6.2.4) ;
– les fichiers .ster, qui contiennent toutes les informations liées à une estimation sauvegardée par la commande estimates save (voir section 7.2.4).
– les fichiers .dct, qui sont des fichiers texte contenant le dictionnaire des variables nécessaires pour la lecture des données au format fixe (voir section 2.1.1).

### 1.2.4   Les mises à jour

Comme nous l'avons dit en introduction, Stata est un logiciel en évolution constante, ce qui nécessite des mises à jour régulières afin d'utiliser les dernières versions des commandes. Depuis la version 9 de Stata, cette mise à jour est proposée automatiquement à l'ouverture (par défaut tous les 7 jours) et peut également être paramétrée dans le menu : Edit > Preferences > General Preferences... | onglet Internet. Mais il est toujours possible de vérifier l'arrivée de nouvelles mises à jour en tapant : update query dans la ligne de commande. Vous vous connectez à ce moment là sur le site de Stata et vous êtes informés des éventuelles mises à jour, à vous de les récupérer ou pas. Si vous le souhaitez, il suffit pour cela de suivre les instructions qui s'affichent à l'écran.

Les mises à jour qui s'effectuent de cette façon concernent le noyau Stata, c'est-à-dire l'exécutable, ainsi que les fichiers .ado livrés en standard lors de l'installation. Elles ne concernent pas les ajouts de programmes faits par vos soins (voir section 1.2.5). Si vous ne disposez pas de connexion internet sur l'ordinateur sur lequel vous utilisez Stata, ou s'il y a trop longtemps que les mises à jour ont été faites — auquel cas la mise à jour peut ne pas aboutir — il est possible de récupérer sur le site de Stata (Support > Software updates) les archives correspondant à votre version (.ado et .exe).

## 1.2.5   L'ajout de nouveaux éléments

En dehors des éléments livrés en standard, il existe de nombreux programmes (ou packages) développés par des chercheurs indépendants ou des informaticiens de Stata. On les nomme SSC (*Statistical Software Components*). Ces programmes s'apparentent souvent à des outils facilitant la manipulation de données ou bien à des avancées récentes en statistique ou en économétrie. Un site archive dédié à ces composants est hébergé par RePEc[5].

Depuis la ligne de commande de Stata, on peut installer, désinstaller, ou simplement trouver des informations sur ces éléments avec la commande ssc. Il est nécessaire de connaître le nom de l'élément que l'on recherche pour utiliser cette commande, sinon la recherche devient fastidieuse et il vaut mieux utiliser d'autres techniques (voir section 1.2.6). Si on veut s'informer des développements récents, il suffit de taper dans la ligne de commande :

    ssc whatsnew

Les derniers éléments déposés sur le site sont alors listés avec une brève explication. Les noms renvoient — par un simple clic — à une information plus complète avec possibilité de téléchargement du composant (voir help ssc). Ces SSC sont pour la plupart maintenus par leurs auteurs et évoluent dans le temps pour mieux répondre à la demande. Cependant ils ne sont pas mis à jour lors d'un update (voir section 1.2.4). Pour mettre à jour ces composants il faudra utiliser la commande adoupdate.

## 1.2.6   Comment obtenir de l'information

Trouver des informations sur une commande, chercher une nouvelle commande ou encore voir si quelqu'un n'a pas déjà rencontré le même problème ou développé la même application est un jeu d'enfant avec Stata, notamment grâce à son ouverture sur le web. La façon de procéder dépend du niveau de connaissance sur l'information que vous recherchez.
  – si vous recherchez une commande en connaissant son nom (mlogit par exemple, pour un modèle logit multinomial), il vous suffit d'utiliser l'aide en ligne de Stata (help mlogit). Coup de chapeau au passage à Stata pour la clarté et la facilité de son aide en ligne. Peu de logiciels commerciaux proposent une aide si claire

---

5. Research papers in economics : http://ideas.repec.org/s/boc/bocode.html

avec des renvois aux commandes annexes, des exemples et même la possibilité d'effectuer une recherche dans la page d'aide.

– si cette commande existe mais n'est pas installée, il vaut mieux taper findit mlogit ou, de manière équivalente, utiliser le menu déroulant (Help > Search...) et cocher Search all puis entrer le mot clé. Vous obtenez alors un ensemble d'informations sur la commande, y compris des FAQ et des pages HTML y faisant référence. La commande findit est très puissante et à privilégier car elle recherche l'information à la fois en local, sur le site de Stata et sur ses sites miroirs.

– si vous n'avez aucune idée du nom de la commande, vous pouvez faire une recherche par mot clé avec la commande findit multinomial logit. Pensez alors à donner des mots clés en anglais sous peine de ne rien trouver.

– vous pouvez aussi rechercher un mot clé dans tous les fichiers d'aides installés sur votre machine avec la commande hsearch. Cette commande indexe[6] l'ensemble des fichiers d'aides et fait apparaître dans le Viewer la liste des commandes y faisant référence. Il ne reste plus qu'à cliquer sur celle désirée.

– si ces solutions ne donnent rien, il faudra utiliser un moteur de recherche classique en entrant les mots clés ainsi que le mot Stata pour limiter la recherche.

Enfin, le site de Stata et plus particulièrement la rubrique "Resources links" http://www.stata.com/links/ donne un bon point d'entrée à des sites miroirs de Stata qui archivent des manuels, des exemples et des FAQ sur Stata. Il existe également des livres spécifiques sur Stata, des cours, un forum... Tout ceci étant accessible à partir du site web de Stata.

## 1.2.7  Quelques raccourcis

Stata propose quelques raccourcis clavier — à partir de la fenêtre de commandes — qui s'avèrent précieux à l'utilisation. Nous les présentons dans le tableau suivant :

| Touches | Action |
|---|---|
| Pg Up : ⇑ | Rappelle la commande précédente |
| Pg Down : ⇓ | Rappelle la commande suivante |
| Esc : | Efface la ligne de commande |
| Ctrl+C : | Stoppe l'exécution en cours (break) |
| F1 : | Equivalent à help |
| F2 : | Affiche les 5 dernières commandes tapées (#review) |
| F3 : | Equivalent à describe |
| F7 : | Equivalent à save |
| F8 : | Equivalent à use |

En plus de ces raccourcis, Stata permet de gagner du temps pour la saisie des noms des variables dans la ligne de commande avec l'*auto-complétion*. En effet, s'il n'y a pas d'ambiguïté dans le nom de la variable tapée, il suffit de saisir les premières lettres et d'appuyer sur la touche Tab [↦], le nom de la variable est ainsi complété.

---

6. La première utilisation de hsearch est de ce fait un peu longue.

La plupart des commandes usuelles sont reconnues par Stata en écrivant uniquement ses 2 ou 3 premiers caractères. Dans la documentation officielle et dans l'aide en ligne, ces caractères sont soulignés dans le nom de la commande. Par exemple, on écrira :

| | | |
|---|---|---|
| tab (ou même ta) | pour | <u>tab</u>ulate (voir section 3.1.1) |
| su | pour | <u>su</u>mmarize (voir section 3.1.2) |
| di | pour | <u>di</u>splay (voir section 2.4) |
| ... | | |

Il est à noter également que l'on peut définir ses propres raccourcis. Il suffit de définir des macros ou alias (voir section 7.2) portant le nom des touches de raccourcis. Ainsi, les lignes :

```
global F4 `
global F5 '
```

éviteront aux programmeurs la fastidieuse frappe des touches nécessaires à l'écriture de ces *quotes*, très utiles en programmation, remplacée par une simple touche de raccourci (F4 ou F5 ici). Si ces lignes sont ajoutées dans le fichier profile.do (voir page 182), ces raccourcis seront actifs à chaque démarrage de Stata.

Enfin, il suffit de taper exit pour sortir de Stata, ce qui ne peut se faire que si le fichier de données et/ou l'éditeur n'ont pas été modifiés depuis le dernier enregistrement.

# 2    Manipuler les données

Dans ce chapitre nous abordons les commandes usuelles permettant de débuter avec Stata. Nous vous proposons d'étudier comment importer dans Stata des données provenant d'autres sources, mais aussi comment organiser les données et créer de nouvelles variables. Ce chapitre vous permettra également de vous familiariser avec les éléments courants du langage Stata. Ce sont donc les bases de la gestion des données avec Stata qui vous sont présentées ici.

## 2.1    Les données

Contrairement à d'autres logiciels, Stata ne travaille que sur un fichier chargé en mémoire. Ceci peut rendre délicat certaines opérations complexes nécessitant la manipulation de plusieurs fichiers simultanément — la jointure reste toutefois une opération très simple à réaliser (voir section 2.8.2) — mais augmente la vitesse de traitement.

### 2.1.1    Importer des données...

Stata n'est pas un logiciel de transfert de données (voir pour cela Stat/Transfer ou DBMS Copy), aussi ne peut-il que lire des fichiers de données dans son propre format ou au format texte (ASCII). Plusieurs commandes sont disponibles afin d'importer des données ASCII provenant d'autres sources en fonction de leur format (libre ou fixe) et de leur organisation.

**insheet** lit des fichiers ASCII où il y a *une seule observation par ligne* et où les variables sont séparées par des *tabulations* ou des *virgules*. La première ligne du fichier peut contenir les noms des variables. Sans option, on peut écrire la commande suivante :

> insheet using mesdata.txt

Stata suppose alors que le fichier est délimité par des tabulations ou des virgules et est aussi capable de déterminer si la première ligne contient le nom des variables. Dans les cas où le séparateur n'est pas une tabulation ou une virgule mais, par exemple, un point-virgule " ;" (c'est le cas des fichiers csv produits par Excel), on doit l'indiquer par l'option delimiter de la façon suivante :

> insheet using mesdata.csv, delimiter(;)

insheet est la commande la plus utilisée car elle répond simplement à la lecture des fichiers les plus courants.

**Attention** : Excel (dans sa version française) crée des nombres décimaux avec des virgules et non des points, aussi Stata ne pourra-t-il pas traiter ces variables comme des nombres. Une solution est de faire un remplacement dans Excel avant d'en faire un fichier csv. Une autre est d'utiliser la commande replstr (voir section 2.3.3 page 25).

**infix** sert à importer des données dans un format fixe (les variables ne sont pas délimitées par un séparateur mais occupent toujours la même position). On peut utiliser infix soit en déclarant leur position après chaque variable :

infix V1 1-4 V2 6-7 V3 9-11 using donnees.txt

soit en indiquant un fichier (dictionnaire de variables) où sont spécifiées les positions :

infix using dico.dct

Dans ce dernier cas, l'écriture du dictionnaire (dico.dct) a une forme particulière : il contient notamment la référence au fichier de données à lire. Voici un exemple d'écriture de fichier dictionnaire :

```
infix dictionary using donnees.txt {
    long V1 1-9
    V2 10-13
    V3 15
    V4 16
    V5 17
    V6 25-26
    V7 27-28
    V8 29-32
}
```

On remarque que le type de chaque variable peut être spécifié également à la lecture, comme c'est le cas pour la variable V1 (long). La commande infix est la plus simple pour importer des données non délimitées, elle peut lire des lignes jusqu'à 524 275 caractères, mais ne permet pas d'ajouter des labels au cours de la lecture des données. Pour une utilisation plus simple à l'aide d'un dictionnaire de données, on préférera utiliser la commande infile décrite ci-dessous.

**infile** lit des fichiers ASCII complexes où il peut y avoir *plusieurs observations par ligne* et où les variables sont séparées par des *tabulations*, des *virgules* ou des *espaces*. Un des avantages de infile par rapport à insheet, c'est qu'elle permet de spécifier des labels aux modalités des variables lors de la lecture des données. Voici un exemple de commande :

infile str5 V1 V2: zone V3 using mesdata.txt, automatic

Dans ce cas, la variable V1 est définie comme un chaîne sur 5 positions et, à la lecture de la variable V2, le format zone sera créé en fonction des modalités qu'elle prend (1 : urbain, 2 : rural). Il existe en fait deux utilisations de infile selon que les données sont dans un format libre (comme précédemment) ou fixe (en spécifiant la position de début et de fin de chaque variable). Enfin, infile peut être utilisée avec ou sans dictionnaire selon la complexité des données lues. infile est la commande la plus évoluée pour importer des données dans Stata, mais aussi la plus complexe à manipuler.

**use** permet d'ouvrir des tables au format Stata.
- soit la table entière :

  use monfich.dta, clear

  L'option clear permet de vider les données en mémoire avant l'ouverture du nouveau fichier[1].
- soit uniquement quelques variables de cette table :

  use V1 V2 V3 using monfich.dta
- soit uniquement quelques observations de cette table :

  use monfich.dta if V1=="homme", clear
- ou enfin la combinaison des 2 :

  use V1 V2 V3 using monfich.dta if V1=="homme"

**usesas**[@] est une commande externe qui permet d'ouvrir une table SAS et de la charger en mémoire sous Stata. Pour cela il faut que le logiciel SAS soit installé sur la machine car il est appelé en arrière plan pour transformer le fichier. Cette commande est capable d'ouvrir différents formats de fichiers SAS (*.sas7bdat, *.sd7, *.sd2, *.ssd01, *.xpt) aussi est-il préférable de spécifier l'extension du fichier SAS. Quelques exemples d'utilisation :

usesas using fich1.sas7bdat, keep(sexe age) clear
usesas using fich2.sd2, if(salaire>100) clear

On peut remarquer que la condition if() est ici une option de la commande usesas. La phrase entre parenthèses doit être une phrase SAS.

**fdause** permet de lire des données SAS au format de transport XPORT de SAS. Ceci est utile notamment lorsqu'on ne possède pas SAS et que l'on souhaite communiquer avec ce logiciel. Par exemple, pour lire les données du fichier FichSas.xpt et éventuellement les labels dans FichSas.xpf, si ce dernier existe, utiliser la commande :

fdause FichSas, clear

**Remarque** : Il peut arriver que le fichier que l'on veut charger soit trop gros pour tenir en mémoire. Cela ne provient pas de limites de Stata (voir section 1.2.1) mais de l'espace de travail alloué qui est trop petit. Il suffit alors de l'augmenter en le passant de 1 Mo (sa valeur par défaut) à 20 Mo en tapant : set memory 20m (voir page 180).

**copier/coller** pour des fichiers de données de quelques lignes[2], on peut faire un copier/coller d'une table Excel vers l'éditeur de données (Data Editor) de Stata (ou entrer une par une les données dans l'éditeur). Il suffit d'avoir créé au préalable les variables sous Stata. Si ce n'est pas le cas, Stata leur donne un nom générique (var1, var2, ...) que l'on pourra renommer par la suite (voir section 2.3.3).

---

1. Attention si l'ancien fichier n'est pas sauvegardé, Stata ne vous demandera pas de le faire et l'écrasera.

2. La limite théorique est imposée par la taille du "presse papier" de votre ordinateur, cependant, se limiter à une copie d'écran semble raisonnable.

**input** permet de rentrer à la main les données sous Stata à partir de la ligne de commandes. Ceci est pratique pour faire des tests. La commande s'utilise comme ceci :

    input v1 v2 v3

Stata demande alors de valider l'entrée successive des lignes (3 valeurs pour la première puis faire "enter", 3 valeurs pour la seconde...). Les valeurs sont séparées par des blancs. Pour sortir du mode input il suffit de taper "end" et de valider. Ainsi un petit fichier est constitué qui peut servir à tester quelques commandes.

## 2.1.2   ... puis les enregistrer

Une fois les données lues par Stata, ou après création de nouvelles variables, il faut sauvegarder le fichier de données pour pouvoir utiliser les modifications ultérieurement. Plusieurs commandes sont alors envisageables :

**save** permet d'enregistrer les données au format Stata. On réalise ceci par la commande :

    save monfich.dta, replace

L'option replace permet éventuellement de remplacer un fichier du même nom déjà présent. Si vous utilisez Stata 10 et que vous voulez rendre les fichiers de données lisibles pour un utilisateur de Stata 8 ou 9 par exemple[3], il est préférable d'utiliser la commande saveold.

Lors d'une sauvegarde, si le chemin n'est pas spécifié (comme dans l'exemple précédent), le fichier est sauvegardé dans le répertoire courant indiqué dans la barre d'état en bas à gauche[4]. On peut aussi spécifier un chemin précis en indiquant :

    save "c:/monrépertoire/mesdonnées/monfichier"

Les fichiers de données Stata ainsi sauvegardés ont par défaut l'extension .dta.

**outsheet** enregistre les données au format ASCII. Pour permettre d'exporter des données sous d'autres logiciels, il peut être utile de les enregistrer dans un fichier au format texte. Dans ce cas on peut utiliser la commande :

    outsheet using monfichier.txt, delimiter(;)

Par défaut, Stata sépare les variables par des tabulations, mais on peut (comme dans l'exemple) spécifier le point-virgule comme séparateur (option delimiter). Les noms des variables sont sur la première ligne. Sans extension, le fichier se verra attribuer .out et sera enregistré dans le répertoire courant. Voir aussi la commande outfile qui est assez proche mais permet entre autres d'exporter un dictionnaire de variables.

**outdat**[@] enregistre également les données ou les variables spécifiées dans un format texte mais cette commande a l'avantage de créer un dictionnaire automatiquement utilisable par certains logiciels comme SPSS ou LIMDEP. Par exemple :

---

3. Ce sont les mêmes fichiers de données, mais la gestion des labels est différente. Donc au pire, vous pouvez perdre vos labels s'ils sont trop longs.

4. Il est aussi possible d'utiliser la commande pwd pour afficher le répertoire en cours d'utilisation.

> outdat using auto, type(limdep) nostring

crée un fichier **auto.dat** contenant les données et un fichier **auto.lim** contenant le dictionnaire de variables et les instructions de lecture pour LIMDEP. Le fichier **auto.lim** est le suivant :

```
* LIMDEP-syntax to read and label auto.dat
READ
  ; File = auto.dat
  ; Nobs = 74
  ; Nvars = 7
  ; Names = price,mpg,rep78,headroom,trunk,weight,length, $
```

Les types supportés par **outdat** sont : LIMDEP, SQL, Rats, et SPSS (par défaut). Dans notre exemple, l'option **nostring** force Stata à ne pas utiliser les variables définies comme chaînes puisque Limdep ne sait pas les gérer.

**savasas**[@] est le compagnon de **usesas** vu en section 2.1.1. Cette commande permet de sauvegarder le fichier en mémoire (ou seulement une partie) sous différents formats SAS (sd2, sas7bdat, sas transport...). Par défaut, c'est au format SAS 8 que sont faites les sauvegardes. On peut écrire par exemple :

> savasas
> savasas disp foreign using toto.sas7bdat, replace check

L'option **check** permet de calculer quelques statistiques avant et après transformation du fichier pour s'assurer du résultat. Comme pour **usesas**, la commande **savasas** ne peut être utilisée que si le logiciel SAS est installé sur la machine car elle l'appelle en arrière plan.

**fdasave** permet de sauvegarder les données au format de transport XPORT de SAS. C'est lui aussi le pendant de **fdause** vu page 11. Pour enregistrer sur disque les fichiers FichSas.xpt et FichSas.xpf, on écrira :

> fdasave FichSas, rename replace

L'option **rename** permet de conserver les noms longs (plus de 8 caractères).

# 2.2   Quelques éléments du langage

## 2.2.1   Les opérateurs

Stata utilise un langage de programmation qui permet des opérations classiques mais aussi l'écriture de programmes sophistiqués. A la base de ce langage, on retrouve les opérateurs qui permettent de manipuler les nombres etles chaînes :

*(Suite à la page suivante)*

| Arithmétiques | | Logiques | | Relationnels (numériques et chaînes) | |
|---|---|---|---|---|---|
| + | addition | ~ | n´est pas | > | plus grand que |
| - | soustraction | ! | n´est pas | < | plus petit que |
| * | multiplication | \| | ou | >= | > ou égal |
| / | division | & | et | <= | < ou égal |
| ^ | puissance | | | == | égal |
| | | | | ~= | pas égal |
| + | concaténation de chaînes | | | != | pas égal |

Il faut noter ici le rôle particulier joué par le signe = (élément d'affectation) et le signe == (élément de comparaison). Ainsi on écrira :

    generate sexe=1

pour affecter la valeur 1 à la variable sexe. Et on écrira :

    if sexe==1

pour tester si la variable sexe prend bien la valeur 1. Ainsi une commande valide peut s'écrire :

    list nom prenom if sexe==1 & ville !="Paris"

Elle affichera les noms et prénoms de tous les individus de la base qui ont pour sexe le code 1 et qui n'habitent pas à Paris.

Les opérations sur des valeurs manquantes retournent généralement des valeurs manquantes, cependant il faut se méfier des comparaisons mettant en jeu des valeurs manquantes. On peut résumer ceci par le tableau suivant, où a est une variable numérique sans valeur manquante :

$$
\begin{aligned}
a+. &= . \quad \text{mais} \quad a>. = false \\
a-. &= . \qquad\qquad a<. = true \\
a*. &= . \\
a/. &= .
\end{aligned}
$$

Stata considère le "." (point) comme *la valeur la plus élevée* pour une variable numérique (voir aussi page 32) et le " " (blanc) comme *la valeur la plus faible* pour une variable caractère, ceci pouvant générer des erreurs dans les regroupements de modalités.

## 2.2.2   La sélection de données

Pour ne conserver que certaines variables ou certains enregistrements, on a besoin de commandes spécifiques. Les commandes suivantes permettent de réaliser de telles sélections :

**if** est la clause de condition la plus courante. Il existe deux manières d'utiliser le if. Dans cette section nous parlerons de la *clause* if, laissant pour la partie programmation (voir section 7.2.2) la *commande* if permettant de réaliser des opérations si certaines conditions sont remplies. La clause if permet de faire des opérations sur une partie réduite de l'échantillon, celle qui satisfait la condition. Elle suit une commande et ne la précède pas comme dans les autres logiciels. Toutefois la clause if n'est pas une option et ne doit pas être mise après la virgule sur la ligne de commande. Voici quelques exemples d'utilisation :

| | |
|---|---|
| list if sexe==1 | liste les observations pour lesquelles sexe vaut 1 |
| summarize age if age>=50 | statistiques descriptives sur les plus de 50 ans |
| tabulate sexe stage if age>=50, row col | tableau croisé sur les plus de 50 ans |
| replace sexe=0 if sexe==2 | remplacement conditionnel |

Le piège est de vouloir utiliser la clause if comme dans les autres langages, en début de ligne de commande. Ainsi *il ne faut pas écrire* :

    if marque==1 list prix

Car dans ce cas, Stata contrôle uniquement la première ligne. Si la condition est remplie pour la première ligne, il fait list prix sur le reste du fichier. Si la condition n'est pas remplie à la première ligne, la commande n'est pas exécutée. Pour afficher les prix des produits de la marque n°1 *il faut écrire* dans cet exemple :

    list prix if marque==1

Il faut donc être très prudent lorsque l'on utilise cette commande. De plus, comme on a pu le voir dans section 2.2.1, la commande :

    generate riche="vrai" if salaire>=10

construit la variable riche qui prend la valeur "vrai" pour toutes les observations qui ont un salaire supérieur ou égal à 10 mais aussi pour toutes les observations qui ont un salaire manquant. Pour éviter cette erreur, il est préférable d'écrire :

    generate riche="vrai" if salaire>=10 & !missing(salaire)

**drop** pour supprimer des observations ou des variables :

| | |
|---|---|
| drop nom prenom | supprime les variables nom et prenom |
| drop no* | supprime les variables commençant par no |
| drop in 3 | supprime l'observation 3 |
| drop in 10/50 | supprime les observations 10 à 50 |
| drop in 3/-2 | supprime de la ligne n° 3 jusqu'à l'avant dernière |
| drop in 30/l | supprime de la ligne n° 30 jusqu'à la dernière (*l*) |
| drop if sexe==1 | supprime les observations pour lesquelles la variable sexe prend la valeur 1 |

Pour en savoir plus sur les listes, voir section 7.2.3.

**keep** qui est le pendant de drop, ne garde que les observations ou les variables désirées. Il s'utilise comme drop. On peut également utiliser cette commande par lot en utilisant by (voir section 7.2.3) :
Ainsi si l'on exécute :

> by var1 : keep if _n==1

On ne conservera qu'une observation (la première) pour chaque modalité de la variable var1.

**clear** est utilisée pour supprimer les variables en mémoire. Cette commande est équivalente à l'exécution des commandes drop _all et label drop _all. On écrira, à partir de la version 10 :

|  |  |
|---|---|
| clear all | pour vider entièrement la mémoire |
| clear ado | pour supprimer les programmes ado en mémoire |
| clear programs | pour supprimer tous les programmes en mémoire |
| clear results | pour supprimer les résultats sauvegardés en mémoire |
| clear mata | pour supprimer tous les objets matriciels Mata |

**Attention** : Avant d'effectuer un drop ou un keep on peut taper la commande preserve afin de récupérer par la suite l'échantillon initial avec la commande restore (voir section 7.1.4).

## 2.2.3   Des commandes pour décrire les données

**describe** permet d'obtenir une description du fichier en mémoire : nombre d'observations et de variables, taille du fichier en mémoire, liste des variables avec leur format et leur label.

```
. describe
Contains data from c:\data\mesprog\coursback.dta
  obs:         12,876                          Fichier servant de support de
                                               cours Stata
  vars:            9                           14 Apr 2003 16:29
  size:      270,396 (99.5% of memory free)
```

| variable name | storage type | display format | value label | variable label |
|---|---|---|---|---|
| zone | int | %18.0g | zone | Zone d´emploi du lieu de travail |
| csp | byte | %8.0g | csp | Catégorie socioprofessionnelle |
| age | byte | %11.0g | age | Classes d´ages |
| sexe | byte | %8.0g | sexe | Sexe |
| secteur | byte | %8.0g | | Secteur d´activité de la firme |
| treff | byte | %8.0g | eff | Tranche d´effectifs au 31/12/99 |
| effectif | int | %12.0g | | Effectif au 31/12/99 |
| salaire | float | %9.0g | | Salaire horaire au 31/12/99 |
| nbjour | float | %9.0g | | Nombre de jours au 31/12/99 |

```
Sorted by:
    Note:  dataset has changed since last saved
```

describe peut être utilisée en spécifiant un nom de variable ou des noms avec "jokers" :

describe mbs*

Ainsi on obtient une description de toutes les variables commençant par mbs. Avec l'option simple, la sortie est plus compacte, tandis qu'avec l'option varlist une macro-variable appelée r(varlist) est créée (accessible avec la commande return list), qui conserve le nom des variables listées.

**ds (*describe short*)** est une petite commande très utile permettant d'afficher le nom de l'ensemble des variables d'un fichier sous un format compact[5]. Tout comme sa grande sœur describe, on peut n'afficher que les variables commençant par une lettre (ds a*, par exemple) et utiliser les caractères joker ( ?, *) pour avoir un affichage réduit lorsque le fichier comporte beaucoup de variables. Après l'exécution de cette commande une macro-variable appelée r(varlist) est créée. Tout comme pour d'autres commandes on pourra visualiser cette liste via return list Nous verrons l'utilité de ces listes un peu plus tard (voir les macros en section 7.2.1).

**codebook** permet d'obtenir le détail des variables en mémoire avec, pour chacune d'entre elles, le nombre d'observations non manquantes et manquantes et quelques statistiques descriptives. Comme pour describe, la commande peut ne s'appliquer qu'à certaines variables :

```
. codebook effectif
```

| effectif | | | | Effectif au 31/12/99 |
|---|---|---|---|---|
| type: | numeric (int) | | | |
| range: | [5,5920] | | units: | 1 |
| unique values: | 579 | | missing .: | 4514/12876 |
| mean: | 78.252 | | | |
| std. dev: | 247.929 | | | |
| percentiles: | 10% | 25% | 50% | 75% | 90% |
| | 6 | 10 | 22 | 58 | 143 |

Si la variable est discrète, un tableau de fréquences donne l'effectif pour chaque modalité (si elle sont peu nombreuses ; moins de 9 par défaut). Si elle est au format caractère, quelques modalités sont données en exemple.

**lookfor** recherche parmi les noms de variables et leurs labels la chaîne spécifiée. La commande :

lookfor com

donne une description des variables numcom commune et recomex du fichier en mémoire.

**count** est très pratique pour connaître le nombre d'observations satisfaisant la condition :

count if salaire<0
count if dep_res==dep_trav

Sans condition, la commande donne le nombre de lignes du fichier.

---

5. Cette commande ne doit pas être confondue avec l'abréviation de describe qui est des.

**list** affiche à l'écran les observations satisfaisant la condition. Si les variables à lister ne sont pas précisées, elles apparaissent toutes (attention aux gros fichiers!) :

```
list nom sal* v1-v5
list if salaire<0, clean
list nom salaire sexe if dep_res==dep_trav
bysort ID: list if _n==_N
```

**display** est une commande fort utile pour afficher dans la fenêtre Result du texte, une macro (voir section 7.2.1) ou le résultat d'un calcul. Dans ce dernier cas Stata se comporte comme une calculatrice scientifique et on pourra écrire par exemple :

| | | |
|---|---|---|
| display 2+2 | affiche | 4 |
| display 2^3 | affiche | 8 |
| display "Le log de 10 est " log(10) | affiche | Le log de 10 est 2.302 |
| display normal(1.96) | affiche | .9750021 |
| display invnormal(0.975) | affiche | 1.959964 |

**hilo**[@] affiche les 10 observations les plus faibles et les plus élevées pour la variable spécifiée. Si plusieurs variables sont spécifiées seule la première est triée, les observations des autres sont affichées pour information :

```
hilo effectif
hilo effectif salaire nbjour
hilo nbjour if salaire>50
```

**levelsof/distinct**[@] sont deux commandes qui permettent de connaître les modalités d'une variable et de s'en servir ultérieurement (voir aussi section 7.2.4) : levelsof retourne une chaîne où les modalités sont séparées par des blancs ; distinct retourne le nombre de modalités. Par exemple :

| | |
|---|---|
| levelsof sexe | retourne : "Femme" "Homme" |
| distinct sexe | retourne : 2 |

**duplicates** permet de faire apparaître les observations redondantes selon certains critères. Par exemple, la commande suivante permet de voir sur les trois variables sélectionnées combien d'enregistrements sont identiques :

```
. duplicates report rep78 headroom foreign
Duplicates in terms of rep78 headroom foreign
```

| copies | observations | surplus |
|---:|---:|---:|
| 1 | 17 | 0 |
| 2 | 10 | 5 |
| 3 | 18 | 12 |
| 4 | 4 | 3 |
| 5 | 15 | 12 |
| 10 | 10 | 9 |

Ce tableau nous permet de voir combien d'observations sont redondantes, combien de fois et combien ne le sont pas (*e.g.* 17 réalisations différentes de ces 3 variables sont uniques, 10 sont dupliquées). Les commandes duplicates exemples ou duplicates tag, gen(nb) apportent aussi des informations très intéressantes.

**cf** (*compare files*) est une commande de comparaison de fichiers variable par variable. On pourra ainsi comparer les observations d'une ou plusieurs variables, entre le fichier courant et un autre fichier (fichier *using*). La commande cf produira un descriptif de la comparaison et une erreur (r(9)) en cas de différence, stoppant ainsi l'exécution d'un programme :

```
. cf id age poids sexe using consummer, all
          id:  match
         age:  1 mismatches
       poids:  match
        sexe:  match
r(9);
```

L'option all, permet d'afficher le résultat sur toutes les variables examinées, même celles pour lesquelles les observations sont identiques.

## 2.2.4  Labels et annotations

Pour améliorer la compréhension et la lisibilité des fichiers, il est parfois utile de joindre des labels aux fichiers, aux variables mais aussi aux modalités des variables. Par exemple le codage en 1 et 0 de la variable sexe est nécessaire pour l'estimation d'un modèle, mais peu parlant pour l'interprétation des résultats ou même d'un tableau. Voici ce que l'on peut faire pour améliorer la compréhension :

**label data** permet d'ajouter un label — au plus 80 caractères — au fichier pour qu'il apparaisse lors d'un describe par exemple.

> label data "Recensement Agricole 2000 au 1/10"

**label variable** attache à la variable spécifiée une chaîne d'au plus 80 caractères afin de mieux l'identifier :

> label variable rural "Appartenance à une commune rurale"
> label variable effectif "Effectif au 31/12/97"
> label variable experience "Demande d'expérience pour le profil"

Ces labels apparaissent également lors des tris à plat et dans les intitulés des tableaux.

**label define** va permettre de définir un label pour les modalités d'une variable.

Il faudra ensuite appliquer ce label aux variables désirées pour rendre le codage des modalités plus explicite.

*(Suite à la page suivante)*

```
label define ouinon 1 "Oui" 0 "Non"          définit le codage ouinon
label define lab_sexe 1 "Homme" 2 "Femme"    définit le codage sexe
```

si on a beaucoup de modalités, on peut écrire :

```
label define depart 1 "Nord"
label define depart 2 "Est", add
label define depart 3 "Ouest", add
... ... ...
```

**label value** permet ensuite d'affecter le label préalablement défini à la variable désirée en écrivant :

```
label value gender lab_sexe     affecte à la variable gender le label lab_sexe
```

Ainsi on pourra afficher pour la variable gender :

```
. tabulate gender
    Gender |      Freq.      Percent        Cum.
-----------+-----------------------------------
    Hommes |      6,828        53.03       53.03
    Femmes |      6,048        46.97      100.00
-----------+-----------------------------------
     Total |     12,876       100.00
```

Pour affecter un même label (**ouinon** par exemple) à une série de variables, on devra répéter autant de fois la commande **label value** ou construire une boucle qui le fera (voir section 7.2.3).

**numlabel** est utilisée pour rendre les labels encore plus explicites en rajoutant le code de la variable au label. En effet, une fois les labels définis par la commande **label define**, la commande

```
numlabel sexe, add
```

permettra l'affichage suivant :

```
. tabulate gender
    Gender |      Freq.      Percent        Cum.
-----------+-----------------------------------
 1. Hommes |      6,828        53.03       53.03
 2. Femmes |      6,048        46.97      100.00
-----------+-----------------------------------
     Total |     12,876       100.00
```

La gestion des labels se fait de la façon suivante :

```
label list         affiche tous les labels créés
labelbook          même chose, plus détaillé
label drop sexe    supprime le label sexe
```

**Astuce** : Pour une meilleure clarté dans les programmes, on peut regrouper tous les labels dans un fichier label.do. Il suffit que la première ligne de ce fichier comporte l'instruction **capture label drop _all** pour éviter une erreur. Dans le fichier de programme

on écrira do label.do — après avoir lu les données — pour exécuter la labélisatio
toutes les variables.

**Points importants** :
- Les labels de modalités ne peuvent être affectés qu'à des variables de type numériques (byte, integer...).
- Même si la variable est du type 1, 2, 3... mais codée en chaîne de caractères, on ne pourra pas lui affecter un label (voir alors section 2.3.4).
- Si une variable numérique (mavariable par exemple) possède un label et qu'on veut la transformer en chaîne, on ne peut pas à cause de son label.
- Supprimer le label (label drop monlabel) ne résout pas le problème, il faut dissocier le label de cette variable avec la commande label value mavariable sans arguments.

# 2.3   Les variables

## 2.3.1   Les noms des variables

Stata gère les noms longs, mais dans la pratique les noms longs sont peu recommandables, soit pour des problèmes de lisibilité, soit de compatibilité avec d'autres logiciels, soit tout simplement parce qu'il est ennuyeux de taper un nom long et que les risques d'erreurs sont plus probables. Nous vous suggérons donc d'utiliser des noms de variables de longueur raisonnable. Sous Stata il suffit toutefois de taper le début du nom de la variable (comme pour une commande) et s'il n'y a pas d'ambiguïté, Stata reconnaîtra cette variable. Dans le cas contraire, il vous demandera de préciser votre commande. Par exemple, tabulate rev est équivalent à tabulate revenu s'il n'existe pas une autre variable commençant par rev.

Autre spécificité de Stata, il fait la différence entre les majuscules et les minuscules pour les noms de variables — il est "case sensitive", c'est-à-dire sensible à la casse — aussi la variable revenu est-elle différente de la variable Revenu ou encore REVENU. Ce qui veut dire que ces trois variables peuvent coexister dans le même fichier sans qu'il y ait d'ambiguïté possible[6].

## 2.3.2   La création de variables

La création de nouvelles variables sous Stata se fait par la commande generate (ou gen seulement). Par exemple, la commande :

    generate croiss=(prixfin-prixdep)/prixdep

va créer la variable croiss en combinant les variables prixfin et prixdeb.

**Astuce** : S'il n'y a pas d'ambiguïté dans le nom de la variable tapée, il suffit de saisir les premières lettres et d'appuyer sur la touche Tab ⟼ , le nom de la variable est ainsi complété.

---

6. On pourra de ce fait adopter la notation (dite hongroise) qui consiste à mettre plusieurs majuscules dans le même nom pour plus de clarté. Par exemple RevMen peut servir à désigner le revenu du ménage.

### Le type des variables

Dans la pratique, les variables n'ont pas besoin d'être typées lors de leur création : Stata se charge de leur attribuer le type approprié. Le type des variable est, depuis la version 10, affiché dans la fenêtre variables de Stata. On trouvera les différents types de variables suivants :

- byte un nombre entier compris entre $-127$ et $100$
- int un nombre entier compris entre $-32\ 767$ et $32\ 740$
- long un nombre entier compris entre $-2\ 147\ 483\ 647$ et $2\ 147\ 483\ 620$
- float un nombre réel avec une précision de 8 chiffres
- double un nombre réel avec une précision de 16 chiffres
- str($\#$) une chaîne de caractères de longueur $\#$

On pourra spécifier le type d'une variable lors de sa création — même si ce n'est pas indispensable — en écrivant par exemple :

```
generate str2 dep = substr(numcom, 1,2)
generate byte grand = (taille>1.7)
```

Par défaut, Stata affecte le type float (flottant) pour stocker une nouvelle variable en mémoire. Si ce type n'est pas optimal (variable binaire codée en float) et pour diminuer la taille du fichier en mémoire, il suffit d'exécuter la commande compress avant de sauvegarder le fichier pour que Stata choisisse le type approprié (voir aussi section 7.1.4). De ce fait le typage des variables n'est pas aussi indispensable que pour d'autres logiciels statistiques et (de plus) il peut être changé lorsqu'on le désire (voir section 2.3.4).

Les nouvelle variables apparaissent dans la fenêtre "variables" à la suite de celles déjà créées. La commande generate permet de créer de manière simple toutes sortes de variables. D'autres possibilités sont offertes dans la création de variables grâce à la commande egen — *extension to generate* — (pour plus d'exemples, voir help generate ou help function ou help egen). Voici quelques exemples utiles.

### Les variables discrètes

**generate byte riche=(salaire>100)** crée la variable dichotomique riche qui prend la valeur 1 si le salaire est > 100 (ou manquant) et 0 sinon.

**generate byte riche=(salaire>100) if !missing(salaire)** permet d'éviter de comptabiliser les valeurs manquantes dans l'exemple précédent.

**generate jeune=inrange(age,18,25)** crée la variable dichotomique jeune qui prend la valeur 1 si la variable age est comprise entre 18 et 25 ans (bornes comprises) et 0 sinon.

**generate cs=2 if inlist(csp,1,2,3,4)** crée la variable cs qui prend la valeur 2 si csp prend une des valeurs de la liste et missing sinon. Pour créer une variable 1/0 il aurait fallu utiliser une syntaxe proche du premier exemple, mais avec la fonction inlist().

**tabulate csp, gen(csp)** permet de créer autant de dichotomiques que de modalités de la variable csp. Si csp prend les valeurs 10,20,30, par exemple, on aura 3 nouvelles variables : csp1 qui sera égal à 1 chaque fois que csp prendra la valeur 10 et 0 sinon, csp2 qui sera égal à 1 chaque fois que csp prendra la valeur 20 et 0 sinon et csp3 qui sera égal à 1 chaque fois que csp prendra la valeur 30 et 0 sinon. Les nouvelles variables sont labélisées automatiquement.

**generate taille=recode(nb,0,5,10,15)** regroupe le nombre de salariés nb en 4 classes : 0 ; entre 1 et 5 inclus ; entre 6 et 10 inclus ; 11 et plus. La variable taille ainsi générée se voit attribuer les modalités 0, 5, 10 et 15. La variable nb doit cependant être numérique (voir section 2.3.4 pour changer le type d'une variable) et positive afin que la première classe soit définie.

**separate treff, by(csp)** si csp possède les modalités 1, 2, et 3, cette instruction va créer treff1 qui sera égal à treff si csp vaut 1 et missing sinon, treff2 qui sera égal à treff si csp vaut 2 et treff3 qui sera égal à treff si csp vaut 3, c'est-à-dire autant de treff'i' que de modalités de csp.

**egen tzone = group(taille zone)** crée autant de modalités à tzone que de couples possibles issus du croisement des variables discrètes taille et zone. Cette commande peut servir à construire un identifiant. Par exemple, si on écrit l'instruction suivante : egen newid = group(zone age sexe), on obtient un identifiant unique pour chaque nouvelle combinaison de ces trois variables.

**egen taillegr = cut(taille), group(5)** découpe la variable taille en 5 groupes homogènes du point de vue des fréquences.

**egen taillegr = cut(taille), at(5,10,15)** crée 2 groupes à partir de la variable taille, l'un codé 5 (de 5 à moins de 9), et l'autre 10 (de 10 à moins de 15).

**egen delta = diff(V1 V2 V3)** crée la variable muette delta qui prend 1 si les trois variables ne sont pas égales et 0 sinon.

**Les variables quantitatives**

**generate som = sum(salaire)** permet de calculer la *somme cumulée* de la variable salaire. Cette syntaxe est souvent utilisée pour des calculs par bloc en utilisant l'instruction bysort (voir exemple section 8.1).

**generate id = _n** utilise la variable système _n pour créer un identifiant individuel. La variable id correspondra aux numéros d'observations, dans l'ordre où le fichier est trié.

**egen avg = mean(salaire)** crée la variable avg qui correspond à la moyenne de la variable salaire. On peut aussi créer d'autres calculs tels que min, max, std ou mode. Ces fonctions sont aussi utiles pour des calculs par bloc avec bysort.

**egen som = sum(salaire)** permet de calculer la *somme totale* de la colonne salaire (et non plus la somme cumulée avec generate). La variable som prendra cette fois une seule valeur. On utilisera cette instruction pour calculer des sommes totales par bloc (voir encore section 8.1).

**egen avgr = rowmean(salaire1 salaire2 salaire3)** calcule la moyenne de 3 variables en ligne, c'est-à-dire pour chaque observation.

**egen somr = rowtotal(salaire1 salaire2 salaire3)** calcule la *somme en ligne* de 3 variables, ici aussi pour chaque observation. Mais il est plus naturel d'écrire :

> generate somr=salaire1+salaire2+salaire3

Si les variables ne contiennent pas de valeurs manquantes le résultat est le même. Dans le cas contraire, l'opérateur somme '+' créera des valeurs manquantes pour somr.

### Les variables chaînes

**generate str4 zone4 = substr(zone,1,4)** permet de créer une variable chaîne (caractère) à partir d'une autre. On n'est pas obligé ici de préciser le type de la variable créée str4 (c'est facultatif), mais zone doit obligatoirement être une variable chaîne, sinon on a une erreur (type mismatch). Si zone est numérique il faut la transformer en chaîne (voir section 2.3.4).

**egen abc = concat(a b c)** concatène les variables a b et c, c'est-à-dire crée la variable chaîne abc qui correspond au "collage" des trois variables chaînes. Ceci est l'équivalent de generate abc=a+b+c , puisque l'opérateur de concaténation de variables chaînes est le '+'.

**findval**[@] **€ facture, substr gen(trouve)** recherche le caractère € dans la variable facture et crée la variable trouve qui sera égale à 1 si l'occurrence est trouvée et à 0 sinon. Dans le cas où aucune variable n'est précisée, findval retourne la liste des variables du fichier pour lesquelles le caractère € a été trouvé.

**A savoir** : le package egenmore permet d'utiliser des fonctions encore plus évoluées, utiles dans la programmation. Nous ne l'abordons pas ici, mais dans un exemple en section 8.9. Le lecteur pourra également trouver dans l'aide (help egenmore) les réponses à certains de ses problèmes.

### Les variables système

Appelées variables, ce sont surtout des scalaires (voir section 2.4) ; Stata les connaît et leurs noms sont réservés. Ils sont soit créés automatiquement à l'ouverture d'un fichier, soit proviennent du résultat d'estimations. Ils débutent par un "_" (underscore). On trouve ainsi :

| | |
|---|---|
| _n | le numéro de l'observation courante |
| _N | le numéro de la dernière observation |
| _pi | la valeur de $\pi$ (3,1415926...) |
| _cons | une constante qui prend toujours la valeur 1 |
| _all | une chaîne qui remplace la liste de toutes les variables |
| _b[*varname*] | affiche la valeur du coefficient estimé |

Chaque observation est indicée par son numéro _n de sorte que pour comparer deux observations successives de la variable age — à condition que le fichier soit trié par age — on peut écrire :

list if age[_n]==age[_n+1]

On peut aussi compter le nombre d'observations au sein d'un groupe par la commande :

bysort family: generate nombre=_N

Enfin, après une estimation on peut faire afficher un coefficient particulier, celui de l'âge par exemple :

display _b[age]

D'autre exemples utiles sont présents dans l'aide (help _variables). Enfin, on trouvera l'ensemble des variables et paramètres système de Stata regroupés sous le nom de c-class variables (help creturn). Leur nom, leur valeur et les commandes nécessaires pour les paramétrer[7] sont donnés par la commande creturn list (voir aussi un exemple en section 8.10).

## 2.3.3 Le recodage des variables

Voici quelques exemples utiles qui permettent de renommer ou recoder les variables dont on dispose.

**rename sexe genre** c'est la syntaxe courante pour renommer la variable sexe en genre.

**replace zone = 4 if zone==2 | zone==3** cette commande permet de regrouper les modalités 2 et 3 en 4 de la variable zone. En effet, une fois créée avec generate ou egen, aucune variable ne peut être modifiée à l'aide de ces mêmes commandes, sous peine d'un message d'erreur variable zone already exist. La solution la plus utilisée est la commande replace. Mais la commande replace peut s'utiliser de façon plus générale en faisant porter la condition sur une autre variable :
replace zone = 0 if sexe==2

**recode zone (2 3=4) (6 7=5), gen(zone2)** une autre façon de faire des regroupements est d'utiliser recode à condition que la variable zone soit numérique. Si ce n'est pas le cas on doit changer son type (voir section 2.3.4). Ici, les modalités 2 et 3 de la variable zone sont recodées en 4 et les modalités 6 et 7 en 5. Pour ne pas écraser la variable d'origine nous en créons une nouvelle avec l'option gen(zone2) (mais c'est facultatif). Recode est une commande très utile et très puissante, voici quelques exemples de son utilisation :

recode V1 (6 7=2) (else=1), gen(V2) illustration de l'utilisation du else lorsque le nombre de modalités est important ;

recode V1 min/5=0 recode les premières modalités de V1 (de la plus petite jusqu'à 5) à 0 ;

---

7. Pour programmeur averti.

> recode V1 100/max=100 recode les dernières modalités de V1 à 100 ;
>
> recode V1 (20/45=1 "20 à 45 ans") (46/max=2 "+45 ans"), gen(V2) recode la variable V1 et ajoute un label à V2, la nouvelle variable créée.

**mvencode _all, mv(-999)** permet de coder les valeurs manquantes (missing) de toutes les variables (_all) à la valeur −999 ;

**mvdecode V1, mv(0 -1)** fait l'opération inverse, c'est-à-dire code les 0 et les −1 de la variable V1 comme données manquantes, c'est-à-dire le '.' (point) pour une variable numérique. mvdecode et mvencode ne travaillent que sur des variables numériques ;

**replstr "," "." . V1** permet de faire des remplacements de caractères dans les variables (attention, tous les points "." sont utiles !). Ici on remplace *toutes* les "," par des "." pour la variable V1, qui doit être de type chaîne. Si on ne veut remplacer que *la première* occurrence "," par un "." on écrira replstr "," "." 1 V1. Cette commande est notamment utile lorsque, à la suite de la lecture d'un fichier texte (provenant d'Excel par exemple), les variables numériques à virgules sont codées en chaînes par Stata.

## 2.3.4   Changer le type d'une variable

Les exemples suivants permettent de changer le type (format d'enregistrement) d'une variable ou d'un groupe de variables. Ceci peut être nécessaire lorsque l'on veut faire des opérations sur la variable age par exemple (codée en chaîne de caractères) ou inversement, lorsque l'on veut concaténer (coller) deux variables (à l'origine numériques) afin d'en créer une troisième. Dans ces cas, les opérations ne pourront être faites que si on change le type des variables.

**destring dep, replace** transforme la variable caractère dep en numérique. Pour que l'opération aboutisse il faut que dep ne contienne que des caractères numériques. Sinon, Stata ne fait rien et vous donne un message d'alerte ;

**tostring sexe, replace** transforme une variable numérique en chaîne. C'est la commande inverse et elle n'impose aucune contrainte sur la nature de la variable traitée. Ces deux commandes, si elles sont utilisées sans que des variables soient spécifiées, s'appliquent à toutes les variables du fichier en mémoire ;

**generate rmi=real(salmin)** crée une nouvelle variable rmi qui sera une variable numérique à partir de la variable chaîne salmin ;

**encode salmin, gen(rmi)** crée la variable rmi à partir de la variable chaîne salmin. La variable créée conserve comme label les noms des modalités de la variable d'origine (salmin). Les modalités de la variable numérique créée (rmi) suivent l'ordre alphabétique de la variable d'origine ;

**decode rmi, gen(salmin)** réalise l'opération inverse, c'est à dire crée salmin (chaîne) à partir de rmi (numérique) à condition que cette dernière soit labélisée ;

**recast int taille** donne le type integer (entier) à la variable taille. La commande recast
change le format d'enregistrement d'une variable dans le type donné (byte, int,
long, float, double, ou str#). La commande recast ne permet pas de transformer
une chaîne en numérique et vice versa. Mais elle permet de réduire la taille d'une
chaîne si elle comporte des blancs ou de changer un entier en byte si c'est possible.
Dans tous les autres cas elle donnera un message d'erreur si l'opération ne peut être
effectuée. Cette commande réalise donc de manière manuelle ce que la commande
compress (voir section 7.1.4) réalise automatiquement.

## 2.4   Les scalaires

Bien souvent, l'utilisateur, qu'il soit novice ou pas, est confronté à des difficultés
conceptuelles dans l'écriture d'un programme, mélangeant les variables du fichier avec
des paramètres ou des valeurs amenées à varier dans un programme. Les variables que
l'on manipule et que l'on crée au cours d'un programme sont destinées à prendre des
valeurs différentes suivant les observations (lignes) du fichier. Chaque nouvelle variable
"coûte" donc en termes d'espace de stockage et ne doit être définie que si nécessaire.
Lorsque l'on souhaite conserver une valeur particulière, ou faire varier un paramètre ou
gérer une suite de valeurs, l'élément de base est le scalaire (scalar). La définition d'un
scalaire se fait par la commande scalar define ou simplement scalar. On écrira ainsi :

    scalar define b=1
    scalar c="oui"

pour affecter la valeur 1 à un scalaire que l'on appelle b ou la chaîne "oui" au scalaire c.

La gestion des scalaires se fait de manière semblable à celle des labels, cependant,
ils ne sont pas sauvegardés avec les données et par conséquent ne pourront pas être
conservés pour une étape ultérieure. On aura :

**scalar list**  qui affiche le nom et la valeur de tous les scalaires définis durant la session ;

**display b**  qui est équivalent à scalar list b, mais n'affiche que la valeur du scalaire b dans
la fenêtre de résultats. On peut simplement écrire display b ;

**scalar drop b**  qui supprime le scalaire b ;

**scalar drop _all**  pour supprimer tous les scalaires définis.

On notera enfin que les scalaires, tout comme les variables, peuvent être définis à l'aide
de fonctions courantes — mathématiques ou spécifiques aux chaînes de caractères —
telles que sqrt() ou substr() (voir  help functions). Ainsi on pourra écrire :

    scalar define rc=sqrt(_pi)

où _pi est la variable système représentant la valeur $\pi = 3,141592654...$ (voir section 2.3.2).

## 2.5   Les macros

Contrairement aux scalaires qui ne peuvent stocker qu'une seule valeur, les macros sont des outils de manipulation d'objets de toutes sortes très utiles au quotidien comme dans la programmation (voir chapitre 7). Une macro peut se concevoir comme un alias, dans lequel on va stocker des éléments éphémères de manière souple et durable. Cet outil servira donc à la gestion de paramètres, de résultats partiels, de listes ou d'incréments qu'ils soient numériques ou pas. On pourra ainsi manipuler des ensembles de nombres ou de mots (ou même les deux) dans des macro-listes que l'on pourra également constituer à partir d'autres macros. Il existe deux sortes de macros, les macros locales, reconnues et donc disponibles uniquement dans l'environment dans lequel elles sont définies, et les macros globales reconnues partout. Cette dichotomie se retrouve dans la syntaxe, puisque l'on créera une macro locale, contenant la valeur 1, simplement par :

> local malocale 1

tandis qu'une macro globale sera définie par

> global maglobale 1

On peut également intégrer des mots ou des chaînes de caractères dans une macro en utilisant les guillemets doubles ("")

> local machaine "ma chaîne de caractères"

Pour révéler le contenu d'une macro locale et l'afficher, par exemple, on utilisera la syntaxe suivante :

> display "Ma macro locale contient l(es) élément(s) : `malocale' "

Cette syntaxe fait appel à une utilisation particulière des guillemets que nous décrirons page 184. Une macro globale s'affichera en utilisant le préfixe $ :

> display "Ma macro globale contient l(es) élément(s) : $maglobale "

L'utilisation des macros sera décrite précisément dans la section 7.2.1, nous présentons toutefois ici quelques commandes permettant une manipulation simple de ces éléments.

**macro list**  affiche la liste des macros définies durant la session ainsi que leurs valeurs, les macros locales seront représentées précédées d'un _ (*underscore*). La commande macro dir effectue la même opération.

**macro drop** *mamacro*  supprime la macro *mamacro*

**macro drop _all**  supprime toutes les macros (globales ou locales) définies.

Il existe, en outre, de nombreuses fonctions qui permettent de définir, affecter et manipuler ces macros qui s'avèrent des outils très puissants dans la pratique. Il est à noter que les macros ne sont pas attachées à des fichiers de données et que la commande clear ne les efface pas.

**Scalaires *vs* macros :** Les commandes Stata utilisent des scalaires, des macros, des matrices et des fonctions dont certaines sont disponibles pour l'utilisateur après exécution. Par exemple, après un summarize, on pourra accéder aux différentes statistiques calculées et stockées dans des scalaires que l'on pourra donc manipuler. Ainsi :

> summarize prix, detail

affiche un ensemble de statistiques décrivant la variable prix. Ici, on stockera la moyenne (r(mean)) dans un scalaire (moyprix) que l'on pourra manipuler ultérieurement[8].

> scalar define  moyprix = r(mean)

Toutefois, un scalaire ne peut contenir qu'une seule valeur numérique, ce qui peut être une contrainte. Les macros sont de ce point de vue plus souples et plus complètes puisqu'elles permettent de stocker des listes d'éléments numériques ou non. Ainsi, après une description des variables d'un fichier, en utilisant ds, on pourra stocker la liste de toutes les variables dans la macro locale mesvariables :

> ds
> local mesvariables 'r(varlist)'

Dans la pratique, un utilisateur occasionnel n'aura sûrement besoin que des scalaires pour stocker et combiner des valeurs numériques et effectuer des calculs simples. Les scalaires remplaceront donc avantageusement le bloc de papier et le crayon tandis que les macros seront des éléments précieux à quiconque voulant programmer ou manipuler des données statistiques avancées.

## 2.6   Les matrices

Stata est pourvu d'instructions qui permettent la manipulation de matrices. Il faut garder à l'esprit que Stata peut manipuler des matrices $800 \times 800$ dans sa version Intercooled et $11\,000 \times 11\,000$ dans la version Stata/SE. Par défaut, Stata manipule des matrices $40 \times 40$, mais si vos besoins sont plus larges vous pouvez augmenter cette valeur en spécifiant : set matsize 150 par exemple (voir aussi l'annexe A.6).

Voici quelques commandes de base pour manipuler les matrices[9]. L'utilisateur pourra compléter ses connaissances en se référant à l'aide en ligne (help matrix ou help matrix functions).

matrix input A=(1,2\3,4\5,6) crée la matrice A de dimension $(3 \times 2)$. Pour séparer les lignes, on utilise une barre oblique inverse (antislash) "\". On remarquera que l'instruction input est optionnelle et matrix A=(1,2\3,4\5,6) est aussi accepté par Stata ;

mkmat V1 V2 V3, matrix(A) crée la matrice A de dimension $(\_N \times 3)$, à partir des variables V1, V2 et V3 lues dans le fichier en mémoire ;

---

8. Ces éléments (dont le nom est toujours r(quelque chose)) sont éphémères et seront modifiés ou détruits par l'exécution d'une nouvelle commande. La liste des éléments disponibles est obtenue en utilisant return list (ou ereturn list suivant la nature de la commande).

9. Un exemple d'utilisation plus approfondi est présenté en section 8.17.

matrix B = I(4) crée la matrice identité B de dimension $(4 \times 4)$ ;

matrix D = J(4,2,0) crée la matrice D de dimension $(4 \times 2)$ remplie de 0 ;

display A[2,2] affiche l'élément (2,2) de la matrice A (ici, affiche "4") ;

scalar define a=3*A[2,2] crée le scalaire a $= 12$ en multipliant l'élément (2,2) de la matrice A par 3 ;

matrix E=B,D colle la matrice D à droite de la matrice B pour créer la matrice E de dimension $(4 \times 6)$. Il faut que B et D aient le même nombre de lignes ;

matrix F=A\D colle la matrice D au-dessous de la matrice A pour créer la matrice F de dimension $(7 \times 2)$. Il faut que A et D aient le même nombre de colonnes ;

matrix G=E#F effectue le produit de Kroneker ($\otimes$) entre les matrices E et F ;

matsave A, saving sauvegarde la matrice A sur le disque. Avec l'option saving les données autres que la matrice A seront préservées en mémoire ;

matload A, saving charge en mémoire la matrice A préalablement sauvegardée. Avec l'option saving les données déjà en mémoire seront préservées[10].

Tout comme pour les labels et les scalaires, la manipulation de matrices est simplifiée par les commandes suivantes :

matrix dir affiche les noms et dimensions respectifs des matrices en mémoire ;

matrix list A affiche la matrice A à l'écran ;

matrix drop A supprime la matrice A.

Depuis la version 9.0, Stata dispose d'un langage de programmation matriciel (Mata) très performant qu'il utilise dans la plupart de ses routines d'estimations numériques (voir help mata). Mata est aussi disponible de façon interactive en entrant la commande mata dans la ligne de commandes. Ce nouveau langage permet de réaliser des opérations matricielles plus puissantes et de manière plus efficace (moins gourmandes en mémoire) et permet aussi de manipuler les chaînes de caractères plus facilement. Il englobe ce que nous venons de voir dans cette section et permet d'aller beaucoup plus loin. Nous laissons au programmeur averti le soin de découvrir Mata, dont les fonctionnalités de ce langage nécessiteraient un ouvrage en tant que tel (voir aussi la documentation Mata).

## 2.7   En résumé...

Le tableau suivant résume les différentes façons de manipuler les variables, scalaires, macros et matrices avec Stata. On désigne par *nom* le nom de la(des) variable(s), scalaire(s) ou matrice(s). Lorsque *nom* est entre crochets, c'est qu'il est optionnel.

---

10. Les commandes matsave et matload sont à télécharger (voir section 1.2.5).

| Comment... | les définir, | les afficher, | les supprimer, |
|---|---|---|---|
| Variables | generate *nom* <br> egen *nom* | list [*nom*] | drop *nom* |
| Scalaires | scalar def *nom* | scalar list [*nom*] <br> display *nom* | scalar drop *nom* |
| Macros | local *nom* <br> global *nom* | macro dir [*nom*] <br> macro list [*nom*] | macro drop *nom* |
| Matrices | matrix def *nom* <br> mkmat *varlist* | matrix dir <br> matrix list *nom* | matrix drop *nom* |

Il est également possible de gérer des variables représentant des dates sous Stata à l'aide de commandes spécifiques. Toutefois, la manipulation de ce type de données n'est pas simple et nous laissons le lecteur découvrir l'ensemble des outils disponibles (voir help dates).

# 2.8   Les fichiers de données

La création de nouvelles variables passe souvent par la reconfiguration de la structure du fichier en mémoire. Les commandes suivantes permettent de faciliter le travail. La liste n'est pas exhaustive mais permet de répondre aux principales attentes.

## 2.8.1   Trier les données

Stata permet de réorganiser, soit les variables du fichier en mémoire, soit les observations. Ces opérations peuvent se faire à partir de l'éditeur de données (voir section 1.2.2) ou bien par les commandes suivantes :

**order / move / aorder** permettent de *trier les variables* du fichier en mémoire. Cette opération peut être utile lorsqu'on fait ensuite référence à une suite de variables, comme par exemple list age-dep, qui va lister les observations des variables age et dep mais aussi de toutes les variables comprises entre elles dans le fichier ! Avec la commande :

    order sexe age dep

on place les variables sexe age dep en début de fichier, l'ordre des autres n'étant pas modifié. Avec la commande :

```
move sexe age
```

on intervertit la place dans le fichier des deux variables citées, les autres ne bougeant pas. Enfin, la commande aorder réorganise toutes les variables du fichier dans leur ordre alphabétique, ou bien uniquement les variables citées.

**sort / gsort** permettent de *trier les observations* au sein d'un fichier. La commande sort est la plus utilisée, on la fait suivre des noms de variables de tri. Ainsi on écrira :

```
sort sexe age
```

pour avoir par sexe les âges dans l'ordre croissant. Le nombre de variables sur lequel se fait le tri n'est pas limité. Parfois il est utile de trier les observations en ordre inversé, par exemple, pour faire apparaître les fréquences les plus élevées en premier. C'est la commande gsort qui réalise cette opération. Sa syntaxe est proche de la commande sort, et on peut écrire :

```
gsort -age
```

pour un tri par âge *descendant* (du plus grand au plus petit).

```
gsort dep -age
```

tri par code département *ascendant* et âge *descendant*. Les tris sont importants dans la comparaison puisque chaque observation est indicée par son numéro. Ainsi, on peut comparer age[5] à age[4] ou bien age[_n] à age[_n+1].

**Attention** : Les règles de tri sont les règles courantes (alphanumériques) de tous les langages de programmation. Toutefois, pour les variables numériques Stata considère les valeurs manquantes[11] comme la valeur la plus élevée et pour les variables chaînes le " " (blanc) comme la plus faible. Ainsi, lors d'un sort, les données manquantes seront placées en fin de fichier pour les variables numériques et en début pour les variables de type chaîne.

## 2.8.2   Combiner des fichiers

**append** permet *d'ajouter des observations* à la fin d'un fichier en mémoire. On parle de *concaténation* de fichiers. Par exemple, si on travaille sur le fichier A.dta et que l'on exécute la commande :

```
append using B.dta
```

---

11. Il existe 27 types de valeurs manquantes, la plus courante étant le point ".". Les 26 autres sont des extensions notées de .a à .z et ordonnées de la façon suivante : . < .a < .b < ⋯ < .z (cf. help missing).

on rajoute les enregistrements lus dans B.dta à la fin de A.dta qui était en mémoire. Le fichier B.dta doit être obligatoirement au format Stata. Les variables doivent avoir le même nom dans les deux fichiers pour un empilage parfait. Si ce n'est pas le cas, des données manquantes seront ajoutées pour compléter les séries. Enfin, le fichier résultant de cette concaténation porte le nom du fichier d'origine (A.dta).

**merge** permet quant à elle *d'ajouter des variables*, c'est-à-dire de faire des jointures de fichiers selon une clé (ou identifiant) commune aux deux fichiers. On parle dans ce cas *d'appariement* de fichiers.

Supposons que dans un fichier A.dta nous ayons les noms des communes avec leur numéro (ID), et dans un autre, B.dta, la population de certaines communes avec ce même numéro (ID). Pour associer à chaque nom de commune la population correspondante on pourra écrire les quelques lignes suivantes :

```
use B, clear
sort ID
save, replace
use A, clear
sort ID
merge ID using B
```

**Remarque** : Il faut que les deux fichiers soient ordonnés selon l'identifiant (ID) pour effectuer l'appariement et ne pas oublier de préciser cet identifiant dans la commande merge. Si la première condition n'est pas remplie, Stata vous en informe et ne fait pas l'opération, tandis que si c'est la seconde, Stata affiche un message d'alerte sur la présence d'identifiants non uniques.

Stata permet d'évaluer le travail réalisé en affectant un code à chaque enregistrement. Ce code est contenu dans la variable _merge dont on peut faire un **tabulate** :

```
. tabulate _merge
```

| _merge | Freq. | Percent | Cum. |
|---|---|---|---|
| 1 | 30,055 | 57.68 | 57.68 |
| 2 | 279 | 0.54 | 58.21 |
| 3 | 21,775 | 41.79 | 100.00 |
| Total | 52,109 | 100.00 | |

Les enregistrements de type :

   1 - sont ceux provenant de A.dta (le *master*) et qui n'ont pas trouvé de correspondants dans B.dta (le *using*) ;

   2 - sont ceux provenant de B.dta et qui n'ont pas trouvés de correspondants dans A.dta ;

   3 - sont ceux qui ont été parfaitement appariés car les numéros étaient présents dans les deux fichiers.

On peut également utiliser l'option keep pour ne coller que certaines variables du using :

> merge ID using B.dta, keep(ID V2)

Si les fichiers A et B contiennent une variable ayant le même nom, ce sont les observations du fichier maître A.dta (le *master*) qui seront conservées dans le fichier résultat. Cette propriété peut être très utile car avec l'option update replace, la commande merge mettra à jour les enregistrements de la variable V1 du fichier maître à partir de ceux de la variable V1 du fichier appareillé (le *using*). Si on ne met que l'option update, seules les valeurs manquantes seront mises à jour[12]. D'autres possibilités de jointures de fichiers sont possibles (mais plus complexes) avec la commande joinby ; nous ne les aborderons pas ici. Enfin, la clé d'appariement peut être composée de plusieurs variables.

> merge ID1 ID2 ID3 using B.dta

Il suffit que les fichiers soient convenablement triés selon ID1, ID2 et ID3.

## 2.8.3  Changer les données en mémoire

table permet de conserver les résultats et d'en faire un fichier où chaque enregistrement correspond à une case du tableau (voir aussi les exemples page 40). Par exemple :

> table zone csp treff, c(sum effectif) replace

remplace les données en mémoire par un fichier de 4 variables : zone, csp et treff, plus une variable table1 qui donne la statistique demandée (ici la somme de effectif). Les premiers enregistrements sont les suivants :

```
. list in 1/15, clean

          zone        csp      treff    table1
  1.    Toulouse    Cadres      1 à 9     19867
  2.    Toulouse    Cadres    10 à 49     24978
  3.    Toulouse    Cadres    50 et +     62301
  4.    Toulouse       TAM      1 à 9      2863
  5.    Toulouse       TAM    10 à 49      6355
  6.    Toulouse       TAM    50 et +     21256
  7.    Toulouse      Empl      1 à 9     21758
  8.    Toulouse      Empl    10 à 49     24086
  9.    Toulouse      Empl    50 et +     50481
 10.    Toulouse        OQ      1 à 9     11746
 11.    Toulouse        OQ    10 à 49     16144
 12.    Toulouse        OQ    50 et +     22134
 13.    Toulouse       ONQ      1 à 9      5425
 14.    Toulouse       ONQ    10 à 49      6456
 15.    Toulouse       ONQ    50 et +     10809
```

C'est un procédé assez utile pour faire des calculs sophistiqués dans un fichier et les injecter dans un autre selon une clé (voir merge).

---

12. La variable _merge pourra alors prendre les valeurs de 1 à 5 .

**collapse** transforme les données en mémoire en un fichier de sommes, moyennes, médianes, etc. Le résultat est identique au précédent (avec table) mais la syntaxe diffère et le tableau n'est pas affiché. Pour réaliser la même chose qu'avec table on doit écrire :

> collapse (sum) effectif, by(zone csp treff)

**Attention** : La commande collapse (tout comme table avec l'option replace) remplace les données en mémoire. Il faut donc penser à les sauvegarder avant. Un autre défaut de la commande collapse est qu'elle traite les données manquantes comme des zéros. Il est donc préférable de s'assurer du nombre d'observations dans le calcul de moyennes.

**reshape** transforme un fichier organisé en colonnes (format long ou *long* en anglais) en fichier organisé en lignes (format large ou *wide* en anglais) et vice versa. Soit, par exemple, la population de 6 régions pour deux années (2004 et 2005) organisée en mémoire de la façon suivante :

| region | annee | pop |
|--------|-------|-----|
| Alsace | 2004 | 1794 |
| Alsace | 2005 | 1805 |
| Aquitaine | 2004 | 3045 |
| Aquitaine | 2005 | 3072 |
| Auvergne | 2004 | 1326 |
| Auvergne | 2005 | 1330 |
| Basse-Normandie | 2004 | 1442 |
| Basse-Normandie | 2005 | 1445 |
| Bourgogne | 2004 | 1623 |
| Bourgogne | 2005 | 1626 |
| Bretagne | 2004 | 3021 |
| Bretagne | 2005 | 3044 |

La commande :

> reshape wide pop, i(region) j(annee)

où i() pointe les variables qui resteront dans leur format actuel et j() les variables à "éclater" (*i.e.* à transformer en "wide"). Ceci va permettre d'organiser les données de la façon suivante :

| region | pop2004 | pop2005 |
|--------|---------|---------|
| Alsace | 1794 | 1805 |
| Aquitaine | 3045 | 3072 |
| Auvergne | 1326 | 1330 |
| Basse-Normandie | 1442 | 1445 |
| Bourgogne | 1623 | 1626 |
| Bretagne | 3021 | 3044 |

Pour réaliser l'opération inverse il suffit d'écrire :

    reshape long pop, i(region) j(annee)

où i() pointe les variables qui resteront dans leur format actuel, et j() la nouvelle
variable créée (voir section 8.19 pour un exemple). Si la variable j() est au format
chaîne, il faudra préciser l'option string.

**contract** remplace les données en mémoire par de nouvelles observations en combinant
toutes les modalités des variables listées. Par exemple, la commande :

    contract sexe age csp

produit un fichier contenant 4 variables dans lequel la variable _freq comptabilise
les effectifs dans toutes les combinaisons des modalités des trois variables sexe age
et csp, comme le montre l'affichage suivant.

```
. list, clean

            csp          age      sexe    _freq
   1.     Cadres    - de 30 ans   Hommes     401
   2.        TAM    - de 30 ans   Hommes     382
   3.       Empl    - de 30 ans   Hommes     400
   4.         OQ    - de 30 ans   Hommes     392
   5.        ONQ    - de 30 ans   Hommes     383
   6.       Appr    - de 30 ans   Hommes     397
   7.     Cadres       31 à 45    Hommes     417
   8.        TAM       31 à 45    Hommes     413
   9.       Empl       31 à 45    Hommes     398
  10.         OQ       31 à 45    Hommes     403
  11.        ONQ       31 à 45    Hommes     384
  12.       Appr       31 à 45    Hommes     223
  13.     Cadres    - de 30 ans   Femmes     376
  14.        TAM    - de 30 ans   Femmes     272
  15.       Empl    - de 30 ans   Femmes     413
  16.         OQ    - de 30 ans   Femmes     318
  17.        ONQ    - de 30 ans   Femmes     327
  18.       Appr    - de 30 ans   Femmes     354
  19.     Cadres       31 à 45    Femmes     401
  20.        TAM       31 à 45    Femmes     310
  21.       Empl       31 à 45    Femmes     418
  22.         OQ       31 à 45    Femmes     340
  23.        ONQ       31 à 45    Femmes     364
  24.       Appr       31 à 45    Femmes     194
```

**statsby** permet d'obtenir des statistiques provenant d'une commande en fonction d'une
variable discrète. Cette commande remplace les données en mémoire par les statistiques demandées. Par exemple, pour obtenir un fichier contenant la moyenne,
l'écart-type et le nombre d'observations de la variable salaire horaire (salaire) en
fonction des catégories socio-professionnelles (csp) occupées, on écrira :

    statsby moy=r(mean) etype=r(sd) nb=r(N), by(cs) clear: summarize salaire

Le fichier créé contient alors 4 variables comme le montre l'affichage suivant :

```
. list
```

|     | cs     | moy      | etype    | nb   |
|-----|--------|----------|----------|------|
| 1.  | Cadres | 78.7385  | 27.47024 | 1802 |
| 2.  | TAM    | 62.76922 | 12.60452 | 1007 |
| 3.  | Empl   | 47.03888 | 8.814474 | 1858 |
| 4.  | OQ     | 45.47373 | 8.319652 | 1528 |
| 5.  | ONQ    | 39.88544 | 6.790412 | 1421 |
| 6.  | Appr   | 29.38799 | 8.484747 | 746  |

La commande statsby a été utilisée ici pour récupérer les statistiques r(mean), r(sd), et r(N) générées par la commande summarize. De nombreux autres exemples sont possibles en changeant la commande, notamment pour récupérer des coefficients de régression sur des sous échantillons stratifiés.

**expand** duplique chaque ligne du fichier autant de fois que précisé. Si l'argument est inférieur ou égal à 1, la ligne n'est pas dupliquée.

> expand 2 *duplique les lignes*
> expand pop *multiplie les lignes par la valeur de pop correspondante*

**xpose** transpose le fichier en mémoire, c'est-à-dire que les variables deviennent des observations et les observations des variables (attention dans ce cas à la taille du fichier initial !). La commande xpose transpose uniquement les variables numériques. Les variables chaînes apparaissent en données manquantes dans le fichier transposé. Sa syntaxe est simple :

> xpose, clear

Cette commande a donc une utilité limitée, elle sera utilisée pour de petites bases dans des cas biens spécifiques. L'option clear est obligatoire, elle rappelle que le fichier n'est pas sauvegardé avant d'être transposé.

# 3  Statistique descriptive

Il est indispensable, avant toute analyse, de calculer quelques statistiques de base pour connaître la fréquence d'une modalité ou la distribution d'une variable, afin de pouvoir effectuer des regroupements, ou tout simplement pour mettre en évidence d'éventuels points aberrants. Pour cela, Stata dispose de nombreuses fonctions élémentaires, mais aussi élaborées, spécifiques à la nature de la variable analysée (discrète, continue...).

## 3.1  Statistique descriptive unidimensionnelle

### 3.1.1  Description de variables discrètes

Stata considère comme discrète une variable qui possède moins de 9 modalités. Toutefois, les fonctions dédiées aux variables discrètes s'appliquent aussi à des variables possédant de nombreuses valeurs distinctes. Voici les principales commandes :

**tabulate** permet de faire des tableaux de fréquences simples ou des tableaux croisés sur les variables spécifiées. Son abréviation est tab. Ainsi la commande tabulate sexe donne le tri à plat de la variable sexe selon ses modalités :

```
. tabulate sexe
```

| Sexe | Freq. | Percent | Cum. |
|------|-------|---------|------|
| Homme | 13,063 | 54.65 | 54.65 |
| Femme | 10,839 | 45.35 | 100.00 |
| Total | 23,902 | 100.00 | |

Tandis qu'un tableau croisé pourra être obtenu de la façon suivante :

```
. tabulate sexe stage
```

| Sexe | Formation continue dans l'emploi Non | Oui | Total |
|------|------|------|-------|
| Homme | 8,769 | 4,294 | 13,063 |
| Femme | 7,643 | 3,196 | 10,839 |
| Total | 16,412 | 7,490 | 23,902 |

De nombreuses options sont associées à tabulate afin d'obtenir des pourcentages lignes ou colonnes et/ou des tests d'indépendance du $\chi^2$, notamment dans le cas de tableaux croisés. Voici quelques exemples d'utilisation de tabulate.

tabulate sexe, nolabel : donne un tableau simple sans le label afin de conserver le codage ;

tabulate sexe, missing : *idem* mais en faisant apparaître les valeurs manquantes (missing) ;

tabulate sexe stage, row col : donne un tableau croisé avec pourcentages lignes et colonnes ;

tabulate sexe, sum(salaire) : fournit la moyenne et l'écart-type du salaire selon les modalités de la variable sexe ;

tabulate age, gen(ageD) : permet de créer autant de dichotomiques que de modalités de la variable age (ageD1, ageD2...ageDp) ;

tabulate age, gen(ageD) missing : même chose que précédemment, mais avec une variable binaire supplémentaire (ageDp+1) correspondant à la modalité manquante.

**tab1/tab2**[@] sont des commandes qui permettent de créer des séries de tableaux de fréquences simples ou croisés en spécifiant une liste de variables :

    tab1 sexe stage secteur

réalise 3 tableaux successifs sur chacune des variables.

    tab2 sexe stage secteur

réalise toutes les combinaisons possibles de tableaux croisés (3 tableaux ici) entre les variables spécifiées dans la liste.

**table** présente l'avantage par rapport à tabulate de réaliser également des tableaux de fréquences à 3 dimensions. Ainsi la commande :

    table sexe stage secteur, row col

donne le résultat suivant :

```
. table sexe stage secteur, row col
```

|       | Secteur Privé ou Public and Formation continue dans l´emploi | | | | | |
|       | Public | | | Prive | | |
| Sexe  | Non | Oui | Total | Non | Oui | Total |
|-------|------|------|-------|--------|-------|--------|
| Homme | 1,442 | 1,093 | 2,535 | 7,327 | 3,201 | 10,528 |
| Femme | 2,170 | 1,253 | 3,423 | 5,473 | 1,943 | 7,416 |
| Total | 3,612 | 2,346 | 5,958 | 12,800 | 5,144 | 17,944 |

La première variable (sexe) intervient en ligne, la seconde (stage) en colonne et la troisième (secteur) en super colonne.

**tabcond**[@] réalise des tableaux de fréquences d'une variable discrète en permettant de tenir compte de 5 conditions au maximum.

    tabcond g sexe, c(salaire<=10 salaire>50 effectif>5)

affiche la répartition des effectifs d'hommes et de femmes en fonction des conditions spécifiées sur le salaire ou l'effectif de l'entreprise.

```
. tabcond g sexe, c(salaire<=10  salaire>50  effectif>5)
```

| Sexe | salaire<=10 | salaire>50 | effectif>5 |
|------|------------|-----------|-----------|
| Hommes | 6828 | 4238 | 6563 |
| Femmes | 6048 | 3786 | 5799 |

Il y a deux syntaxes : tabcond g et tabcond v. Avec la première, les lignes représentent les modalités de la variable spécifiée ; avec la seconde, les lignes représentent les variables sur lesquelles porte l'analyse. L'utilisation de tabcond reste toutefois limitée par des sorties qui n'affichent ni totaux ni pourcentages.

On pourra s'intéresser aussi à la commande tabcount[@] qui permet de faire un tableau de fréquences uniquement sur les modalités choisies des variables, ce qui est pratique pour les variables comptant beaucoup de modalités.

**modes**[@] est la seule commande[1] permettant de déterminer rapidement le mode d'une variable discrète. Ainsi :

```
. modes age
Mode of age
```

| Classes d´ages | Frequency |
|----------------|-----------|
| - de 30 ans | 4415 |

retourne la classe d'âge la plus fréquemment observée (- de 30 ans) et la fréquence correspondante à cette valeur (4415).

## 3.1.2 Description de variables continues

Les commandes suivantes permettent de décrire des variables continues, mais elles peuvent dans certains cas s'appliquer à des variables discrètes.

**summarize** est la commande la plus utilisée, elle permet de déterminer en une seule fois le nombre d'observations, la moyenne arithmétique, l'écart-type, le minimum et le maximum des variables spécifiées. Elle peut se résumer à sum, par exemple :

```
. summarize salaire effectif nbjour
```

| Variable | Obs | Mean | Std. Dev. | Min | Max |
|----------|-----|------|-----------|-----|-----|
| salaire | 8362 | 52.68813 | 21.84506 | 13.45464 | 236.5996 |
| effectif | 8362 | 78.25197 | 247.9294 | 5 | 5920 |
| nbjour | 8362 | 25413.17 | 81277.51 | 595 | 2055255 |

---

1. On peut également calculer le mode d'une variable avec egen (voir section 2.3.2).

Avec l'option detail, la commande summarize décrit en plus les principaux quantiles et donne les 5 valeurs les plus faibles et les plus fortes. Ainsi :

```
. summarize salaire, detail
                    Salaire horaire au 31/12/99

          Percentiles      Smallest
    1%      19.10389        13.45464
    5%      29.89255        13.63074
   10%      34.55397        13.70214      Obs               8362
   25%      39.04235        14.14299      Sum of Wgt.       8362

   50%      46.47098                      Mean          52.68813
                           Largest        Std. Dev.     21.84506
   75%      60.89333        208.1731
   90%      78.94511        228.7574      Variance      477.2068
   95%      94.30508        232.8338      Skewness      2.014968
   99%      133.6762        236.5996      Kurtosis      9.829631
```

Comme de nombreuses commandes, summarize stocke les résultats des calculs et en particulier les quantiles dans la "return list". Nous verrons comment récupérer ces résultats en section 7.2.4. La commande fsum[@] est également utile puisqu'elle permet de formatter l'affichage avec l'option format() et d'afficher les labels des variables avec l'option label ou uselabel. Cette commande permet aussi d'afficher d'autres statistiques, comme dans l'exemple suivant :

```
. fsum effectif salaire, uselabel add(p25 median p75)
 Variable |    N    Mean     SD     P25   Median    P75     Min      Max

 Effectif | 8362   78.25  247.93  10.00   22.00   58.00    5.00  5920.00
 Horaire  | 8362   52.69   21.85  39.04   46.47   60.89   13.45   236.60
```

**table** apparaît ici car elle peut être utilisée afin de calculer certaines statistiques (moyenne, variance, min, max, centiles) d'une ou plusieurs variables continues selon les modalités d'une variable discrète (voir aussi la section 3.1.1). Ainsi, dans l'exemple suivant :

```
. table sexe, c(freq mean chomage sd formation) f(%9.2f)

    Sexe  |     Freq.   mean(chomage)   sd(formation)

   Homme  |    13,063           2.29            0.95
   Femme  |    10,839           2.62            0.90
```

la durée moyenne de chômage et l'écart-type de la durée de formation sont donnés au sein des catégories Hommes/Femmes. Lors de tableaux volumineux, il peut être utile d'adapter le format d'affichage du tableau. C'est l'option format() qui réalise le travail. Par exemple, pour n'afficher que deux décimales après la virgule, on écrira format(%9.2f) (voir help format pour plus de détails).

**tabstat** est assez proche de table dans la mesure où cette commande est spécialisée dans la représentation de variables continues selon les modalités d'une variable discrète. Néanmoins, elle sera plus complète puisque dans chaque case plusieurs statistiques sont imprimables. Ainsi la commande :

```
        tabstat chomage  formation, by(sexe) stats(n mean sd p75)
```

donne le résultat suivant :

```
. tabstat chomage formation, by(sexe) stats(n mean sd p75)

Summary statistics: N, mean, sd, p75 by categories of: sexe (Sexe)
  sexe  |   chomage formation
--------+---------------------
 Homme  |     13063      13063
        |  2.286764   .5977953
        |  1.196694   .9500951
        |         3          1
--------+---------------------
 Femme  |     10839      10839
        |  2.617769    .52062
        |  1.261427   .900121
        |         4          1
--------+---------------------
 Total  |     23902      23902
        |  2.436867   .5627981
        |  1.237468   .9285427
        |         4          1
```

**correlate** donne la matrice des corrélations (ou des covariances) des variables spécifiées. La syntaxe est la suivante :

```
        corr chomage interim inactivite
```

La commande **correlate** a pour inconvénient de ne calculer les corrélations que sur le plus grand ensemble commun d'observations non nulles. Pour éviter cela on peut utiliser la commande **pwcorr** (voir section 3.1.4).

**mean/means** permettent d'estimer les moyennes d'une variable. Alors que **mean** n'estime que la moyenne arithmétique, **means** estime en plus les moyennes géométriques et harmoniques, ainsi que les intervalles de confiance respectifs. Après la commande, il est par exemple possible de conserver les différentes valeurs calculées dans des scalaires pour une utilisation future[2]. Par exemple, on récupérera la moyenne harmonique dans le scalaire MH en écrivant :

```
        means salaire
        scalar define MH=r(mean_h)
```

**grmeanby** est une commande très utile pour visualiser des écarts à la moyenne ou à la médiane d'une variable continue selon les modalités d'une variable discrète. Elle représente sur un même graphe la moyenne (ou la médiane) de la variable étudiée et les moyennes (resp. médiane) dans chacun des groupes des variables discrètes considérées. Par exemple :

```
        grmeanby treff sexe age, sum(salaire)
        grmeanby treff sexe age, sum(salaire) median
```

---

2. L'instruction **return list** permet de connaître les statistiques conservées en mémoire par Stata (voir section 7.2.4).

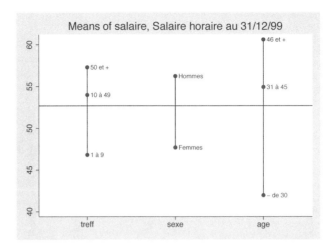

Le trait horizontal représente la moyenne des salaires horaires pour l'ensemble de l'échantillon. Pour chaque variable discrète — treff (tranches d'effectifs), sexe (genre des salariés), age (tranches d'âges) — les points représentent les moyennes dans chacun des sous-groupes. On remarque ainsi immédiatement les écarts de salaires des hommes et des femmes ainsi que le faible taux de salaire horaire des moins de 30 ans. Par défaut, la commande calcule les moyennes (means), mais avec l'option median ce sont les médianes de chaque sous-groupe qui sont calculées et représentées.

**centile** permet d'obtenir des quantiles autres que ceux donnés par la commande summa-rize. Un intervalle de confiance peut être calculé sous l'hypothèse que les données suivent une loi Normale. Pour obtenir le second centile et la médiane pour les variables salaire et nbjour on écrira :

```
. centile salaire nbjour, c(2 50) normal
```

|          |      |            | — Normal, based on observed centiles — | | |
| Variable | Obs | Percentile | Centile | [95% Conf. Interval] | |
|---|---|---|---|---|---|
| salaire | 8362 | 2 | 21.1026 | 20.63526 | 21.56994 |
|  |  | 50 | 46.47098 | 45.8599 | 47.08205 |
| nbjour | 8362 | 2 | 1430.26 | 791.7199 | 2068.8 |
|  |  | 50 | 7245 | 5006.415 | 9483.585 |

**ci** calcule un intervalle de confiance de la moyenne de chaque variable spécifiée, sous l'hypothèse que ces variables soient distribuées selon une loi Normale. Si le nombre d'observations est grand, on peut faire l'hypothèse que la distribution de la moy-enne empirique tend vers une loi Normale[3] de sorte que :

$$\sqrt{n}\ \frac{\overline{X}_n - m}{\sigma} \sim N(0,1)$$

---

3. On pourra tester cette hypothèse en utilisant les tests usuels (voir section 3.1.3).

Soit un intervalle de confiance :

$$\mathrm{IC}(m) = \left( \overline{x}_n - u\frac{\sigma}{\sqrt{n}}, \overline{x}_n + u\frac{\sigma}{\sqrt{n}} \right)$$

où $\overline{x}_n$ est la moyenne de l'échantillon considéré, $\sigma$ son écart-type et $u$ le quantile d'ordre $1-(\alpha/2)$ de la loi $N(0,1)$. Dans la pratique on obtient :

```
. ci salaire98 salaire
    Variable |       Obs        Mean    Std. Err.    [95% Conf. Interval]
-------------+------------------------------------------------------------
    salaire98 |      8212    51.63904    .2411924     51.16624    52.11184
      salaire |      8362    52.68813    .2388901     52.21984    53.15641
```

Par défaut c'est un intervalle de confiance à 95 %, mais ceci peut être précisé en utilisant l'option level de la façon suivante :

    ci salaire98 salaire, level(90)

### 3.1.3   Quelques tests de normalité

**sktest** réalise des tests de normalité. Cette commande permet de réaliser tout d'abord un test basé sur la statistique de Skewness, puis un second test basé sur la statistique de Kurtosis. Enfin, sktest combine ces deux tests pour en proposer un troisième. L'hypothèse nulle testée ici est $H_0$ : *la variable est distribuée selon une loi Normale*. Cette commande ne donne pas les statistiques de Skewness et de Kurtosis — on pourra les obtenir avec l'option detail de la commande sum (voir section 3.1.2) — mais la significativité du $\chi^2$ associé.

```
. sktest salaire effectif nbjour
                   Skewness/Kurtosis tests for Normality
                                               ------- joint -------
    Variable | Pr(Skewness)   Pr(Kurtosis)  adj chi2(2)    Prob>chi2
-------------+-------------------------------------------------------
      salaire |      0.002          0.080        10.95       0.0042
     effectif |      0.912          0.044         4.19       0.1228
       nbjour |      0.034          0.205         5.81       0.0547
. return list

scalars:
          r(P_chi2) =  .0546773719050823
           r(chi2) =  5.812610662931527
          r(P_kurt) =  .204787802285936
          r(P_skew) =  .033713795103502
```

Dans cet exemple, on conclut au rejet de $H_0$ pour salaire ($\mathrm{Pr} < 0.05$) ; cependant, on ne peut pas rejeter l'Hypothèse de normalité pour effectif ($\mathrm{Pr} > 0.05$). Pour nbjour, le rejet au seuil de 5 % peut être critiqué. A la suite de ces tests, on peut récupérer certaines statistiques correspondant à la dernière variable listée (ici nbjour) avec la commande return list (voir section 7.2.4).

**swilk/sfrancia** sont deux commandes qui réalisent des tests de normalité respectivement de Shapiro–Wilk et Shapiro–Francia. Le premier est optimisé pour des échantillons compris entre 4 et 2 000 observations, tandis que le second peut être utilisé sur des échantillons de 5 à 5 000 observations.

```
. swilk salaire effectif nbjour
                        Shapiro-Wilk W test for normal data
        Variable │   Obs        W          V          z      Prob>z
    ─────────────┼──────────────────────────────────────────────────
         salaire │    74    0.94821      3.335      2.627    0.00430
        effectif │    74    0.97921      1.339      0.637    0.26215
          nbjour │    74    0.92542      4.803      3.423    0.00031
. sfrancia salaire effectif nbjour
                        Shapiro-Francia W´ test for normal data
        Variable │   Obs        W´         V´         z      Prob>z
    ─────────────┼──────────────────────────────────────────────────
         salaire │    74    0.94872      3.629      2.490    0.00639
        effectif │    74    0.98446      1.100      0.190    0.42477
          nbjour │    74    0.93011      4.946      3.061    0.00110
```

Ces deux tests réalisés sur les mêmes variables que précédemment révèlent des conclusions similaires : la non normalité de salaire et la normalité de effectif. Pour nbjour, on tendrait maintenant à rejeter l'hypothèse de normalité. Sous les colonnes W et W' on retrouve respectivement les statistiques de Shapiro–Wilk et Shapiro–Francia. Les colonnes V et V' donnent des transformées de W et W' qui ont pour seul avantage de discriminer plus rapidement sur la validité de l'hypothèse nulle. Un fort V (ou V') indique un rejet de $H_0$, tandis qu'un V (ou V') proche de 1 tend à privilégier la normalité de la série étudiée.

## 3.1.4   Quelques tests d'associations

Les statistiques descriptives ne présentent qu'un résumé de grandeurs mesurées sur un échantillon et ne permettent pas d'énoncer autre chose que des faits observés. Pour pouvoir énoncer des hypothèses (par exemple : peut on dire qu'une grandeur est significativement plus grande qu'une autre ? Les variables sont elles corrélées ?), il faut utiliser des tests d'hypothèses dont l'issue déterminera la pertinence, avec un seuil de confiance déterminé, de l'hypothèse examinée.

**Tests paramétriques**

**pwcorr** permet de faire des tests de significativité des coefficients de corrélation et de n'afficher que les coefficients significatifs à un certain niveau. Exemple :

```
. pwcorr superficie prix quantite revenu nbenf age, star(.01) print(.05)
                 │ superficie  prix  quantite  revenu   nbenf    age
    ─────────────┼──────────────────────────────────────────────────
      superficie │   1.0000
            prix │   0.0713*  1.0000
        quantite │            0.5588*  1.0000
          revenu │   0.0206*  0.0390*  0.0105*  1.0000
           nbenf │   0.0242*           0.1129*  0.0206*  1.0000
             age │  -0.1131* -0.0706* -0.0691* -0.0440* -0.2715*  1.0000
```

Sous l'hypothèse que les variables ont des distributions normales, le coefficient de corrélation peut faire l'objet d'un test. En effet, on peut construire la statistique de test suivante :

$$t = \frac{\rho\sqrt{n-2}}{\sqrt{1-\rho^2}}$$

Sous $H_0$ : *absence de corrélation*, cette statistique suit une loi de Student à $(n-2)$ degrés de liberté. Stata peut lui-même afficher les corrélations significatives. Dans le cas présenté, on lui demande d'afficher des corrélations significatives au seuil de 5 % (print(.05)) et de marquer d'une étoile celles significatives au seuil de 1 % (star(.01)). Il est important de noter que les coefficients de corrélations calculés caractérisent une relation linéaire entre les séries. Par conséquent un coefficient de corrélation faible peut-il masquer une relation plus complexe entre les variables ne pouvant être approchée par une droite.

**ttest/sdtest** permet de faire respectivement des tests d'égalités de moyennes (ttest) ou d'égalités de variances (sdtest). Quelques exemples d'utilisation :

ttest V1=.24          $H_0$ : {moyenne V1 = .24}

sdtest V1=V2          $H_0$ : {variance V1 = variance V2}

sdtest V, by(sexe)    $H_0$ : {variance V(Hommes) = variance V(Femmes)}

Un exemple de test d'égalité de moyenne entre différents groupes donne le résultat suivant :

```
. ttest salaire, by(sexe)
Two-sample t test with equal variances
```

| Group | Obs | Mean | Std. Err. | Std. Dev. | [95% Conf. Interval] | |
|---|---|---|---|---|---|---|
| Hommes | 4899 | 56.22742 | .3541218 | 24.786 | 55.53319 | 56.92166 |
| Femmes | 3463 | 47.6812 | .2635414 | 15.50869 | 47.16448 | 48.19791 |
| combined | 8362 | 52.68813 | .2388901 | 21.84506 | 52.21984 | 53.15641 |
| diff | | 8.546227 | .4759224 | | 7.613301 | 9.479152 |

```
    diff = mean(Hommes) - mean(Femmes)                          t =   17.9572
Ho: diff = 0                               degrees of freedom =       8360

    Ha: diff < 0              Ha: diff != 0              Ha: diff > 0
 Pr(T < t) = 1.0000     Pr(|T| > |t|) = 0.0000       Pr(T > t) = 0.0000
```

Stata teste ici l'hypothèse $H_0$ : {la différence des moyennes des salaires de chaque groupe est nulle}. La valeur de la statistique de Student nous conduit à rejeter $H_0$, ce que laissaient supposer les intervalles de confiance calculés puisqu'ils ne se chevauchent pas. On peut donc conclure à des différences de moyennes salariales significatives entre les hommes et les femmes de notre échantillon [Pr(|T| > |t|) = 0.0000].

**hotelling** est la généralisation du test de moyenne (ttest) au cas multivarié. On l'utilise lorsque l'on veut comparer deux groupes sur la base de plusieurs variables ou paramètres mesurés pour chacun de ces groupes. On regarde dans ce cas si la moyenne de ces paramètres diffère globalement dans chacun des deux groupes. Ce test n'est valide que sous l'hypothèse que les variables aléatoires mesurées suivent une loi Normale multivariée. Réalisons le test de Hotelling suivant :

```
. hotelling salaire nbjour, by(sexe)
```

```
-> sexe = Hommes
```

| Variable | Obs | Mean | Std. Dev. | Min | Max |
|---|---|---|---|---|---|
| salaire | 4899 | 56.22742 | 24.786 | 13.45464 | 236.5996 |
| nbjour | 4899 | 23858.07 | 68164.2 | 595 | 1518393 |

```
-> sexe = Femmes
```

| Variable | Obs | Mean | Std. Dev. | Min | Max |
|---|---|---|---|---|---|
| salaire | 3463 | 47.6812 | 15.50869 | 13.63074 | 148.4275 |
| nbjour | 3463 | 27613.12 | 96810.16 | 600 | 2055255 |

```
2-group Hotelling's T-squared = 337.50152
F test statistic: ((8362-2-1)/(8362-2)(2)) x 337.50152 = 168.73058

H0: Vectors of means are equal for the two groups
        F(2,8359) =   168.7306
    Prob > F(2,8359) =     0.0000
```

On a testé sur notre échantillon si, sur la base du salaire horaire (salaire) et du nombre de jours travaillés (nbjour), les hommes se distinguent significativement des femmes. Le test nous donne une statistique de Fisher élevée, ce qui conduit à rejeter sans ambiguïté (puisque Prob $F < 0.05$) l'hypothèse nulle $H_0$ : {Les vecteurs des moyennes sont égaux pour les deux groupes}. On peut alors pousser l'analyse en comparant les variances (voir oneway ou manova).

**oneway** permet de faire de l'analyse de variance univariée. Plus précisément, il s'agit d'une généralisation de la comparaison de moyennes (vue avec ttest) à plus de deux groupes. La commande oneway permet également de calculer les variances *intra* ou *inter* groupes, et procède à un test d'égalité des variances :

```
. oneway salaire age, tab
```

| Classes d'ages | Summary of Salaire horaire au 31/12/99 | | |
|---|---|---|---|
| | Mean | Std. Dev. | Freq. |
| - de 30 a | 41.968931 | 13.596374 | 2631 |
| 31 à 45 | 54.91842 | 19.773965 | 3021 |
| 46 et + | 60.608605 | 26.030268 | 2710 |
| Total | 52.688128 | 21.845064 | 8362 |

| | Analysis of Variance | | | | |
|---|---|---|---|---|---|
| Source | SS | df | MS | F | Prob > F |
| Between groups | 487341.104 | 2 | 243670.552 | 581.53 | 0.0000 |
| Within groups | 3502585.05 | 8359 | 419.019625 | | |
| Total | 3989926.15 | 8361 | 477.206812 | | |

```
Bartlett's test for equal variances:  chi2(2) =   1.1e+03  Prob>chi2 = 0.000
```

Avec l'option tabulate (ou tab) la commande oneway affiche un tableau de moyennes et de variances (des salaires, ici) selon les classes (d'âges, ici). Le tableau d'analyse de variance apparaît à la suite. Dans notre cas (3 groupes d'âges), le test de Bartlett nous conduit à rejeter l'hypothèse nulle d'égalité des variances entre groupes (puisque Prob $F < 0.05$). L'âge est donc une variable discriminante du salaire. Cependant, on remarque que la principale source de variance des salaires provient d'une hétérogénéité à l'intérieur des groupes (**Within groups**). En effet, seulement 12.2 % $((487341.104/3989926.15) * 100)$ de la variance des salaires provient d'une variance entre classes d'âges (**Between groups**), le reste provient de disparités à l'intérieur des groupes. Ce constat amène à poursuivre l'explication de la variation des salaires en introduisant d'autres variables explicatives afin de diminuer les hétérogénéités à l'intérieur des groupes ; on peut se diriger alors vers des techniques plus générales d'analyse de variance (voir section 3.2.1) ou des techniques de régression linéaire (voir section 4.1).

## Tests non paramétriques

**chi2** la statistique du chi-deux est la plus populaire pour tester la non association entre les lignes et les colonnes d'un tableau croisé. Elle est donnée par la commande **tabulate** vue en section 3.1.1 si l'option **chi2** est spécifiée :

```
. tabulate csp age, chi2
  Categorie
     socio
 profession         Classes d'ages
     nelle  - de 30 a   31 à 45    46 et +      Total

    Cadres        777       818       816        2,411
       TAM        654       723       663        2,040
      Empl        813       816       799        2,428
        OQ        710       743       716        2,169
       ONQ        710       748       762        2,220
      Appr        751       417       440        1,608

     Total      4,415     4,265     4,196       12,876
        Pearson chi2(10) = 130.6650   Pr = 0.000
```

La statistique de Pearson fournie, donne le seuil avec lequel on peut rejeter l'hypothèse nulle. L'hypothèse nulle est ici fortement rejetée ($Pr < 0.05$) : les âges ne sont donc pas distribués indépendamment des catégories professionnelles.

**ranksum/kwallis** donne la statistique de Kruskal et Wallis. Cette statistique de test est utilisée lorsqu'il faut décider si $k$ échantillons indépendants sont issus de la même population. La statistique du test de Kruskal–Wallis est construite à partir des moyennes des rangs des observations dans les différents échantillons et s'apparente en cela à l'analyse de la variance (ANOVA). Cependant, elle se différencie par le fait qu'elle ne suppose pas la normalité des séries comparées ; elle est en cela une statistique non paramétrique. C'est une extension de la statistique de Mann et Whitney[4] (**ranksum**) au cas de plus de deux sous-groupes.

---

4. Appelée aussi test de Wilcoxon–Mann–Whitney, c'est un équivalent non paramétrique au **ttest**.

```
. ranksum salaire, by(sexe)
Two-sample Wilcoxon rank-sum (Mann-Whitney) test
        sexe |      obs     rank sum      expected
-------------+---------------------------------------
       Homme |     4899     22369102      20485169
       Femme |     3463     12596602      14480535
-------------+---------------------------------------
    combined |     8362     34965703      34965703

unadjusted variance      1.182e+10
adjustment for ties     -.72796822
                        ------------
adjusted variance        1.182e+10

Ho: salaire(sexe==1) = salaire(sexe==2)
           z =   17.326
    Prob > |z| =    0.0000
```

On rejette ici l'hypothèse d'égalité des salaires entre hommes et femmes (Prob < 0.05).

**median** effectue un test non paramétrique d'égalité des médianes. On teste dans ce cas l'hypothèse que les k sous groupes sont issus d'échantillons de même médiane :

```
. median salaire, by(sexe)
Median test
   Greater |
  than the |           SEXE
    median |    Homme       Femme  |      Total
-----------+------------------------+------------
        no |    2,165       2,016   |      4,181
       yes |    2,734       1,447   |      4,181
-----------+------------------------+------------
     Total |    4,899       3,463   |      8,362

          Pearson chi2(1) = 159.5786   Pr = 0.000

   Continuity corrected:
          Pearson chi2(1) = 159.0182   Pr = 0.000
```

Sur la base de la médiane on rejette ici aussi l'hypothèse d'égalité des salaires entre hommes et femmes (Pr < 0.05).

**signrank** est également une statistique de rang qui teste l'égalité entre deux échantillons appariés — c'est-à-dire une variable mesurée deux fois sur le même échantillon (à deux dates différentes par exemple) — à l'aide de la statistique de rang de Wilcoxon ("Wilcoxon signed-ranks"). Comme dans le cas paramétrique (ttest), on écrira :

signrank V1 = V2

D'autres tests d'associations peuvent être calculés entre paires de variables, notamment des corrélations partielles avec la commande pcorr, mais aussi des corrélations de rang comme la statistique de Spearman ($\rho$) avec la commande spearman ou la statistique de Kendall ($\tau$) avec la commande ktau. Ces deux dernières statistiques permettent de mesurer l'association entre variables ordinales, *i.e.* la comparaison entre deux classements d'un ensemble d'objets. Enfin, lorsque les variables sont binaires, des tests de corrélations peuvent être faits à l'aide de la commande tetrachoric. On suppose dans ce cas que les variables latentes ayant engendré la paire de variables binaires testée suivent une loi Normale bivariée. Il existe également d'autres tests non paramétriques dans Stata, ils sont accessibles via l'aide (search nonparametric).

## 3.1.5 Les pondérations

La plupart des commandes Stata permettent de prendre en considération des pondérations. En effet, le coût de la collecte de données étant élevé, on travaille souvent sur des sous-échantillons de la population étudiée (sortants de formation, chômeurs...) et non pas sur la population dans son ensemble. Pour redresser ce biais d'échantillonnage, chaque observation possède son propre "poids", c'est-à-dire combien de personnes dans la population totale cette observation est censée représenter. Ce poids, déterminé par des techniques de sondage au moment de la collecte, est pris comme une donnée par la personne qui exploite l'enquête.

Lorsqu'il s'agit de statistiques descriptives, ne pas pondérer peut entraîner des modifications dans la structure de la distribution étudiée. Stata autorise 4 sortes de pondérations en fonction du poids disponible :

- fweight — f pour fréquence — utilise un poids qui correspond au nombre de personnes que représente l'individu interrogé. Ce poids doit être obligatoirement un nombre entier ;
- pweight — p pour probabilité — utilise des poids qui correspondent à l'inverse de la probabilité que cette observation soit dans l'échantillon. Dans ce cas le poids peut être un nombre décimal ;
- aweight — a pour analytique — utilise des poids qui sont inversement proportionnels à la variance de l'observation[5]. Le poids ainsi calculé est relatif et sa valeur n'est pas pertinente en soi. Stata norme ces poids pour que leur somme soit égale à N (la taille de l'échantillon) ;
- iweight — i pour importance — utilise des poids qui indiquent "l'importance" de l'observation dans l'échantillon. Cette définition a peu de sens statistique, aussi est-elle rarement utilisée.

Lorsque l'on veut décrire la distribution d'une variable, c'est généralement fweight qui est utilisé. Pour Stata, les poids ne sont pas des options de commandes, ils doivent donc être placés avant la virgule de la façon suivante :

---

5. La variance de l'observation j est égale à $\sigma^2/w_j$, où $w_j$ est le poids de l'observation j.

```
. tabulate secteur [fweight=pondef]
```

| CS de l´employeur en 16 postes | Freq. | Percent | Cum. |
|---|---|---|---|
| Nr | 582 | 0.12 | 0.12 |
| Agriculture | 11,956 | 2.51 | 2.63 |
| IAA | 17,943 | 3.76 | 6.39 |
| Industrie | 77,843 | 16.32 | 22.72 |
| Construction | 28,744 | 6.03 | 28.74 |
| Commerce | 77,345 | 16.22 | 44.97 |
| Service aux ent. | 82,522 | 17.31 | 62.27 |
| Serv. aux part. | 45,377 | 9.52 | 71.79 |
| Educ, Sante, Admin. | 134,531 | 28.21 | 100.00 |
| Total | 476,843 | 100.00 | |

```
. tabulate secteur
```

| CS de l´employeur en 16 postes | Freq. | Percent | Cum. |
|---|---|---|---|
| Nr | 30 | 0.13 | 0.13 |
| Agriculture | 549 | 2.30 | 2.42 |
| IAA | 914 | 3.82 | 6.25 |
| Industrie | 4,254 | 17.80 | 24.04 |
| Construction | 1,568 | 6.56 | 30.60 |
| Commerce | 3,629 | 15.18 | 45.79 |
| Service aux ent. | 4,130 | 17.28 | 63.07 |
| Serv. aux part. | 2,177 | 9.11 | 72.17 |
| Educ, Sante, Admin. | 6,651 | 27.83 | 100.00 |
| Total | 23,902 | 100.00 | |

```
. tabulate stage diplome [fweight=pondef], row col
```

| Formation continue dans l´emploi | Niveau de diplome agrégé | | | | | Total |
|---|---|---|---|---|---|---|
| | Niveau I | Niveau II | Niveau IV | Niveau V | Niveau Vb | |
| Non | 40,290 | 34,619 | 89,388 | 120,716 | 46,836 | 331,849 |
| | 12.14 | 10.43 | 26.94 | 36.38 | 14.11 | 100.00 |
| | 50.11 | 52.58 | 69.67 | 81.11 | 87.64 | 69.59 |
| Oui | 40,121 | 31,227 | 38,923 | 28,119 | 6,604 | 144,994 |
| | 27.67 | 21.54 | 26.84 | 19.39 | 4.55 | 100.00 |
| | 49.89 | 47.42 | 30.33 | 18.89 | 12.36 | 30.41 |
| Total | 80,411 | 65,846 | 128,311 | 148,835 | 53,440 | 476,843 |
| | 16.86 | 13.81 | 26.91 | 31.21 | 11.21 | 100.00 |
| | 100.00 | 100.00 | 100.00 | 100.00 | 100.00 | 100.00 |

```
. tabulate stage diplome, row col
```

| Formation continue dans l'emploi | Niveau de diplôme agrégé | | | | | Total |
|---|---|---|---|---|---|---|
| | Niveau I | Niveau II | Niveau IV | Niveau V | Niveau Vb | |
| Non | 2,173 | 2,099 | 3,881 | 7,006 | 1,253 | 16,412 |
| | 13.24 | 12.79 | 23.65 | 42.69 | 7.63 | 100.00 |
| | 50.83 | 51.83 | 70.24 | 81.21 | 87.93 | 68.66 |
| Oui | 2,102 | 1,951 | 1,644 | 1,621 | 172 | 7,490 |
| | 28.06 | 26.05 | 21.95 | 21.64 | 2.30 | 100.00 |
| | 49.17 | 48.17 | 29.76 | 18.79 | 12.07 | 31.34 |
| Total | 4,275 | 4,050 | 5,525 | 8,627 | 1,425 | 23,902 |
| | 17.89 | 16.94 | 23.12 | 36.09 | 5.96 | 100.00 |
| | 100.00 | 100.00 | 100.00 | 100.00 | 100.00 | 100.00 |

Dans les exemples précédents, la modification de structure est faible entre les tableaux pondérés ou non pondérés indiquant le peu d'importance de la pondération sur les variables étudiées ; cependant, la pondération nous permet d'obtenir un échantillon représentatif (en nombre) pour la population étudiée.

On veillera à ne pas utiliser fweight dans les modèles de régression, car dans ce cas on multiplierait les observations inutilement et on obtiendrait une forte significativité des coefficients. Lorsqu'on travaille sur des données individuelles, on ne pondère généralement pas les modèles économétriques. Si cela se justifie — c'est-à-dire dans le souci de redresser l'échantillon du plan de sondage — on pondère par un coefficient normé tel que

$$p_i = \frac{p_i}{\sum_i p_i} \times N$$

Dans ce cas, la somme des poids est égale à la taille de l'échantillon.

## 3.2  Analyse statistique multidimensionnelle

### 3.2.1  Analyse de variance

La commande anova permet de faire de *l'analyse de variance* (ANOVA) de façon plus poussée que celle abordée en section 3.1.4. Dans sa formulation simple (oneway), la question était de savoir si les moyennes mesurées sur les groupes — engendrés par des lois normales indépendantes de variances identiques — sont significativement différentes. Dans sa forme générale (anova), plusieurs variables sont prises en compte simultanément ainsi que leurs interactions.

Supposons que l'on veuille décomposer l'effet de plusieurs variables discrètes telles que la zone d'emploi, la catégorie socioprofessionnelle, la tranche d'âge, le sexe et le secteur d'activité sur la variation des salaires horaires. Il suffit d'indiquer à Stata à la suite de la commande anova la variable à expliquer et les variables explicatives :

```
. anova salaire  zone csp age sexe secteur
                  Number of obs =      8362    R-squared     =  0.6808
                  Root MSE      = 12.3651     Adj R-squared =  0.6796

       Source |   Partial SS     df       MS            F      Prob > F

        Model |   2716454.3      32   84889.1968      555.21    0.0000

         zone |   6261.42619     17   368.319188        2.41    0.0010
          csp |   1748196.64      5   349639.329     2286.78    0.0000
          age |   312047.077      2   156023.539     1020.45    0.0000
         sexe |   114049.11       1   114049.11       745.93    0.0000
      secteur |   157848.505      7   22549.7864      147.48    0.0000

     Residual |   1273471.85    8329   152.896129

        Total |   3989926.15    8361   477.206812
```

Le tableau de sortie est classique pour une analyse de variance. Il décompose la variance totale des salaires (Total SS = 3989926) en variance expliquée par les variables introduites (Model SS = 2716454) et une variance résiduelle (Residual SS = 1273472). Dans la dernière colonne, les seuils nous indiquent tous la bonne significativité des variables introduites (Prob $F < 0.05$). Le modèle est globalement significatif, puisque la première ligne nous donne une somme des carrés de Model SS = 2716454 avec un degré de liberté de 32, soit en moyenne Model MS = 84889, ce qui correspond à une statistique de Fisher de 555 qui rejette la nullité de nos explicatives à un seuil d'au moins 1 pour 1 000. Enfin, la part de la variance expliquée par le modèle sur la variance totale (2716454/3989926) nous donne un coefficient de détermination ($R^2$) de 0.68. Plus ce $R^2$ est proche de 1, plus les variables introduites expliquent les variations de salaires ; mais on s'intéressera plutôt au coefficient ajusté (Adj $R^2$) qui, lui, est corrigé du nombre de variables d'explicatives.

La commande anova permet aussi d'introduire des interactions entre les facteurs explicatifs. Si on veut connaître le pouvoir explicatif de la variable sexe*age, on doit donc écrire :

```
. anova salaire  csp age sexe sexe*age secteur
                  Number of obs =      8362    R-squared     =  0.6842
                  Root MSE      = 12.2884     Adj R-squared =  0.6836

       Source |   Partial SS     df       MS            F      Prob > F

        Model |   2729938.77     17   160584.634     1063.44    0.0000

          csp |   1728900.81      5   345780.162     2289.86    0.0000
          age |   274281.79       2   137140.895      908.19    0.0000
         sexe |   108933.976      1   108933.976      721.39    0.0000
     sexe*age |   19745.9039      2   9872.95193       65.38    0.0000
      secteur |   165890.846      7   23698.6922      156.94    0.0000

     Residual |   1259987.38    8344   151.005199

        Total |   3989926.15    8361   477.206812
```

Dans ce cas on remarque que le terme croisé (sexe*age) a amélioré l'explication des variations de salaire. En effet, on constate une diminution de la variance résiduelle (Residual = 1259987.38 contre 1273471.85 précédemment).

Dans l'ANOVA, les variables explicatives sont des variables discrètes. Si on introduit une variable continue — on fait dans ce cas de l'*analyse de covariance* (ANCOVA) — il faut le spécifier dans la commande à l'aide de l'instruction continuous(). Introduisons par exemple, le salaire horaire de l'année précédente (salaire98) :

```
. anova salaire csp age sexe secteur salaire98, continuous(salaire98)
                Number of obs =     7757     R-squared     =  0.8838
                Root MSE      = 7.47833     Adj R-squared =  0.8836

       Source │   Partial SS    df       MS            F       Prob > F

        Model │  3293582.86     16   205848.929      3680.78     0.0000

          csp │  45133.5899      5   9026.71798       161.41     0.0000
          age │  13862.1014      2   6931.05071       123.93     0.0000
         sexe │  4486.25226      1   4486.25226        80.22     0.0000
      secteur │  12701.1817      7   1814.45453        32.44     0.0000
    salaire98 │   743924.58      1    743924.58     13302.08     0.0000

     Residual │  432862.696   7740   55.9254129

        Total │  3726445.55   7756   480.459715
```

On voit ainsi que le salaire de l'année précédente joue un rôle important (Partial SS élevée et Prob $F < 0.05$) dans l'explication de la variance des salaires actuels, aussi le $R^2 = 0.88$ a-t-il fortement augmenté.

Enfin, signalons que l'ANOVA et l'ANCOVA se généralisent facilement aux cas multivariés sous Stata avec les commandes manova et mancova, respectivement, fournissant ainsi au praticien une panoplie complète d'outils spécifiques à l'analyse de variance.

## 3.2.2 Analyse de données

L'analyse de données regroupe des techniques descriptives s'appliquant aux tableaux de données de grande dimension. Elle sert à mettre en évidence des relations entre variables afin de réduire la dimension du problème, c'est-à-dire le nombre de variables servant à décrire un phénomène. Contrairement aux techniques que nous verrons dans le chapitre 4, l'analyse de données ne fait aucune hypothèse sur les distributions statistiques des variables étudiées et ne repose sur aucun modèle probabiliste. Elle peut se décomposer en deux branches principales, regroupant les méthodes d'*analyse factorielle* d'une part et les méthodes de *classification* d'autre part. Au sein de l'analyse factorielle, on regroupera les techniques d'analyse en composantes principales (ACP) — la plus ancienne, s'appliquant à des tableaux de variables quantitatives —, ou le multidimensional scaling (MDS) qui la généralise à des variables discrètes, l'analyse factorielle des correspondances (AFC) — la plus aboutie dans l'analyse de tableaux de contingence — et son prolongement multiple (AFCM). Les techniques de classification, quant à elles, permettent de regrouper les individus les plus proches entre eux pour former des classes homogènes. Nous verrons que les techniques d'analyse factorielle et de classification sont le plus souvent complémentaires et que le chercheur est souvent amené à les utiliser conjointement pour étudier un même problème. Enfin, bien que ces techniques puissent être utiles afin de tester des hypothèses, elles n'ont pas en elles-mêmes un pouvoir explicatif comme les techniques de régression que nous verrons au chapitre 4. Nous allons, dans ce qui suit, introduire de façon empirique et par l'exemple[6] les techniques d'analyse de données avec Stata. Pour plus de détails, le lecteur pourra se reporter au manuel Stata, [MV] *Multivariate Statistics Reference Manual* (StataCorp 2007).

### Analyse en composantes principales

L'analyse en composantes principales, qui fut introduite en 1901 par K. Pearson et développée par H. Hotelling en 1933, est la technique la plus ancienne. Elle s'applique uniquement aux variables quantitatives et suppose que l'on dispose d'un tableau rectangulaire dont les $p$ colonnes sont des variables continues (mesures, taux, dénombrement...) et les $n$ lignes des individus[7] (entreprises, unités spatiales...). Le but de l'ACP est de présenter l'information contenue dans ce tableau de dimension importante sous une forme simplifiée. Lorsque $p = 2$, le problème est simple et il revient à déterminer la droite qui ajuste le mieux — la meilleure corrélation linéaire — le nuage de points formé par la représentation des $n$ individus dans cet espace à deux dimensions. Au-delà de $p = 3$, la représentation graphique du nuage des individus devient difficile mais existe en soi, et la forme du nuage peut mettre en évidence l'existence de relations linéaires importantes entre les variables. Le principe de l'ACP consiste donc à mettre en évidence des relations linéaires fortes (axes d'allongement du nuage) entre les variables étudiées — on parlera d'axes factoriels, ou composantes principales — c'est-à-dire celles qui différencient le plus les individus entre eux. Ces axes factoriels sont eux-mêmes des variables, combinaisons linéaires de l'ensemble des variables ou indicateurs analysés. L'ACP va donc mettre en évidence à partir du nuage des $n$ points dans l'espace des $p$ variables, $p$ axes factoriels hiérarchisés (du plus discriminant au moins discriminant) parmi lesquels on ne gardera que les plus pertinents afin de visualiser le plus fidèlement possible les proximités des $n$ individus vis à vis des $p$ variables.

L'axe d'allongement maximum d'un nuage de points correspond en fait à la droite qui est la plus proche de tous les points du nuage simultanément[8]. Il s'avère que la direction de cet axe est celle du vecteur propre de la matrice de corrélation des données associée à sa plus grande valeur propre. Effectuer une ACP consiste donc, sur le plan mathématique, à déterminer les vecteurs propres et les valeurs propres de la matrice des corrélations associée à l'ensemble des variables analysées.

Supposons que nous ayons pour 42 entités géographiques d'une région, 5 informations : la superficie (superf, en km$^2$), la population (pop, en milliers), le solde migra-

---

6. Le lecteur pourra approfondir sa connaissance théorique sur les techniques d'analyse de données en consultant des ouvrages tels que ceux de Benzécri (1973) ou Volle (1978) et sur les applications dans le domaine des données géographiques avec Sanders (1989).

7. On parle aussi de l'ensemble des $n$ objets dans l'espace des $p$ descripteurs.

8. En considérant une projection orthogonale des points sur cette droite.

toire (smig, en milliers), la population active (popact, en milliers) et le temps moyen
de déplacement domicile-travail (domtr, en minutes). Les commandes permettant de
réaliser une ACP avec Stata sont pca et pcamat[9]. La commande pca utilise directement
les données en mémoire, tandis que pcamat travaille sur une matrice de corrélation ou
de covariance en entrée. Nous n'illustrerons ici que la commande pca :

```
. pca smig super popact domtr pop, factors(2) means
Principal components/correlation                 Number of obs    =        42
                                                 Number of comp.  =         2
                                                 Trace            =         5
          Rotation: (unrotated = principal)      Rho              =    0.9693

    Component |  Eigenvalue   Difference  |    Proportion   Cumulative
    ----------+---------------------------+-----------------------------
        Comp1 |    3.83732     2.82802    |      0.7675       0.7675
        Comp2 |    1.0093      .867537    |      0.2019       0.9693
        Comp3 |    .141765     .130425    |      0.0284       0.9977
        Comp4 |    .0113404    .0110652   |      0.0023       0.9999
        Comp5 |    .00027515   .          |      0.0001       1.0000

Principal components (eigenvectors)

     Variable |    Comp1      Comp2   | Unexplained
    ----------+----------------------+-------------
         smig |   0.5013     0.0261   |   .03497
        super |   0.4814    -0.0883   |   .1028
       popact |   0.5083     0.0347   |   .007374
        domtr |  -0.0044     0.9946   |   .001407
          pop |   0.5085     0.0317   |   .006797

Summary statistics of the variables

     Variable |     Mean      Std. Dev.      Min         Max
    ----------+------------------------------------------------
         smig |   2365.643    13308.62     -1630        86307
        super |   763.1357    999.2597       100       6157.3
       popact |   19467.17    65505.36      1230      427057
        domtr |   20.2098     12.05456    6.78509     64.6314
          pop |   50121.57    161726.3      4053      1.1e+06
```

L'analyse dégage ici les cinq axes factoriels (*component*) possibles et les ordonne sur
la base des valeurs propres de la matrice de corrélation (premier tableau). Les valeurs
propres (*eigenvalue*) représentent les variances de chacune des composantes calculées
(ou axes factoriels). Le premier axe factoriel a donc une variance de 3,837 et, comme
les variables étudiées sont standardisées, la variance totale de notre échantillon de cinq
variables est 5. On en déduit que notre premier facteur explique 76,75 % (3,837*100/5)
de la variance totale (colonne Proportion). De la même manière notre deuxième facteur
explique 20,19 % de la variance totale. Étant donné que nos facteurs ne sont pas corrélés
deux à deux (par construction) nous pouvons conclure que les deux premiers facteurs

---

9. Voir aussi la commande factor qui est plus générale. Pour effectuer une ACP on utilisera la commande factor avec l'option pcf.

expliquent près de 97 % de la variance totale (colonne Cumulative). C'est pour cela, ainsi que pour la simplicité de la représentation, que nous avons choisi de n'afficher dans le second tableau que les deux premiers facteurs avec l'option factors(2).

Le second tableau liste les vecteurs propres. Avec uniquement deux facteurs retenus, toute l'information contenue dans les données n'est pas utilisée et une partie de la variance des variables étudiées n'est pas utilisée. Nous venons de voir qu'en moyenne 3 % $(1 - 0.9693)$ de la variance totale n'est pas expliquée, mais si on regarde de plus près (colonne Unexplained du second tableau), c'est 3 % de la variance de la variable smig mais 10 % de la variance de la variable super qui ne sont pas expliqués si on ne retient que les deux premiers facteurs. Sur la base des colonnes Comp1 et Comp2, le premier facteur (Comp1) semble opposer les entités "dynamiques" (vastes, fortement peuplées...) aux moins dynamiques. Le second, par contre, sépare les zones où les déplacements domicile-travail sont importants des zones où ces déplacements sont faibles. Les axes non retenus peuvent ici être considérés comme du bruit.

Avec l'option means, la commande pca fournit un troisième tableau comprenant des statistiques descriptives relatives aux variables prises en compte. Ce tableau confirme immédiatement la disparité des ordres de grandeur des variables introduites dans l'analyse, provenant principalement d'unités différentes (milliers d'individus, km$^2$, minutes...). Cette disparité est un problème dans toute analyse de données. En effet, travailler sur des données brutes revient à mettre en évidence ces disparités de moyennes et de variances, plutôt que les associations existantes entre les variables utilisées. C'est pour cela que Stata réalise l'ACP sur des variables standardisées[10]. Enfin, du point de vue du calcul des distances, la représentation géométrique de deux variables standardisées est en réalité une représentation de leurs corrélations; d'où le titre du premier tableau de sorties (Principal components/correlation). On pourra tout de même, si on le désire, effectuer une ACP sur la matrice des covariances en spécifiant l'option covariance.

A la suite d'une ACP, Stata propose plusieurs commandes permettant de juger de la validité de l'analyse mais aussi du nombre de facteurs "optimal" qu'il est nécessaire de retenir. Ces commandes sont accessibles via l'aide (help pca postestimation). Une commande particulièrement utile dans le choix du nombre d'axes factoriels à retenir est screeplot qui réalise le graphe des valeurs propres (éboulis des valeurs propres). Puisque nous analysons une matrice de corrélation, la moyenne des valeurs propres est égale à 1. L'idée est de représenter les valeurs propres autour de cette moyenne et de ne conserver que les axes associés aux valeurs propres qui s'écartent de cette moyenne :

---

10. Une variable $x$ est dite standardisée si elle est transformée en $\widetilde{x} = (x - \overline{x})/\{\sigma(x)\}$ où $\overline{x}$ et $\sigma(x)$ sont respectivement, sa moyenne et son écart-type.

```
. screeplot, yline(1)
```

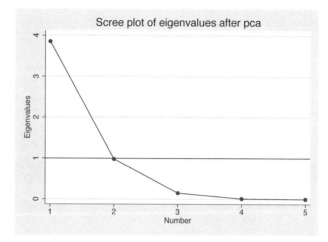

On voit clairement ici que les deux premiers axes sont concernés, tandis que le troisième est déjà dans la partie basse du graphique. La commande loadingplot s'avère également utile pour identifier la nature des axes factoriels retenus, surtout s'ils sont plus de 2. Voici un exemple dans le cas de 2 facteurs.

```
. loadingplot, xline(0) yline(0)
```

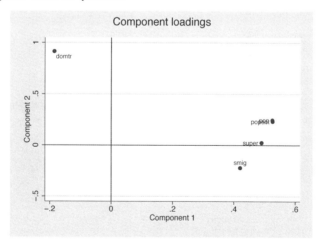

On remarque alors que les conclusions de l'analyse des résultats de l'ACP ressortent également de manière graphique. En effet, les variables smig super popact et pop "expliquent" (sont corrélées avec) l'axe 1 (effet taille), tandis que la variable domtr représente à elle seule l'axe 2. Si on avait retenu 3 axes factoriels, on aurait pu représenter les axes deux à deux sur un graphe combiné de la manière suivante :

```
. loadingplot, factors(3) combined xline(0) yline(0)
```

**Multidimensional scaling**

Les techniques de multidimensional scaling (MDS) ou positionnement multidimensionnel, sont également des techniques utilisées pour réduire la dimension du phénomène étudié. Ce sont dans ce sens des généralisations de l'ACP, mais les données à représenter ne sont pas des données classiques de l'ACP mais le plus souvent des mesures de similitudes ou de préférences. Les techniques de MDS sont souvent utilisées notamment en psychologie, en gestion ou en marketing pour analyser les préférences des agents sur une échelle de type Likert[11]. Si par exemple $n$ individus doivent classer sur une échelle de préférence de 1 à 5, $p$ produits de marques différentes, on obtiendra un tableau $n \times p$ sur lequel on pourrait faire une ACP. Cependant, les valeurs enregistrés ici sont des rangs et pas des variables quantitatives. Les procédures de MDS proposent une analyse adaptée à ce genre de variables qualitatives ordonnées.

Un autre exemple d'utilisation est l'étude des similarités/dissimilarités entre objets (ou observations, *e.g.*, produits) selon de multiples critères (ou attributs). La distance entre les objets peut être euclidienne ou pas. Stata réalise du MDS avec la commande **mds**. Lorsqu'une matrice de similarité ou de dissimilarité est directement disponible on utilisera les commandes **mdslong** ou **mdsmat** pour représenter les objets dans un espace de plus faible dimension.

Nous reprenons ici l'exemple du manuel Stata (voir [MV] **mds**) qui traite de la similarité de 25 livres sur la base du nombre de pages qu'ils contiennent dans des domaines spécifiés (mathématique, corrélation, analyse factorielle, analyse discriminante, statistique,...).

```
. mds math-mano, id(author) measure(corr) noplot
Classical metric multidimensional scaling
      similarity: correlation, computed on 7 variables
      dissimilarity: sqrt(2(1-similarity))
                                      Number of obs        =         25
Eigenvalues > 0        =        6    Mardia fit measure 1 =     0.6680
Retained dimensions    =        2    Mardia fit measure 2 =     0.8496
```

| Dimension | Eigenvalue | abs(eigenvalue) Percent | Cumul. | (eigenvalue)^2 Percent | Cumul. |
|---|---|---|---|---|---|
| 1 | 8.469821 | 38.92 | 38.92 | 56.15 | 56.15 |
| 2 | 6.0665813 | 27.88 | 66.80 | 28.81 | 84.96 |
| 3 | 3.8157101 | 17.53 | 84.33 | 11.40 | 96.35 |
| 4 | 1.6926956 | 7.78 | 92.11 | 2.24 | 98.60 |
| 5 | 1.2576053 | 5.78 | 97.89 | 1.24 | 99.83 |
| 6 | .45929376 | 2.11 | 100.00 | 0.17 | 100.00 |

Certaines pages ne sont pas répertoriées et la teneur des pages peut varier d'un livre à l'autre. Aussi une distance euclidienne n'est pas appropriée. Nous utilisons ici la corrélation entre les observations comme indicateur de similarité entre les livres (option

---

11. Échelle en 5 ou 7 niveaux qui exprime la satisfaction (de fort désaccord à parfaitement d'accord).

measure(corr)). Une analyse MDS donne les résultats présentés dans le tableau précédent. La procédure dégage deux axes par défaut et donne deux statistiques (Mardia fit measure) qui nous permettent de conclure que sur la base de ces deux axes on explique entre 67 % et 85 % des dissimilarités entre les livres. A la suite de cette analyse, nos observations sont représentées sur un graphe en fonction de la contribution de chacune aux deux premiers axes. Ce graphe peut être amélioré par des options de positionnement et de labels (voir mdsconfig).

L'interprétation des axes et du positionnement est plus délicat en MDS que le procédé lui même. On note ainsi une répartition des livres selon leur teneur en statistique (axe 1) et en mathématique (axe 2). Le quart Sud-Est regroupant quant à lui les livres ayant à la fois une bonne représentation en mathématique et statistiques.

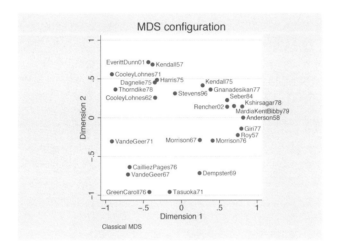

Dans sa version 10 Stata inclut des fonctionnalités plus pointues de MDS, et est notamment capable de calculer différents coefficients de stress (ou d'éloignement, voir estat stress) en plus du Kruskal. Plus ces critères sont proches de 0, meilleure est la représentation. Par défaut Stata utilise la distance euclidienne pour calculer les dissimilarités, mais gère maintenant de nombreuses autres transformations (voir help measure_option).

**Analyse factorielle des correspondances**

L'Analyse factorielle des correspondances (AFC) peut être vue comme un cas particulier d'ACP qui s'applique à un tableau de contingence[12]. Cette technique, utilisée en premier lieu pour étudier les liaisons entre variables qualitatives (Benzécri 1973), a largement été développée parmi les géographes (français en particulier) pour mettre en

---

12. Tableau constitué de nombres entiers décrivant la répartition d'un ensemble d'individus selon deux séries de modalités. Ex : la répartition des emplois par zone d'emploi et catégories socio-professionnelles (ouvriers, employés, cadres...).

évidence des relations complexes et pas nécessairement linéaires entre variables qualitatives de toutes sortes.

Tout comme pour l'ACP, l'AFC recherche l'allongement maximum du nuage de points, c'est à dire la droite qui se trouve la plus proche de tous les points simultanément. La différence est qu'ici le calcul de cette distance est fait sur la métrique du $\chi^2$ au lieu de la métrique euclidienne utilisée dans l'ACP. La distance du $\chi^2$ permet entre autres de donner plus de poids à des petites cases du tableau et de gommer ainsi des effets de masses relatives que ne fait pas la distance euclidienne.

Une fois défini le nuage de points — construction du tableau des profils lignes ou du tableau des profils colonnes (voir Benzécri [1973]) — des individus dans l'espace des variables ou des variables dans l'espace des individus[13] et choisie la métrique du $\chi^2$, la technique est la même que celle décrite pour l'ACP : elle a pour but de mettre en évidence les principales relations entre les lignes et les colonnes d'un tableau en cherchant les droites d'allongement maximum du nuage de points, appelées encore axes factoriels.

Supposons que nous ayons la ventilation d'un échantillon de la population active selon la catégorie socio-professionnelle (csp) et la classe d'âge (age). Stata permet de réaliser une AFC sur un tableau de contingence avec la commande ca — ou sur une matrice (non négative) avec la commande camat. Ainsi, si on a la répartition suivante :

```
. tabulate csp age, chi2
  Categorie |
      socio |
 profession |              Classes d´ages
      nelle |  - de 30 a    31 à 45    46 et + |      Total
------------+---------------------------------+----------
     Cadres |       777        818        816 |      2,411
        TAM |       654        723        663 |      2,040
       Empl |       813        816        799 |      2,428
         OQ |       710        743        716 |      2,169
        ONQ |       710        748        762 |      2,220
       Appr |       751        417        440 |      1,608
------------+---------------------------------+----------
      Total |     4,415      4,265      4,196 |     12,876

          Pearson chi2(10) =  130.6650   Pr = 0.000
```

---

13. Les transformations étant symétriques, les résultats de l'AFC seront équivalents.

Pour réaliser une AFC il suffit d'écrire la commande suivante :

```
. ca csp age
Correspondence analysis                    Number of obs   =    12876
                                           Pearson chi2(10) =    130.67
                                           Prob > chi2     =    0.0000
                                           Total inertia   =    0.0101
        6 active rows                      Number of dim.  =        2
        3 active columns                   Expl. inertia (%) =  100.00

                      singular    principal                       cumul
    Dimensions          values      inertia      chi2   percent  percent

         dim 1        .099817    .0099634      128.29    98.18    98.18
         dim 2       .0135841    .0001845        2.38     1.82   100.00

         total                    .010148      130.67     100
```

Statistics for row and column categories in symmetric normalization

| Categories | overall mass | quality | inertia | dimension_1 coord | sqcorr | contrib | dimension_2 coord | sqcorr | contrib |
|---|---|---|---|---|---|---|---|---|---|
| csp | | | | | | | | | |
| Cadres | 0.187 | 1.000 | 0.000 | -0.135 | 0.952 | 0.034 | -0.082 | 0.048 | 0.093 |
| TAM | 0.158 | 1.000 | 0.000 | -0.156 | 0.793 | 0.039 | 0.216 | 0.207 | 0.546 |
| Empl | 0.189 | 1.000 | 0.000 | -0.054 | 0.999 | 0.006 | 0.004 | 0.001 | 0.000 |
| OQ | 0.168 | 1.000 | 0.000 | -0.106 | 0.972 | 0.019 | 0.049 | 0.028 | 0.029 |
| ONQ | 0.172 | 1.000 | 0.000 | -0.149 | 0.862 | 0.038 | -0.162 | 0.138 | 0.331 |
| Appr | 0.125 | 1.000 | 0.009 | 0.831 | 1.000 | 0.864 | 0.000 | 0.000 | 0.000 |
| age | | | | | | | | | |
| - de 30 | 0.343 | 1.000 | 0.006 | 0.436 | 1.000 | 0.652 | 0.014 | 0.000 | 0.005 |
| 31 à 45 | 0.331 | 1.000 | 0.002 | -0.261 | 0.965 | 0.227 | 0.135 | 0.035 | 0.442 |
| 46 et + | 0.326 | 1.000 | 0.001 | -0.193 | 0.922 | 0.121 | -0.152 | 0.078 | 0.553 |

L'AFC est indépendante de l'ordre dans lequel les variables csp et age sont introduites dans la commande ca ainsi que de la façon dont sont codées les variables. L'objectif est de trouver les axes factoriels, c'est-à-dire les axes qui représentent la plus grande déformation (inertie) du nuage afin de diminuer la dimension du tableau.

Stata commence par faire un test d'indépendance de Pearson qui nous conduit à rejeter l'hypothèse nulle d'indépendance (le même test que dans la commande tabulate, voir section 3.1.1). Le premier tableau liste les valeurs propres (peu élevées) et décompose l'inertie (la variance) expliquée par chacun des axes retenues. On voit ici que le premier axe explique 98,18 % de l'inertie du nuage de points tandis que le second explique 1,82 %. Soit au total 100 % de la déformation du nuage est expliquée par nos deux axes[14]. Le nombre d'axes (de dimensions) que l'on doit retenir peut être fixé par l'option dim(). En règle générale on choisit de conserver le nombre de dimensions qui explique au moins 90 % de notre inertie totale, c'est ce que fait Stata par défaut.

---

14. Le modèle est dit saturé. Cet exemple n'a pour but que d'illustrer l'utilisation de la commande ca et ne résulte pas d'un cheminement scientifique.

Parmi les variables, on remarque (dans la partie basse du tableau) que les moins de 30 ans contribuent fortement à l'inertie du nuage sur sa première composante (contrib_1 = 0.652) ; de plus, cette catégorie est la plus représentée puisqu'elle a la masse la plus élevée (mass = 0.343). Cette caractéristique va donc peser sur la déformation du nuage. Du point de vue des individus, ce sont les apprentis qui tirent toute l'inertie du nuage (mass = 0.864), bien qu'ils soient les moins représentés dans l'analyse[15]. Ici, la première dimension de notre AFC semble donc discriminer les jeunes (par conséquent les apprentis) des moins jeunes, tandis que la seconde discrimine plutôt les moins qualifiés des autres.

Comme pour une ACP, il est possible, après estimation, de juger de la validité de nos résultats ou d'améliorer l'interprétation en calculant certaines statistiques (voir help ca postestimation). Une commande utile est le graphe de nos points dans l'espace des deux dimensions avec la commande cabiplot :

```
. cabiplot
```

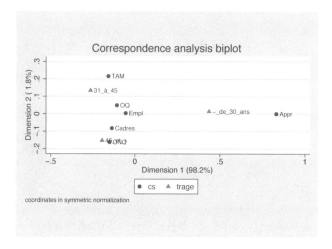

Ajouter une ligne ou une colonne supplémentaire dans notre AFC est possible grâce aux options rowsup() et colsup(). Supposons que l'on veuille rajouter à cet échantillon la véritable structure de la population active. Pour cela, on définira une matrice ligne (structure des âges) et une matrice colonne (structure des CSP), puis on réalisera l'AFC en rajoutant ces deux informations supplémentaires comme "super-ligne" et "super-colonne" de notre tableau[16] :

---

15. On peut se demander si cette catégorie n'est pas à étudier à part.
16. La taille des tableaux devenant importante, on utilise l'option compact qui multiplie tout par 1 000 et réduit le tableau.

```
. mat S_rowAge=(4822,13885,6021)

. mat S_colCsp=(3566\1611\7114\3981\2146\2000)

. ca csp age, rowsup(S_rowAge) colsup(S_colCsp) compact
```

```
Correspondence analysis                        Number of obs      =      12876
                                               Pearson chi2(10)   =     130.67
                                               Prob > chi2        =     0.0000
                                               Total inertia      =     0.0101
        6 active + 1 supplementary rows        Number of dim.     =          2
        3 active + 1 supplementary columns     Expl. inertia (%)  =     100.00
```

|  Dimensions  | singular values | principal inertia |    chi2   | percent | cumul percent |
|-------------|-----------------|-------------------|-----------|---------|---------------|
|  dim 1  |  .099817  |  .0099634  |  128.29  |  98.18  |   98.18  |
|  dim 2  |  .0135841  |  .0001845  |    2.38  |   1.82  |  100.00  |
|  total  |           |  .010148   |  130.67  |   100   |          |

Statistics for row and column categories in symmetric norm. (x 1000)

| Categories | overall mass | qualt | inert | dimension 1 coord | sqcor | contr | dimension 2 coord | sqcor | contr |
|------------|------|-------|-------|-------|-------|-------|-------|-------|-------|
| csp |  |  |  |  |  |  |  |  |  |
| Cadres | 187 | 1000 | 0 | -135 | 952 | 34 | -82 | 48 | 93 |
| TAM | 158 | 1000 | 0 | -156 | 793 | 39 | 216 | 207 | 546 |
| Empl | 189 | 1000 | 0 | -54 | 999 | 6 | 4 | 1 | 0 |
| OQ | 168 | 1000 | 0 | -106 | 972 | 19 | 49 | 28 | 29 |
| ONQ | 172 | 1000 | 0 | -149 | 862 | 38 | -162 | 138 | 331 |
| Appr | 125 | 1000 | 9 | 831 | 1000 | 864 | 0 | 0 | 0 |
| suppl_rows |  |  |  |  |  |  |  |  |  |
| r1 | 1920 | 1000 | 470 | -1089 | 484 |  | 3049 | 516 |  |
| age |  |  |  |  |  |  |  |  |  |
| - de 30 ans | 343 | 1000 | 6 | 436 | 1000 | 652 | 14 | 0 | 5 |
| 31 à 45 | 331 | 1000 | 2 | -261 | 965 | 227 | 135 | 35 | 442 |
| 46 et + | 326 | 1000 | 1 | -193 | 922 | 121 | -152 | 78 | 553 |
| suppl_cols |  |  |  |  |  |  |  |  |  |
| c1 | 1586 | 8 | 337 | -97 | 4 |  | -250 | 4 |  |

## Analyse des correspondances multiples

L'analyse (factorielle) des correspondances multiples (ACM) généralise l'AFC en étudiant les associations entre plusieurs variables qualitatives. C'est en fait une AFC réalisée sur un ensemble de variables qualitatives présentées de façon classique (observations/variables ou tableau d'effectifs) ou bien dans un tableau disjonctif complet ou encore dans un tableau de Burt. La commande mca généralise donc l'AFC sur tableau croisé à une ACM réalisée sur un tableau multidimensionnel.

Par défaut Stata réalise une analyse des correspondance sur le tableau de Burt. En utilisant l'option method(indicator) l'analyse est alors faite sur un tableau disjonctif complet. Pour illustrer nos propos, nous réalisons une ACM sur $Q = 4$ variables à partir de données d'entreprises concernant leur mode de recrutement (mod) leur chiffre d'affaire (cac), leur taille (taille) et leur secteur d'activité (sect). Ces variables discrètes ont entre 3 et 5 modalités (notées $K$ dans la suite). L'influence d'une variable dépendant fortement de son nombre de modalités, on veillera à ne pas introduire de variables ayant un nombre excessif de modalités.

```
. mca mod cac taille sect2, method(indicator)
Multiple/Joint correspondence analysis          Number of obs    =      1904
                                                 Total inertia    =      2.75
          Method: Indicator matrix               Number of axes   =         2
```

| Dimension | principal inertia | percent | cumul percent |
|---|---|---|---|
| dim 1 | .4037961 | 14.68 | 14.68 |
| dim 2 | .3217367 | 11.70 | 26.38 |
| dim 3 | .2749213 | 10.00 | 36.38 |
| dim 4 | .2594194 | 9.43 | 45.81 |
| dim 5 | .2531855 | 9.21 | 55.02 |
| dim 6 | .2473855 | 9.00 | 64.02 |
| dim 7 | .2414118 | 8.78 | 72.79 |
| dim 8 | .2209878 | 8.04 | 80.83 |
| dim 9 | .210484 | 7.65 | 88.48 |
| dim 10 | .1798123 | 6.54 | 95.02 |
| dim 11 | .1368597 | 4.98 | 100.00 |
| Total | 2.75 | 100.00 | |

L'inertie totale du nuage de points (noté $\Phi^2$) dépend du nombre de modalités et de variables introduites dans l'analyse. Elle se calcule de le façon suivante :

$$\Phi^2 = (K - Q)/Q = 2.75$$

et on la retrouve en tête du tableau de sorties réalisé par Stata avec le nombre d'observations de l'étude et le nombre d'axes affichés.

Dans un premier tableau on voit apparaître les différentes valeurs propres $\lambda$ calculées (au plus $K - Q = 11$ valeurs propres non nulles). Ces valeurs propres décroissent lentement comparativement à une AFC et leur somme est égale à l'inertie totale. Dans notre exemple, les $\lambda$ sont faibles présageant une faible explication de l'inertie totale avec les variables prises en compte. Comme le propose Benzécri on peut discriminer ici en ne conservant que les valeurs propres qui sont supérieures à la valeur propre moyenne $\lambda_m = 1/Q = 0.25$. Ceci nous conduit ici à ne conserver que les 5 premières dimensions.

```
Statistics for column categories in standard normalization
```

| | overall | | | dimension_1 | | | dimension_2 | | |
|---|---|---|---|---|---|---|---|---|---|
| Categories | mass | quality | %inert | coord | sqcorr | contrib | coord | sqcorr | contrib |
| **mod** | | | | | | | | | |
| Interméd. | 0.089 | 0.052 | 0.059 | 0.458 | 0.047 | 0.012 | 0.179 | 0.006 | 0.002 |
| Candidatures | 0.052 | 0.017 | 0.072 | -0.383 | 0.016 | 0.005 | 0.136 | 0.002 | 0.001 |
| Annonces | 0.029 | 0.063 | 0.080 | -0.842 | 0.038 | 0.013 | 0.762 | 0.025 | 0.010 |
| Réseau | 0.080 | 0.049 | 0.062 | 0.049 | 0.000 | 0.000 | -0.565 | 0.048 | 0.015 |
| **cac** | | | | | | | | | |
| inf. à 500Ke | 0.130 | 0.469 | 0.044 | -0.896 | 0.350 | 0.066 | 0.585 | 0.119 | 0.025 |
| de 500 à 2Me | 0.052 | 0.517 | 0.072 | -0.189 | 0.004 | 0.001 | -2.461 | 0.513 | 0.179 |
| Plus de 2Me | 0.068 | 0.589 | 0.066 | 1.850 | 0.518 | 0.148 | 0.768 | 0.071 | 0.023 |
| **taille** | | | | | | | | | |
| Moins de 10 | 0.067 | 0.504 | 0.067 | -1.745 | 0.449 | 0.129 | 0.686 | 0.055 | 0.018 |
| De 10 à 50 | 0.150 | 0.396 | 0.036 | 0.360 | 0.078 | 0.012 | -0.812 | 0.318 | 0.056 |
| Plus de 50 | 0.033 | 0.476 | 0.079 | 1.882 | 0.220 | 0.075 | 2.275 | 0.256 | 0.098 |
| **sect** | | | | | | | | | |
| Services | 0.074 | 0.024 | 0.064 | -0.247 | 0.010 | 0.003 | -0.321 | 0.014 | 0.004 |
| Btp | 0.032 | 0.135 | 0.079 | 0.497 | 0.015 | 0.005 | -1.580 | 0.120 | 0.046 |
| Commerce | 0.064 | 0.273 | 0.068 | -0.228 | 0.007 | 0.002 | 1.554 | 0.266 | 0.087 |
| Restauration | 0.026 | 0.260 | 0.081 | -2.327 | 0.258 | 0.091 | -0.220 | 0.002 | 0.001 |
| Industrie | 0.054 | 0.244 | 0.071 | 1.458 | 0.234 | 0.072 | -0.344 | 0.010 | 0.004 |

Dans un second tableau, relatif aux modalités, on trouve les coordonnées, la qualité de la représentation et l'inertie relative de chacune des modalités selon les 2 premiers axes principaux. On trouve également le poids de chaque modalité et sa contribution à l'inertie totale du nuage de points. On s'attardera dans l'interprétation sur les modalités qui ont la meilleure qualité de représentation des axes factoriels (sqcorr élevée) et qui contribuent le plus à la formation des axes (contrib élevée). Dans notre cas les valeurs sont faibles, mais on pourrait par exemple retenir, dans l'ordre pour l'axe 1 : (cac plus de 2M€), (taille moins de 10), (cac inf.à 500K€), (sect restauration), (sect industrie). On remarque que la contribution de ces modalités à l'inertie de l'axe 1 est supérieure à leur contribution à l'inertie totale. En sommant les contributions relatives des modalités au sein de chacune des variables, on obtient la contribution totale de la variable (à un axe ou au nuage de points). On peut alors faire la même comparaison entre contribution globale et contribution aux axes pour chaque variable et détecter les variables qui contribuent le plus à la formation des axes.

Une autre façon d'interpréter les résultats consiste à réaliser une représentation graphique des modalités des variables en fonction de leur coordonnées sur les deux principaux axes. La commande mcaplot réalise ceci sur un graphe combiné (4 graphiques ici) avec en abscisse la première dimension et en ordonnée la seconde. Sur chacun des axes on repérera ainsi les modalités dont la contribution à la formation de l'axe est supérieure à la moyenne ($1/15 = 0.067$ ici puisqu'il y a 15 modalités différentes). Il est aussi utile d'utiliser l'option overlay afin de regrouper les variables sur un même graphique. Pour plus de lisibilité nous représentons ici une seule variable avec la commande :

```
. mcaplot (sect2)
```

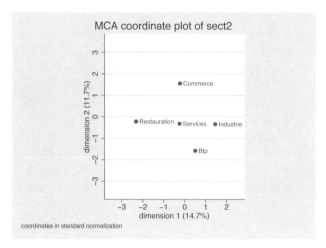

On voit clairement que l'axe 1 oppose l'emploi industriel à ceux de la restauration, tandis que l'axe 2 oppose le commerce à l'emploi dans le bâtiment (Btp). Les résultats ne permettent pas ici de soulever des tendances importantes, ils n'ont qu'un but pédagogique vis à vis des commandes proposées. On pourrait en effet avoir envie de dégager les emplois précaires des stables, les mieux rémunérés des moins bien, ce que ne nous permettent pas nos données ici.

**Analyse factorielle discriminante**

L'analyse factorielle discriminante (AFD) est une méthode portant sur des données quantitatives réparties en groupes (Public/Privé, Employé/Ouvrier/Cadre...) et qui permet de classer des sujets dans différents groupes à partir de leurs caractéristiques. Les observations sont donc décrites par une variable en classes et par une ou plusieurs variable(s) quantitative(s). L'objectif de l'AFD peut être *descriptif*, et dans ce cas elle tente de réduire la dimension du problème, c'est-à-dire de déterminer les directions factorielles discriminantes (celles suivant lesquelles les groupes se distinguent le mieux). La procédure cherche alors les combinaisons linéaires qui ont le plus grand coefficient de corrélation multiple avec la variable de classe. L'objectif de l'AFD peut être aussi *prévisionnel*, c'est-à-dire prévoir l'affectation à un groupe d'un nouvel individu (Bon/Mauvais client). La commande discrim permet de réaliser ce travail sur deux[17] ou plusieurs groupes.

Supposons qu'une variable binaire abo répartisse 200 individus en deux groupes (abonnés/non abonnés). On se demande si sur la base de l'âge (age) et du salaire annuel (sal) on discrimine nos deux groupes. Un graphe de la répartition des salaires par âge nous donne :

---

17. Dans ce cas l'analyse discriminante est proche des techniques de régression logistique (voir section 4.2).

```
. twoway (scatter age sal if abo==1, sort legend(label(1 "abonnés")))
>        (scatter age sal if abo==0, sort legend(label(2 "non abonnés")))
```

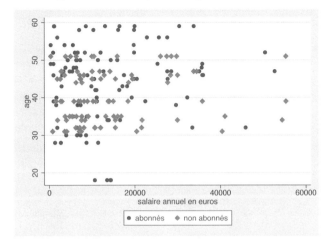

Le graphe montre une certaine séparation entre les deux groupes, mais aussi beaucoup de chevauchements. Utilisons la commande discrim lda pour prédire à partir des informations de salaire et d'âge, dans quelle catégorie se situe un individu :

```
. discrim lda age sal, group(abo)
Linear discriminant analysis
Resubstitution classification summary
```

| Key |
| --- |
| Number |
| Percent |

| True abo | Classified 0 | 1 | Total |
| --- | --- | --- | --- |
| 0 | 52 | 40 | 92 |
| | 56.52 | 43.48 | 100.00 |
| 1 | 40 | 68 | 108 |
| | 37.04 | 62.96 | 100.00 |
| Total | 92 | 108 | 200 |
| | 46.00 | 54.00 | 100.00 |
| Priors | 0.5000 | 0.5000 | |

La table qui nous est donnée ici prédit les valeurs bien et mal classées en réalisant une AFD sur sal et age. On note que sur les 92 observations du groupe 0 (non abonné), 52 ont été bien prédites à 0. De même, sur les 108 observations du groupe 1 (abonné), 68 ont été bien prédites à 1. Soit au total 60 % d'observations bien prédites avec une prédiction qui est moins bonne (56,52 %) dans le groupe 0 que dans le groupe 1, (62,96 %). On peut ensuite faire apparaître les coefficients estimés (non standardisés) qui servent à

définir la droite discriminante et les coefficients standardisés avec la commande estat
loadings.

```
. estat loadings, unstandardized
Canonical discriminant function coefficients
```

|        | function1  |
|-------:|:-----------|
| age    | .1157798   |
| sal    | -.0000104  |
| _cons  | -4.776773  |

```
. estat loadings, standardized
Standardized canonical discriminant function coefficients
```

|       | function1  |
|------:|:-----------|
| age   | 1.004668   |
| sal   | -.1228817  |

Les premiers serviront à calculer la droite discriminante qui permet de classer nos
individus dans l'un ou l'autre des deux groupes en fonction des valeurs observées pour
age et sal. La règle de discrimination linéaire est alors pour chaque individu la suivante,
si :

$$0.116 \times \text{age}_i - 0.00001 \times \text{sal}_i - 4.778 > 0$$

l'individu est classé dans la catégorie abonné (abo = 1) et dans le cas contraire, dans
la catégorie non abonné (abo = 0). L'équation de cette droite peut être écrite sous la
forme :

$$\text{age} = 0.00008983 \times \text{sal} + 41.257396$$

et peut être représentée sur le graphe suivant :

```
. twoway (scatter age sal if abo==1,sort legend(label(1 "abonnés")))
>        (scatter age sal if abo==0, sort  legend(label(2 "non abonnés")))
>        (function y=0.00008983*x+41.257396, range(0 50000)
>            legend(label(3 "droite discriminante")))
```

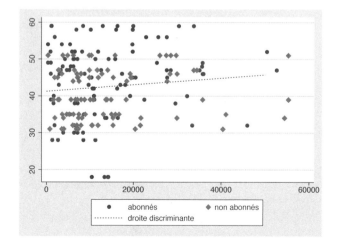

Enfin, les coefficients standardisés montrent que le facteur de `age` est plus élevé que celui de `sal` ce qui confirme que l'âge contribue plus largement à la discrimination entre les deux groupes.

## Classification automatique

Les méthodes de classification — ou encore typologie ou taxinomie — ont pour objectif de classer les observations en sous-ensembles homogènes. Elles ont toujours été une étape importante dans l'analyse des données, et ceci dans toutes les sciences. Cependant, c'est avec le développement des ordinateurs que ces techniques gourmandes en calculs ont pris tout leur sens.

Il en existe de nombreuses variantes, que l'on regroupe généralement en deux sous-ensembles. *Le premier sous-ensemble* regroupe les méthodes dites *hiérarchiques*, comprenant les techniques de *classification automatique*[18] (CA) et de *classification ascendante hiérarchique* (CAH). Les techniques de CA permettent de prendre en compte un nombre de variables important afin de réaliser des divisions systématiques de l'échantillon étudié sur des critères de variance. Les techniques de CAH procèdent quant à elles par regroupements successifs des unités élémentaires en fonction de leurs ressemblances par rapport à un ensemble de critères. *Le second sous-ensemble* regroupe les méthodes de type *nuées dynamiques* (ND) qui débouchent sur une partition en nombre fixé de classes sans passer par une hiérarchie emboîtée. Le principe consiste — à partir d'une partition initiale des n individus en k classes — à réaliser des permutations successives d'unités élémentaires de façon à minimiser les différences *intra-classes* et à maximiser les différences *inter-classes*[19].

Cette diversité de techniques se retrouve dans Stata sous la commande `cluster` (`help contents_cluster` ou `help cluster` pour une introduction). Bien que ces techniques présentent toutes un intérêt certain, c'est sur la classification ascendante hiérarchique (la plus étudiée) que nous concentrons notre propos ici. On retrouvera la CAH sous le vocable *agglomerative hierarchical clustering* (AHC) dans Stata. Au départ chaque observation forme un groupe à part entière (N groupes), puis peu à peu les groupes les plus proches sont regroupés pour n'en former plus qu'un seul. On obtient ainsi des classes hiérarchiques.

Pour réaliser cela il faut :

**a -** se donner des éléments de comparaison entre les individus — généralement des variables quantitatives les caractérisant — et déterminer un critère de ressemblance entre les individus afin de juger des similarités entre deux observations. Les indicateurs de similarité (ou de distance) les plus couramment utilisés sont basés sur les distances euclidiennes ou du $\chi^2$.

**b -** se donner un critère d'agrégation (*linkage method*, pour Stata) basé sur la définition d'indices de dissimilarité (voir Saporta [1990, 254–260], pour plus de détails). Ces

---

18. Ces méthodes sont l'aboutissement des méthodes de classifications hiérarchiques descendantes.
19. La partition finale va donc dépendre de la partition initiale qui peut provenir d'hypothèses faites a *priori* ou d'un simple tirage aléatoire.

critères sont nombreux et donnent parfois des résultats différents. Stata utilise les
critères suivants :

- single linkage (ou saut minimum, help cluster linkage)
- complete linkage (help cluster linkage)
- average linkage (ou distance du lien moyen, help cluster linkage)
- Ward's linkage (méthode de Ward sur distances euclidiennes
  help cluster linkage)
- weighted average linkage (help cluster linkage)
- centroid linkage (help cluster linkage)
- median linkage (help cluster linkage)

La commande cluster permet de réaliser une CAH et nous utiliserons ici le critère
d'agrégation du plus proche voisin single linkage. La commande cluster list permet d'afficher le nom des éléments créés par Stata. Enfin dendrogram ou tree sont des commandes
qui vont nous permettre d'afficher l'arbre hiérarchique correspondant :

```
. cluster singlelinkage domtr pop super smig popact capa, name(single)
. cluster list single
single  (type: hierarchical,  method: single,  dissimilarity: L2)
      vars: single_id (id variable)
            single_ord (order variable)
            single_hgt (height variable)
     other: range: 0 .
            cmd: cluster singlelinkage domtr pop super smig popact capa,
               name(single)
            varlist: domtr pop super smig popact capa
. cluster dendrogram, cutn(20) title(Arbre hiérarchique)
```

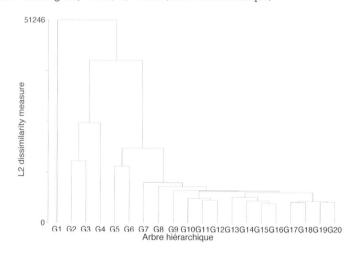

La classification ainsi représentée par le dendogramme met en évidence les associations entre individus (points) et les différents groupes reliés aux différents nœuds
jusqu'à un niveau de détail poussé. Ici, nous avons choisi de ne représenter qu'un détail
de 20 branches en partant du haut (cutn(20)). La hauteur des branches (entre G2 et

G3 par exemple) correspond à la distance qui sépare les deux groupes. Sur cet exemple, si l'on trace une ligne horizontale à différentes hauteurs on distingue différents niveaux d'agrégation d'individus. On mettra ainsi en évidence à un niveau "élevé", 2 classes homogènes principales, le groupe des individus G2 à G4 et le groupe G5 à G20 tandis que l'individu G1 reste atypique, c'est-à-dire semblable à aucun des autres individus. Une coupure à un niveau plus "bas" fait apparaître une nouvelle classe homogène au sein du groupe le plus gros. On observera par exemple une différence (dissimilarité) entre les individus G5 et G6 *vs* G7 à G20.

Dans la pratique, on cherchera à "couper" au niveau des plus grandes branches, mais il n'existe pas dans les faits de méthodes objectives permettant de déterminer le nombre optimal de groupes, seulement des méthodes donnant des indications sur ce nombre (voir help cluster stop). En effet, les différentes méthodes ne donnent pas toujours le même découpage (il dépend de la distance choisie pour effectuer le regroupement[20]) et de plus, le résultat final contient une part de subjectivité inhérente à la représentation même que l'on se fait du groupe (Falissard 1996).

Pour clore ce chapitre il est intéressant de faire le lien avec les résultats obtenus précédemment, notamment les axes factoriels dégagés par l'ACP. Une fois trouvées les combinaisons linéaires les plus importantes — en terme de déformation du nuage de points observés — parmi les variables étudiées, comment utiliser ces axes ? Deux stratégies sont possibles :

– la première consiste à utiliser ces axes factoriels afin de définir les meilleurs regroupements possibles de nos individus. Dans ce cas on utilisera les techniques de classification automatique vues précédemment, mais sur les principaux axes factoriels provenant de l'ACP et non plus directement sur les variables brutes ;
– la seconde consiste à utiliser ces axes factoriels dans l'explication d'un phénomène particulier, c'est-à-dire au moyen de techniques de régression (voir section 4.1.1). Dans la pratique on pourrait avoir à expliquer la richesse d'une région par un ensemble de caractéristiques de cette région, par exemple. Si ces caractéristiques sont nombreuses et/ou redondantes, les estimations seront de mauvaise qualité. Réaliser une régression sur les axes factoriels dégagés par l'ACP garantit l'orthogonalité de l'espace engendré par les régresseurs[21].

Pour récupérer les axes factoriels définis à la suite d'une ACP il faut utiliser la commande predict. Ainsi, on écrira :

```
pca smig super popact domtr pop
predict S1-S5, score
```

Avec l'option score, la commande predict crée 5 variables (S1, S2,...,S5) qui sont les principaux facteurs de l'ACP réalisée. Ces variables pourront être utilisées par la suite pour une classification automatique, par exemple, en écrivant :

```
cluster singlelinkage S1-S5, name(single)
```

---

20. Il est conseillé de faire plusieurs fois la même analyse avec des définitions différentes.
21. La difficulté dans ce cas consiste à bien identifier les axes factoriels afin d'interpréter correctement les résultats de l'OLS.

# 4 Modélisation et inférence

Dans ce chapitre nous élargissons l'analyse statistique multivariée vue au chapitre précédent aux outils de modélisation les plus courants. Nous nous intéressons principalement aux techniques permettant d'évaluer l'intensité de l'association entre une variable $y$ dite à expliquer (ou dépendante) et une série de variables $x_1, ..., x_p$ dites explicatives (ou indépendantes). La mesure de l'association de chaque $x_i$ à la variable explicative $y$ se fait à l'aide d'une modélisation mathématique appropriée — dépendant principalement de la nature de $y$ — et en maintenant les autres composantes $x_j$ ($\forall j \neq i$) à un niveau constant[1].

Le but de cet ouvrage n'étant pas de faire un cours d'économétrie, nous n'aborderons ici que deux cas élémentaires de régression couvrant déjà une bonne partie de la littérature, à savoir les techniques applicables aux variables quantitatives (continues ou discrètes) et celles relatives aux variables qualitatives (classes). Nous montrerons, au travers d'exemples, comment Stata estime ce genre de modèles et comment on peut interpréter et juger de la pertinence et du pouvoir prédictif des résultats obtenus. Nous laisserons donc volontairement de côté de nombreuses techniques économétriques comme celles relatives aux données de panel, aux séries temporelles ou encore aux données de survie. Nous n'aborderons pas non plus certaines avancées techniques permettant de traiter des problèmes liés aux données manquantes ou à des biais de sélection. Ce sont plusieurs ouvrages qu'il faudrait dans ce cas envisager si l'on voulait traiter de tous les problèmes économétriques abordés par Stata, tant les domaines qu'il couvre sont nombreux (voir help estimation commands). Pour poursuivre, le lecteur intéressé pourra se retourner vers des manuels généralistes d'économétrie comme ceux de Greene (2008) ou Dormont (2007) ou encore vers des manuels d'économétrie appliqués à Stata comme ceux de Baum (2006) ou Long et Freese (2006).

## 4.1 Les modèles à variables quantitatives

Au sein des techniques de régression sur variables quantitatives, on peut mettre deux techniques principales en évidence : celles qui opèrent sur données quantitatives continues et celles qui traitent les données quantitatives discrètes. Une variable est dite *quantitative* lorsqu'elle est *mesurable*, c'est-à-dire que l'on peut ordonner ses réalisations sur une échelle appropriée et que l'on peut transformer par des opérations mathématiques sans perte de sens. Elle sera *quantitative discrète* lorsqu'elle ne comporte qu'un faible nombre de réalisations (nombre d'enfants d'une famille, âge des adultes,

---

1. On parle en économie d'analyse "toutes choses égales par ailleurs" (*ceteris paribus*).

nombre d'années d'études...). Dans tous les autres cas, la variable sera dite *quantitative continue* (salaires déclarés, revenus du ménage, prix de vente...). Ces dernières font depuis longtemps l'objet d'études tant sur données individuelles (entreprise, ménages, achats...) que sur données agrégées. L'analyse sur des données quantitatives discrètes est plus récente et reste encore beaucoup moins fréquente, en particulier en économie.

### 4.1.1  La régression linéaire

Si la régression et l'analyse de variance (voir section 3.2.1) semblent proches dans leur concept, la première tente, au moyen de projections, de minimiser l'influence des variables explicatives $x_i$ pour se concentrer sur l'effet d'une seule composante $x_j$ ($\forall j \neq i$) sur la variable à expliquer $y$. Mathématiquement, on cherche à estimer le vecteur de paramètres $\beta$ dans l'équation :

$$y = X\beta + u$$

où $y$ est le vecteur des observations de la variable à expliquer, $X$ la matrice (supposée de plein rang) des variables explicatives $x_1, ..., x_p$ (quantitatives ou binaires) et $u$ un vecteur d'aléas.

La régression linéaire est la technique la plus simple pour trouver les liaisons entre $y$ et les $x_i$, cependant, cette simplicité est conditionnée par le grand nombre d'hypothèses simplificatrices faites et que nous rappellerons brièvement ici[2] :

H1 : le modèle est linéaire en $X$.

H2 : $x_i \; \forall i = 1, \cdots, p$ est une variable certaine non aléatoire.

H3 : l'espérance mathématique des erreurs $u$ est nulle $E(u_t) = 0 \; \forall t = 1, \ldots, T$.

H4 : la variance des erreurs est constante (homoscédasticité) $E(u_t^2) = \sigma^2$ et les erreurs sont non corrélées $E(u_t, u_{t'}) = 0 \; \forall t \neq t'$ .

H5 : l'erreur est indépendante des explicatives $E(x_{it}, u_t) = 0$.

H6 : les erreurs sont indépendamment et identiquement distribuées selon une loi normale.

Sous ces hypothèses, la commande permettant de réaliser une régression linéaire est **regress**. Supposons que l'on veuille expliquer le salaire mensuel en euros (**salaire**) d'un échantillon d'hommes par leur âge (**age**), le fait qu'ils travaillent à temps partiel ou pas (**partiel**), qu'ils ont des enfants ou pas (**enfant**) et leur expérience en mois sur le marché du travail (**emploi**).

---

2. Ces hypothèses peuvent être testées et relâchées en utilisant des techniques plus avancées.

```
. regress salaire age partiel enfant emploi
```

| Source | SS | df | MS | | Number of obs | = | 1265 |
|---|---|---|---|---|---|---|---|
| | | | | | F( 4, 1260) | = | 190.39 |
| Model | 190450225 | 4 | 47612556.3 | | Prob > F | = | 0.0000 |
| Residual | 315094186 | 1260 | 250074.751 | | R-squared | = | 0.3767 |
| | | | | | Adj R-squared | = | 0.3747 |
| Total | 505544412 | 1264 | 399956.022 | | Root MSE | = | 500.07 |

| salaire | Coef. | Std. Err. | t | P>\|t\| | [95% Conf. Interval] | |
|---|---|---|---|---|---|---|
| age | 90.25033 | 5.010846 | 18.01 | 0.000 | 80.41981 | 100.0809 |
| partiel | -534.4099 | 43.28381 | -12.35 | 0.000 | -619.3262 | -449.4936 |
| enfant | -58.21453 | 45.23026 | -1.29 | 0.198 | -146.9494 | 30.52038 |
| emploi | 5.966757 | 1.079841 | 5.53 | 0.000 | 3.848273 | 8.085241 |
| _cons | -1712.377 | 193.7676 | -8.84 | 0.000 | -2092.52 | -1332.235 |

## Le résultat de l'ajustement

La commande regress fournit un tableau standard des procédures d'estimation. La partie du haut du tableau s'apparente aux sorties vues en analyse de la variance en section 3.2.1. On retrouve la variance totale, la part de la variance expliquée par le modèle et la variance résiduelle. Ces informations permettent de calculer une statistique du $R^2$ (ou coefficient de corrélation multiple) donnant le pourcentage de variance des salaires expliquée par les variables introduites dans notre modèle (0.37, soit 37 %), mais aussi un $R^2$ ajusté au nombre d'explicatives introduites.

La seconde partie du tableau de résultats donne la liste des coefficients estimés $\widehat{\beta}_j$ et leurs valeurs. Sous l'hypothèse de normalité, on peut construire un intervalle de confiance pour les $\beta_j$ et un test de la nullité des coefficients ($H_0 : \beta_j = 0$). Dans la théorie des tests (théorie de Neyman et Pearson), le risque $\alpha$ de première espèce[3] est communément fixé à 5 %. Les valeurs du paramètre $p$ (colonne $P > |t|$)[4] inférieures à $\alpha$ conduisent à rejeter $H_0$, tandis que les valeurs de $p$ supérieures à $\alpha$ conduisent à ne pas rejeter $H_0$. La statistique de Student et sa $p$-value associée nous permettent de conclure sur le rejet ou non de $H_0$. En règle générale, lorsque le degré de liberté est important, on rejette $H_0$ pour les variables dont le t de Student est supérieur à 1,96 (c'est-à-dire si la $p$-value est inférieure à 5 %).

Ainsi, on peut remarquer que toutes les variables sont significatives (($P > |t|$) > 0.05) à l'exception de enfant. Les hommes ayant des enfants ne se différencient donc pas (au travers des salaires) de ceux qui n'en ont pas. L'analyse montre que, toutes choses égales par ailleurs, une année supplémentaire augmente le salaire mensuel de 90 €, le fait de travailler à temps partiel diminue les salaires de 534 € et tout mois supplémentaire d'ancienneté sur le marché du travail augmente de près de 6 € le salaire mensuel.

Sous l'hypothèse que les erreurs sont indépendamment distribuées selon une loi normale, on peut réaliser un test de la nullité des coefficients rentrés dans la régression ($H_0 : \beta_j = 0, \forall j$). Cette statistique est la statistique de Fisher, $F(4, 1260)$. Elle est

---

3. Probabilité de rejeter l'hypothèse $H_0$ alors qu'elle est vraie.
4. Encore appelé $p$-value.

élevée (190,39) aussi la probabilité de la dépasser est-elle nulle, donc on rejette $H_0$ ($\Pr(F) < 0.05$), ce qui confirme la significativité globale du modèle.

Les critères d'information d'Akaike information crition (AIC) ou le Bayesian information criterion (BIC) pourront être obtenus avec la commande :

```
. estat ic
```

| Model | Obs | ll(null) | ll(model) | df | AIC | BIC |
|-------|-----|----------|-----------|-----|---------|----------|
| . | 1265 | -9953.144 | -9654.121 | 5 | 19318.24 | 19343.96 |

Note:  N=Obs used in calculating BIC; see [R] BIC note

Ils permettent de comparer des modèles portant sur des échantillons différents ou des modèles non emboîtés. On peut les définir de la façon suivante :

$$\mathrm{AIC} = 2k - 2\ln(L)$$

$$\mathrm{BIC} = k\ln(n) - 2\ln(L)$$

où $n$ est le nombre d'observations, $k$ le nombre de paramètres à estimer et $L$ la vraisemblance du modèle estimé. Toutefois, ces critères dépendent de l'unité de mesure de la variable dépendante et ne permettent donc pas de comparer 2 modèles où la variable dépendante n'a pas la même échelle. Plus les critères AIC et BIC sont faibles, meilleur est le modèle.

D'autres statistiques permettant d'évaluer la qualité de l'ajustement de la régression sont donnés par la commande fitstat[@].

```
. fitstat
Measures of Fit for regress of sal
Log-Lik Intercept Only:     -9953.144    Log-Lik Full Model:        -9654.121
D(1260):                     19308.241    LR(4):                        598.047
                                          Prob > LR:                      0.000
R2:                              0.377    Adjusted R2:                    0.375
AIC:                            15.271    AIC*n:                      19318.241
BIC:                         10308.279    BIC´:                        -569.476
```

A la suite d'une régression linéaire, Stata propose un certain nombre de commandes permettant de faire des diagnostics sur les résultats obtenus afin de valider ou pas les hypothèses implicites du modèle de régression et/ou mettre en évidence des observations aberrantes. Nous présenterons quelques tests courants (voir page 81), laissant le lecteur parcourir l'ensemble des possibilités décrites dans l'aide (help regress postestimation).

Jusqu'à présent les variables explicatives utilisées étaient continues (age, emploi) ou binaires (0,1) comme (partiel et enfant). Si on veut ajuster les salaires par des variables qualitatives (polytomiques) telles que la taille de l'entreprise dans laquelle travaille l'individu (taille), sa catégorie professionnelle (csp) ou encore son niveau d'études (niv), il faudra dichotomiser ces variables, c'est-à-dire créer autant de variables binaires que compte de modalités chacune de ces variables. Pour cela, la commande Stata qui nous semble la plus efficace et que l'on a choisi de décrire ici[5] est tabulate avec l'option generate :

    tabulate csp, gen(csp)

Ceci permet de créer csp1, ..., csp5 puisque csp possède 5 modalités. Il suffit d'introduire dans la régression ces dichotomiques sauf une que l'on prendra pour référence. Ainsi, si on réalise la même procédure pour toutes les variables polytomiques, on pourra estimer le modèle suivant :

```
. regress salaire age taille1 taille3-taille5 niv1-niv4 csp1-csp4 partiel
> enfant emploi
```

| Source | SS | df | MS | | |
|---|---|---|---|---|---|
| Model | 248326786 | 16 | 15520424.1 | | |
| Residual | 257217626 | 1248 | 206103.867 | | |
| Total | 505544412 | 1264 | 399956.022 | | |

Number of obs = 1265
F( 16, 1248) = 75.30
Prob > F = 0.0000
R-squared = 0.4912
Adj R-squared = 0.4847
Root MSE = 453.99

| salaire | Coef. | Std. Err. | t | P>\|t\| | [95% Conf. Interval] | |
|---|---|---|---|---|---|---|
| age | 10.31348 | 8.209468 | 1.26 | 0.209 | -5.792397 | 26.41937 |
| taille1 | -9.984227 | 56.98988 | -0.18 | 0.861 | -121.7908 | 101.8223 |
| taille3 | 9.046116 | 41.30404 | 0.22 | 0.827 | -71.98691 | 90.07914 |
| taille4 | 76.22525 | 39.82511 | 1.91 | 0.056 | -1.906309 | 154.3568 |
| taille5 | 194.7679 | 43.93027 | 4.43 | 0.000 | 108.5826 | 280.9532 |
| niv1 | 353.7758 | 84.84171 | 4.17 | 0.000 | 187.3277 | 520.2239 |
| niv2 | 130.5245 | 65.59259 | 1.99 | 0.047 | 1.840582 | 259.2084 |
| niv3 | 114.2991 | 64.55944 | 1.77 | 0.077 | -12.35788 | 240.9561 |
| niv4 | 15.00798 | 48.29885 | 0.31 | 0.756 | -79.74791 | 109.7639 |
| csp1 | 527.6916 | 60.8167 | 8.68 | 0.000 | 408.3773 | 647.0059 |
| csp2 | 221.3469 | 49.37491 | 4.48 | 0.000 | 124.4799 | 318.2138 |
| csp3 | -2.474367 | 45.83654 | -0.05 | 0.957 | -92.39955 | 87.45082 |
| csp4 | 66.90839 | 43.00576 | 1.56 | 0.120 | -17.46317 | 151.28 |
| partiel | -482.5519 | 40.93043 | -11.79 | 0.000 | -562.8519 | -402.2519 |
| enfant | -28.32918 | 41.44402 | -0.68 | 0.494 | -109.6368 | 52.97845 |
| emploi | 4.479636 | 1.009072 | 4.44 | 0.000 | 2.499971 | 6.4593 |
| _cons | 472.0518 | 253.6142 | 1.86 | 0.063 | -25.50532 | 969.609 |

De cette façon, il est facile de mesurer le rôle du niveau d'étude sur les salaires. Si niv1 représente le niveau le plus élevé (ingénieur, docteur) et niv5 (la référence) le plus bas (sans diplôme ou BEPC), on vérifie que plus le niveau d'étude augmente, plus le gain mensuel — par rapport au même individu mais sans diplôme (niv5) — est important. On remarque également que les diplômés de niv4 (CAP, BEP) ne se différencient pas des non diplômés en terme de gain dans notre échantillon.

**Remarque** : L'interprétation des coefficients des variables dichotomiques se fait par rapport à la modalité de référence choisie, on vient de le voir. Il faut donc être assez vigilant en choisissant cette référence afin qu'elle ait un sens, pour faciliter les commentaires[6], mais aussi que ce ne soit pas une catégorie comprenant très peu d'individus.

---

5. On verra un peu plus loin une autre technique moins générale que celle-ci.
6. Éviter la catégorie "non réponse" ou "ne se prononce pas", couramment rencontrée dans les questionnaires.

Si on ne veut pas prendre la peine de créer ces variables dichotomiques avec la commande tabulate, on peut demander à Stata de le réaliser pour nous lors de la régression. Il suffit pour cela d'ajouter au début de ligne de commande l'instruction xi: et de préfixer chaque variable que l'on veut discrétiser par l'instruction i. ce qui donne par exemple :

```
. xi: regress salaire age i.taille i.niv i.csp partiel enfant emploi
i.taille      _Itaille_0-4      (naturally coded; _Itaille_0 omitted)
i.niv         _Iniv_12-60       (naturally coded; _Iniv_12 omitted)
i.csp         _Icsp_3-7         (naturally coded; _Icsp_3 omitted)
```

| Source | SS | df | MS | | |
|---|---|---|---|---|---|
| Model | 248326786 | 16 | 15520424.1 | Number of obs = | 1265 |
| Residual | 257217626 | 1248 | 206103.867 | F( 16,  1248) = | 75.30 |
| | | | | Prob > F    = | 0.0000 |
| | | | | R-squared   = | 0.4912 |
| Total | 505544412 | 1264 | 399956.022 | Adj R-squared = | 0.4847 |
| | | | | Root MSE    = | 453.99 |

| salaire | Coef. | Std. Err. | t | P>\|t\| | [95% Conf. Interval] | |
|---|---|---|---|---|---|---|
| age | 10.31348 | 8.209468 | 1.26 | 0.209 | -5.792397 | 26.41937 |
| _Itaille_1 | 9.984227 | 56.98988 | 0.18 | 0.861 | -101.8223 | 121.7908 |
| _Itaille_2 | 19.03034 | 54.53164 | 0.35 | 0.727 | -87.95346 | 126.0141 |
| _Itaille_3 | 86.20948 | 53.01496 | 1.63 | 0.104 | -17.79881 | 190.2178 |
| _Itaille_4 | 204.7521 | 55.54812 | 3.69 | 0.000 | 95.77411 | 313.7301 |
| _Iniv_30 | -223.2513 | 49.8046 | -4.48 | 0.000 | -320.9613 | -125.5413 |
| _Iniv_40 | -239.4767 | 66.58262 | -3.60 | 0.000 | -370.1029 | -108.8505 |
| _Iniv_50 | -338.7678 | 67.4471 | -5.02 | 0.000 | -471.09 | -206.4456 |
| _Iniv_60 | -353.7758 | 84.84171 | -4.17 | 0.000 | -520.2239 | -187.3277 |
| _Icsp_4 | -306.3447 | 48.11313 | -6.37 | 0.000 | -400.7363 | -211.9532 |
| _Icsp_5 | -530.166 | 54.1372 | -9.79 | 0.000 | -636.3759 | -423.956 |
| _Icsp_6 | -460.7832 | 58.25211 | -7.91 | 0.000 | -575.0661 | -346.5003 |
| _Icsp_7 | -527.6916 | 60.8167 | -8.68 | 0.000 | -647.0059 | -408.3773 |
| partiel | -482.5519 | 40.93043 | -11.79 | 0.000 | -562.8519 | -402.2519 |
| enfant | -28.32918 | 41.44402 | -0.68 | 0.494 | -109.6368 | 52.97845 |
| emploi | 4.479636 | 1.009072 | 4.44 | 0.000 | 2.499971 | 6.4593 |
| _cons | 1343.535 | 315.1583 | 4.26 | 0.000 | 725.2364 | 1961.834 |

Comme le montre l'exemple, Stata crée alors des indicatrices de taille, de niv et de csp qu'il a labélisées en conséquence et qui sont désormais présentes dans votre fichier de données, donc réutilisables. Cependant, afin d'éviter toute colinéarité dans les explicatives de la régression, Stata en a omis une dans chaque cas, la première. Cette procédure est critiquable ici notamment pour la variable taille dont la première modalité correspond à la non réponse (voir remarque précédente). La commande xi peut régler ce genre de difficultés en spécifiant pour chaque variable la modalité qu'il faut considérer comme référence. On écrira par exemple :

    char taille[omit] 2      .

Ainsi, toutes les régressions réalisées par la suite considéreront la modalité 2 comme modalité de référence pour la variable taille. Cette approche est attrayante du point de vue syntaxique — elle permet aussi de créer des termes d'intéraction assez facilement entre les variables discrètes mais aussi continues (voir help xi) — mais peut devenir fastidieuse dans une démarche exploratoire lorsque l'on change de référence.

## Tests de Wald sur les variables

On peut effectuer différents tests de combinaisons linéaires de plusieurs variables juste après une régression avec la commande test (voir aussi section 4.2.1). Il est ici intéressant de faire apparaître une information supplémentaire (non disponible dans le tableau de régression page 79) qui est que les firmes de 10 à 50 salariés (taille3) et de 50 à 500 salariés (taille4) se comportent différemment en matière de rémunérations que les firmes de plus de 500 salariés (taille5). C'est ce que révèlent les résultats suivants :

```
. test taille3=taille5
 ( 1)  taille3 - taille5 = 0
       F(  1,  1249) =   22.24
           Prob > F =    0.0000
. test taille4=taille5
 ( 1)  taille4 - taille5 = 0
       F(  1,  1249) =   10.30
           Prob > F =    0.0014
```

## Test du rapport de vraisemblance (LR)

Le test du rapport de vraisemblance est un test de la nullité des coefficients introduits dans le modèle. Souvent noté "Likelihood Ratio" (LR), il correspond au log du ratio de vraisemblance entre le modèle complet et le modèle contraint (certains coefficients sont nuls, par exemple). Il s'écrit :

$$\text{LR} = 2\{\log L(\widehat{\beta}) - \log L(\widehat{\beta_0})\}$$

où $\log L$ désigne la log-vraisemblance. Sous l'hypothèse nulle $H_0$ : les contraintes sont satisfaites, la statistique LR suit un $\chi^2$ à k degrés de liberté (correspondant au nombre de contraintes posées). Si le test est significatif, c'est qu'on rejette l'hypothèse nulle.

Par exemple, Stata permet de faire des tests LR entre modèles emboîtés. Prenons l'estimation du modèle suivant :

```
regress salaire age taille1 taille3-taille5 niv1-niv4 csp1-csp4 enfant partiel emploi
```

On enregistre ensuite les résultats dans une macro-variable A (voir section 7.2.1) :

```
estimates store A
```

Faisons l'hypothèse que la variable taille peut être omise et estimons maintenant le modèle contraint :

```
regress salaire age niv1-niv4 csp1-csp4 enfant partiel emploi
estimates store B
```

*(Suite à la page suivante)*

*Chapitre 4  Modélisation et inférence*

On fait le test LR en rappelant les résultats précédents :

```
. lrtest A, stat
Likelihood-ratio test                          LR chi2(4)  =    30.50
(Assumption: B nested in A)                     Prob > chi2 =   0.0000
```

| Model | Obs | ll(null) | ll(model) | df | AIC | BIC |
|---|---|---|---|---|---|---|
| B | 1265 | -9953.144 | -9541.005 | 13 | 19108.01 | 19174.87 |
| A | 1265 | -9953.144 | -9525.755 | 17 | 19085.51 | 19172.94 |

Stata donne la statistique du rapport de vraisemblance (LR = 30.50) qui suit un $\chi^2$ à 4 degrés de liberté puisque c'est le nombre de contraintes imposées au second modèle. L'hypothèse nulle $H_0$ que les 4 paramètres associés à nos variables taille1 taille3-taille5 sont égaux à 0 est ici rejetée sur la base du test (Prob < 0.05).

### Test d'endogénéité

L'endogénéité provient du fait qu'une variable utilisée comme explicative est une variable corrélée avec les termes d'erreurs de l'équation d'intérêt. En d'autres termes, il existe des facteurs observables ou non (mais non pris en compte) qui jouent à la fois sur l'endogène et sur la variable à expliquer. Dans l'étude sur les salaires on peut suspecter les variables suivantes d'être endogènes :

– le nombre d'années d'études,
– le passage par une école supérieure,
– le fait d'être passé par un programme de formation à l'emploi,
– le rôle de la syndicalisation.

En présence d'endogénéité, l'estimation par les MCO produit des estimateurs non convergents puisque l'hypothèse H5 d'orthogonalité entre les régresseurs et les termes d'erreurs n'est pas vérifiée. Supposons que nous voulions réaliser la première régression sur les salaires vue plus haut en ajoutant comme explicative le nombre cumulé de mois de formation (education).

```
. regress salaire education age partiel enfant emploi
```

| Source | SS | df | MS | | | |
|---|---|---|---|---|---|---|
| Model | 190738381 | 5 | 38147676.1 | | | |
| Residual | 314806031 | 1259 | 250044.505 | | | |
| Total | 505544412 | 1264 | 399956.022 | | | |

```
Number of obs =     1265
F( 5,  1259) =   152.56
Prob > F      =   0.0000
R-squared     =   0.3773
Adj R-squared =   0.3748
Root MSE      =   500.04
```

| salaire | Coef. | Std. Err. | t | P>\|t\| | [95% Conf. | Interval] |
|---|---|---|---|---|---|---|
| education | 3.160745 | 2.944319 | 1.07 | 0.283 | -2.615567 | 8.937056 |
| age | 90.10628 | 5.012339 | 17.98 | 0.000 | 80.27282 | 99.93974 |
| partiel | -535.0119 | 43.28483 | -12.36 | 0.000 | -619.9303 | -450.0936 |
| enfant | -57.90556 | 45.22844 | -1.28 | 0.201 | -146.637 | 30.82585 |
| emploi | 6.504843 | 1.190445 | 5.46 | 0.000 | 4.169369 | 8.840317 |
| _cons | -1735.446 | 194.9439 | -8.90 | 0.000 | -2117.896 | -1352.995 |

Si on soupçonne education d'être endogène, il faut utiliser l'approche par les variables instrumentales c'est-à-dire trouver une variable observable $z$ qui doit satisfaire les deux conditions :

- $C_1$ : $z$ ne doit pas être corrélée avec les termes d'erreurs, c'est-à-dire qu'elle doit être exogène ;
- $C_2$ : dans la régression de education sur l'ensemble des explicatives ($z$ compris) le coefficient de $z$ doit être non nul (condition d'identification).

Lorsque $z$ satisfait $C_1$ et $C_2$, on dit que $z$ est une variable instrumentale (IV) pour education. Dans la pratique, on peut avoir plusieurs instruments et plusieurs régresseurs endogènes[7]. Ici nous supposerons que le niveau d'éducation des parents niv1 à niv4 (4 dichotomiques) est un bon candidat.

Pour réaliser la régression par variables instrumentales, on utilisera la commande ivregress. Cette commande permet de réaliser les estimations soit par la méthode des doubles moindres carrés (2SLS) par maximum de vraisemblance (LIML) ou par la méthode des moments généralisé (GMM). Reprenons l'exemple précédent en instrumentant la variable education.

```
. ivregress 2sls salaire age partiel enfant emploi (education=csp1-csp4)
Instrumental variables (2SLS) regression          Number of obs  =      1265
                                                   Wald chi2(5)   =     64.41
                                                   Prob > chi2    =    0.0000
                                                   R-squared      =         .
                                                   Root MSE       =    1865.4
```

| salaire | Coef. | Std. Err. | z | P>\|z\| | [95% Conf. Interval] | |
|---|---|---|---|---|---|---|
| education | 379.5894 | 121.9845 | 3.11 | 0.002 | 140.5041 | 618.6747 |
| age | 72.95 | 19.50106 | 3.74 | 0.000 | 34.72863 | 111.1714 |
| partiel | -606.7144 | 163.1233 | -3.72 | 0.000 | -926.4301 | -286.9987 |
| enfant | -21.10897 | 169.1415 | -0.12 | 0.901 | -352.6202 | 310.4022 |
| emploi | 70.58817 | 21.15374 | 3.34 | 0.001 | 29.12761 | 112.0487 |
| _cons | -4482.771 | 1146.762 | -3.91 | 0.000 | -6730.384 | -2235.158 |

```
Instrumented:  education
Instruments:   age partiel enfant emploi csp1 csp2 csp3 csp4
```

Avant d'aller plus loin, il faut s'assurer que les instruments que l'on a utilisés sont de bons instruments. En premier lieu il ne faut pas qu'ils aient un pouvoir explicatif trop faible sur le régresseur supposé endogène. On va tester cela avec la commande :

---

7. Le nombre d'instruments ($L$) doit être au moins égal au nombre de régresseurs endogènes ($K$). Si $L = K$ le modèle est dit "exactement identifié", si $L > K$, le modèle est dit "suridentifié".

```
. estat firststage
First-stage regression summary statistics
```

| Variable | R-sq. | Adjusted R-sq. | Partial R-sq. | F(4,1256) | Prob > F |
|----------|-------|----------------|---------------|-----------|----------|
| education | 0.1998 | 0.1947 | 0.0081 | 2.56659 | 0.0367 |

```
Minimum eigenvalue statistic = 2.56659
Critical Values                    # of endogenous regressors:    1
Ho: Instruments are weak           # of excluded instruments:     4
```

|  | 5% | 10% | 20% | 30% |
|--|----|----|----|----|
| 2SLS relative bias | 16.85 | 10.27 | 6.71 | 5.34 |

|  | 10% | 15% | 20% | 25% |
|--|----|----|----|----|
| 2SLS Size of nominal 5% Wald test | 24.58 | 13.96 | 10.26 | 8.31 |
| LIML Size of nominal 5% Wald test | 5.44 | 3.87 | 3.30 | 2.98 |

Il s'avère en effet ici que les différents $R^2$ confirment la faiblesse de nos instruments. Cependant, la statistique de Fisher nous conduit à rejeter la nullité de nos instruments. Bien que ce résultat ne soit pas satisfaisant et en l'absence de nouveaux instruments nous conserverons cette spécification pour illustrer notre propos.

Un test de suridentification doit ensuite être réalisé puisque nous avons plus d'instruments que de régresseurs endogènes. Celui-ci sera donné par la commande :

```
. estat overid
Tests of overidentifying restrictions:
Sargan (score) chi2(3) =  3.33308  (p = 0.3431)
Basmann chi2(3)        =  3.31811  (p = 0.3451)
```

On peut remarquer que la statistique de test du $\chi^2(3)$ de Sargan est de 3,33, soit une *p*-value de près de 34 % c'est à dire que j'ai plus de 30 % risque de me tromper en rejetant l'hypothèse nulle[8]. Donc on ne peut raisonnablement pas rejeter $H_0$ ici. Par ailleurs, la statistique de Basmann confirme le test et donne une bonne appréciation sur le choix des instruments.

Pour confirmer l'éventuelle endogénéité des régresseurs il est aussi possible de faire des tests de type régression augmentée. Stata propose les tests d'endogénéité de Durbin et de Wu–Hausman avec la commande :

```
. estat endogenous
Tests of endogeneity
Ho: variables are exogenous
Durbin (score) chi2(1)        =  134.242  (p = 0.0000)
Wu-Hausman F(1,1258)          =  149.347  (p = 0.0000)
```

Les statistiques de tests estimées ici étant très élevées, ceci nous conduit à rejeter $H_0$ (l'exogénéité de la variable education) et appuie notre démarche. On remarque mainte-

---

8. $H_0$ : Les instruments sont valides, non corrélés avec le terme d'erreur.

nant que, débarrassée de sa part endogène, la variable (education) joue un rôle significatif sur le niveau de salaire, alors qu'elle n'en jouait pas précédemment. On conclut donc que tout mois supplémentaire de formation (education) augmente le salaire de 380 € environ. Sans tenir compte du caractère endogène de la variable education, les MCO ne permettaient pas de conclure quant à l'effet de cette variable sur le salaire.

### Test de variables omises

Il est possible de tester si on a omis une ou plusieurs puissances de variables explicatives dans le modèle par un test de Ramsey (1969). Ce test consiste à réaliser la régression $y = X\beta + zt + u$, puis, par un test de Fisher, à tester $H_0 : t = 0$. Dans notre cas le test consiste à :

```
. qui regress salaire age taille1 taille3-taille5 niv1-niv4 csp1-csp4 partiel
> emploi
. estat ovtest, rhs
Ramsey RESET test using powers of the independent variables
       Ho:  model has no omitted variables
               F(6, 1243) =       0.73
                Prob > F =      0.6227
```

On ne peut donc rejeter l'hypothèse nulle ici.

### Test sur les résidus

Un des tests les plus courants consiste à inspecter les résidus estimés afin de repérer une certaine tendance (visuelle) susceptible de révéler des points aberrants ou de mauvaises propriétés, en contradiction avec les hypothèses du modèle estimé. L'idée est de faire une représentation graphique de ces résidus. Deux commandes sont disponibles sous Stata :

**rvfplot** permet de représenter le graphe des résidus en fonction des valeurs estimées $\widehat{y}$. On pourra ainsi écrire[9] :

```
rvfplot, yline(0) mlabel(id)
```

où id est une variable représentant le numéro de l'observation (tout autre identifiant étant possible).

---

9. Toutes les commandes graphiques de diagnostic acceptent les options générales des graphiques (voir le chapitre 5).

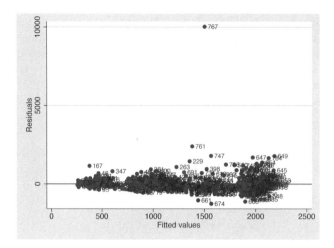

Mise à part l'observation 767, notre nuage de point ne semble ni incurvé ni conique, ce qui serait le signe d'une violation de l'hypothèse de linéarité. On observe cependant une dispersion légèrement croissante des résidus avec les valeurs prédites, ce qui laisserait penser à la présence d'hétéroscédasticité (variance non constante des résidus). On pourra tester cette hypothèse à l'aide de la commande rvpplot.

**rvpplot** va aider dans les cas où une tendance se révèle dans le graphe des résidus. Elle permettra de déterminer la variable qui est la principale responsable de cette tendance. Cette commande propose le graphe des résidus estimés sur les réalisations d'un régresseur quelconque. Une utilisation possible peut être :

    rvpplot age, yline(0) mlabel(id)

L'idée est de passer en revue tous les régresseurs pour déterminer celui qui est le plus responsable de la déformation du nuage.

Ce diagnostic nous a entre autres permis de voir que l'observation numéro 767 s'apparentait à un point aberrant. Il suffit de lister cet enregistrement pour s'en convaincre :

```
. list salaire age niv csp partiel enfant emploi if id==767
```

|        | salaire   | age | niv             | csp            | partiel | enfant | emploi |
|--------|-----------|-----|-----------------|----------------|---------|--------|--------|
| 767.   | 11530.18  | 35  | Niveau I et II  | Technicien,PI  | 0       | Non    | 16     |

Cette observation correspond à un technicien de 35 ans de niveau bac + 3 et percevant un salaire mensuel net de plus de 11 000 €. Il semble que ce salaire déclaré ne corresponde pas à un véritable salaire (erreur de saisie) ou bien si cet enregistrement est bon, cet individu est de toute façon peu représentatif dans notre échantillon de 1 200 individus. Il pourra donc être supprimé après vérification des autres variables. En estimant à nouveau le modèle de régression précédent sans cette observation, un gain notable dans l'ajustement est constaté puisque le $R^2$ est maintenant de .61 alors qu'il était de .49, confirmant le caractère aberrant de cette observation.

## Multicolinéarité des régresseurs

La multicolinéarité des régresseurs est un problème important puisqu'elle est à l'origine de la non convergence des estimateurs et donc de leur faible précision. Lorsqu'il y a multicolinéarité, le fait d'enlever ou d'introduire les régresseurs incriminés peut bouleverser considérablement les estimations et en particulier les écart-types estimés, rendant de ce fait certains régresseurs non significatifs. Pour détecter les risques de colinéarité, il suffit de calculer une mesure du changement de la variance de chacun des facteurs lorsqu'on les introduit dans la régression. Cette mesure est souvent notée VIF pour *variance inflation factor*. La commande estat vif réalise automatiquement ce travail.

```
. estat vif
    Variable |       VIF       1/VIF
-------------+----------------------
        niv1 |      7.40    0.135191
        niv2 |      5.35    0.186945
        csp1 |      3.74    0.267490
         age |      3.66    0.273489
        niv4 |      2.91    0.344202
        csp2 |      2.74    0.365252
        niv3 |      2.21    0.451904
      taille4 |     2.07    0.482402
      taille5 |     1.98    0.505614
      taille3 |     1.87    0.535334
        csp3 |      1.85    0.539777
        csp4 |      1.75    0.571224
      taille1 |     1.36    0.736496
       emploi |     1.20    0.835545
      partiel |     1.17    0.853058
       enfant |     1.06    0.940340
-------------+----------------------
    Mean VIF |      2.64
```

Dans la pratique, on mettra en évidence la multicolinéarité dans la régression si la VIF la plus élevée est plus grande que 10 ou si la moyenne de tous les VIF est beaucoup plus forte que 1. Ici les deux critères semblent respectés, ce qui nous permet d'être confiant sur l'absence de multicolinéarité.

## Test de l'homoscédasticité

L'hypothèse $H_4$ stipule que la variance des erreurs est supposée constante. C'est l'hypothèse d'homoscédasticité. Trois tests sont disponibles sous Stata pour vérifier si cette hypothèse peut être maintenue :

**estat hettest** réalise un test d'hétéroscédasticité (Breusch–Pagan 1979 et de Cook–Weisberg 1983) où l'hypothèse testée est $H_0 : t = 0$ dans l'équation $V(u) = \sigma^2 \exp(zt)$. On peut suspecter la variable $z$ d'être responsable de la non constance de la variance des erreurs.

```
. estat hettest
Breusch-Pagan / Cook-Weisberg test for heteroskedasticity
        Ho: Constant variance
        Variables: fitted values of sal
        chi2(1)      =     254.36
        Prob > chi2  =     0.0000
. estat hettest age
Breusch-Pagan / Cook-Weisberg test for heteroskedasticity
        Ho: Constant variance
        Variables: age
        chi2(1)      =     369.99
        Prob > chi2  =     0.0000
```

On peut aussi tester simplement les variables de droite (*right-hand side*) avec l'option rhs dans la régression, ou encore les quantités estimées $X\widehat{\beta}$. Il est possible de choisir enfin une méthode d'ajustement adaptée aux tests d'hypothèses multiples avec l'option mtest().

```
    estat hettest, rhs
```

L'hypothèse nulle d'homoscédasticité est ici rejetée puisque l'on obtient : Prob > chi2 = 0.0000.

**estat szroeter** réalise le test de rang (Szroeter 1978) et permet, comme hettest, d'identifier les variables responsables de l'hétéroscédasticité. En ce qui nous concerne, le tableau suivant montre que l'hypothèse d'homoscédasticité est clairement rejetée dans la plupart des cas, mis à part pour les variables taille5, niv3 et enfant pour lesquelles $p > 0.05$.

```
. estat szroeter, rhs mtest(holm)
Szroeter's test for homoskedasticity
    Ho: variance constant
    Ha: variance monotonic in variable
```

| Variable | chi2 | df | p | |
|---------:|-----:|:--:|:------:|---|
| age | 435.18 | 1 | 0.0000 | # |
| taille1 | 12.82 | 1 | 0.0014 | # |
| taille3 | 40.18 | 1 | 0.0000 | # |
| taille4 | 247.94 | 1 | 0.0000 | # |
| taille5 | 5.66 | 1 | 0.0521 | # |
| niv1 | 812.45 | 1 | 0.0000 | # |
| niv2 | 69.60 | 1 | 0.0000 | # |
| niv3 | 2.28 | 1 | 0.2626 | # |
| niv4 | 120.72 | 1 | 0.0000 | # |
| csp1 | 21.99 | 1 | 0.0000 | # |
| csp2 | 286.77 | 1 | 0.0000 | # |
| csp3 | 37.73 | 1 | 0.0000 | # |
| csp4 | 64.29 | 1 | 0.0000 | # |
| partiel | 29.09 | 1 | 0.0000 | # |
| enfant | 1.25 | 1 | 0.2636 | # |
| emploi | 85.68 | 1 | 0.0000 | # |

*# Holm adjusted p-values*

**estat imtest** réalise un test d'hétéroscédasticité basé sur la décomposition de la matrice d'information (Cameron et Trivedi 1990). Elle fournit un test de White, un test de normalité de Skewness et de Kurtosis.

```
. estat imtest
Cameron & Trivedi´s decomposition of IM-test
```

| Source | chi2 | df | p |
|---|---|---|---|
| Heteroskedasticity | 130.04 | 119 | 0.2303 |
| Skewness | 19.36 | 16 | 0.2503 |
| Kurtosis | 1.02 | 1 | 0.3114 |
| Total | 150.43 | 136 | 0.1878 |

Les exemples décrits ci-dessus révèlent tous un problème d'hétéroscédasticité. En effet, l'hypothèse de variance constante des résidus estimés est rejetée fortement par tous les tests. Cependant, les tests de normalité ne peuvent pas être rejetés, ce qui nous laisse confiants sur la validité de l'hypothèse $H6$ énoncée en section 4.1.1.

Stata propose enfin de nombreuses commandes que nous ne détaillerons pas ici (help regress), mais qui dans le cadre de la régression linéaire aident à traiter des problèmes spécifiques. On trouvera ainsi des modèles de régression sur variables à expliquer continues mais regroupées en intervalles (intreg), des régressions multivariées (mvreg), des modèles de régression sur quantiles (qreg) ou sur données comprenant un biais de sélection (heckman) ou encore sur des données tronquées ou censurées (tobit, cnreg). On trouvera également des modèles qui tiennent compte des erreurs de mesures des variables explicatives (eivreg) ou de leur non linéarité (boxcox ou nl) ou encore de contraintes sur certaines explicatives (cnsreg). Enfin, Stata permet de réaliser des régressions sur données datées (données de panel) avec les commandes préfixées par (xt) et des régressions sur des durées avec les commandes préfixées par (st).

## 4.1.2  Les données de comptage

Lorsque la variable à expliquer prend peu de valeurs, il n'est pas correct de la considérer comme continue. Dans ce cas, les hypothèses faites lors de la régression linéaire ont de fortes chances d'être violées. C'est ce qu'il peut se passer lorsqu'on désire expliquer le nombre d'enfants par famille, le nombre d'embauches, le nombre de jours de maladie, le nombre de pannes ou encore le nombre de brevets déposés par les firmes. Contrairement à ces exemples, il arrive parfois (rarement en sciences sociales) que le nombre d'événements dépende de la durée d'exposition ou de la surface exposée (la durée d'exposition aux UV par exemple en médecine). Dans tous ces cas, on fait face à des données dites de comptage *count data* (ou de dénombrement). Dans ces modèles, la variable à expliquer est quantitative discrète et possède un nombre important de valeurs nulles ou faibles. De plus, les effectifs observés décroissent très rapidement. Prenons comme exemple le nombre d'embauches réalisées par un panel d'environ 1 300 firmes pour une année donnée. Durant l'année, ce nombre est souvent nul et le nombre d'établissements qui effectuent beaucoup d'embauches est faible, ce qui donne une distribution des embauches de la forme suivante.

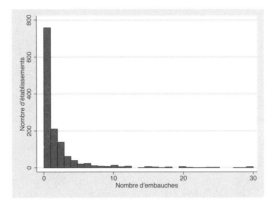

On est visuellement assez loin d'une distribution normale des nombres d'embauches au sein des firmes considérés. Les moindres carrés ordinaires n'apporteront pas des résultats satisfaisants. Pour expliquer ce comportement, un certain nombre de modèles ont été mis au point pour prendre en compte les caractéristiques de ces données. Ils supposent généralement que les événements sont distribués selon une loi de Poisson.

### Modèle de Poisson

Le modèle de régression de Poisson a été un des premiers utilisé. Il s'utilise sur une variable aléatoire entière positive et stipule que chaque $y_i$ est tiré d'une distribution de Poisson de moyenne $\lambda_i$, liée aux régresseurs $x_i$. La probabilité d'événement s'écrit alors :

$$\Pr(Y_i = y_i | x_i) = \frac{e^{-\lambda_i} \lambda_i^{y_i}}{y_i!} \ , \ y_i = 1, 2, \ldots$$

avec

$$\ln(\lambda_i) = x_i' \beta$$

Supposons que l'on désire expliquer le nombre d'embauches (emb) par la taille des firmes (taille) et leur taille au carré (taille2), par le nombre de départs (lic) qu'elles ont eu durant l'année, une variable binaire indiquant leur implantation géographique (rural) et leur secteur d'activité en 7 postes (sec1 à sec7). Pour estimer un modèle de Poisson nous écrirons :

```
. poisson emb rural taille taille2 sec1 sec3 sec4 sec5 sec6 sec7 lic, nolog
Poisson regression                          Number of obs   =       1362
                                            LR chi2(10)     =    7650.65
                                            Prob > chi2     =     0.0000
Log likelihood = -4660.9917                 Pseudo R2       =     0.4508
```

| emb | Coef. | Std. Err. | z | P>\|z\| | [95% Conf. Interval] | |
|---|---|---|---|---|---|---|
| rural | -.2255445 | .0431197 | -5.23 | 0.000 | -.3100576 | -.1410315 |
| taille | .0087975 | .0001819 | 48.36 | 0.000 | .0084409 | .009154 |
| taille2 | -4.94e-06 | 1.61e-07 | -30.61 | 0.000 | -5.26e-06 | -4.62e-06 |
| sec1 | -1.474321 | .0974117 | -15.13 | 0.000 | -1.665244 | -1.283397 |
| sec3 | .0262428 | .0568333 | 0.46 | 0.644 | -.0851485 | .1376341 |
| sec4 | -.815874 | .0671435 | -12.15 | 0.000 | -.9474729 | -.6842751 |
| sec5 | -.5765868 | .0553712 | -10.41 | 0.000 | -.6851122 | -.4680613 |
| sec6 | -.2803907 | .0778227 | -3.60 | 0.000 | -.4329204 | -.127861 |
| sec7 | -.2373978 | .0447072 | -5.31 | 0.000 | -.3250223 | -.1497734 |
| lic | .0243726 | .0009801 | 24.87 | 0.000 | .0224516 | .0262937 |
| _cons | .8487407 | .0389998 | 21.76 | 0.000 | .7723025 | .9251788 |

Le modèle de Poisson peut s'estimer comme une régression non linéaire, mais il est plus simple de l'estimer par maximum de vraisemblance comme le fait Stata. Les résultats obtenus sont classiques en matière de sorties de régression. Le signe des coefficients nous indique si la variable introduite dans le modèle augmente ou diminue le nombre d'embauches estimé. Il est à noter ici que le coefficient de corrélation multiple ($R^2$) de la régression linéaire n'existe pas, mais un pseudo $R^2$ construit à partir des ratios des vraisemblances nous permet d'apprécier l'ajustement du modèle estimé par rapport au modèle ne comprenant que la constante. Il permettra aussi de choisir entre plusieurs modèles emboîtés.

On utilisera la commande estat gof afin de tester la qualité de l'ajustement du modèle estimé. La commande mfx (voir section 4.2.1) permet d'estimer les effets marginaux et la commande predict permet d'estimer le nombre d'événements ou le taux d'incidents (nombre d'événements par unité de temps). Enfin dans les cas où les propriétés asymptotiques ne sont pas vérifiées, on préférera la commande expoisson.

### Modèle binômial négatif

Le modèle de Poisson souffre d'une hypothèse implicite qui impose que la variance des $y_i$ doit être égale à sa moyenne. Parmi les solutions proposées pour s'affranchir de cette contrainte, le modèle binômial négatif est une alternative très utilisée. L'idée est d'introduire dans la moyenne (conditionnelle cette fois) du modèle de Poisson, un terme d'hétérogénéité individuelle. La distribution conditionnelle des $y_i$ reste une distribution de Poisson de la forme :

$$f(y_i|x_i, u_i) = \frac{e^{-\lambda_i u_i}(\lambda_i u_i)^{y_i}}{y_i!}$$

avec

$$\ln(\mu_i) = x_i'\beta + \varepsilon_i = \ln(\lambda_i) + \ln(u_i)$$

où $\mu_i$ est la moyenne conditionnelle et la variance de la loi de Poisson[10]. Si nous reprenons notre exemple, un coup d'œil sur les moments de la variable à expliquer (emb) nous renseigne sur sa dispersion :

```
. summarize emb, detail
                     Nombre total des embauches en 98

             Percentiles      Smallest
      1%          0               0
      5%          0               0
     10%          0               0        Obs                1362
     25%          0               0        Sum of Wgt.        1362

     50%          0                        Mean           2.929515
                               Largest     Std. Dev.      11.57289
     75%          2             134
     90%          5             148        Variance       133.9318
     95%         12             158        Skewness       10.05935
     99%         41             200        Kurtosis       130.8164
```

La variance du nombre d'embauches est ici près de 45 fois plus grande que la moyenne. Il semble donc raisonnable d'adopter une modélisation qui tienne compte de cette sur-dispersion des observations. Stata propose la commande nbreg pour réaliser une régression binômiale négative.

```
. nbreg emb rural taille taille2 sec1 sec3 sec4 sec5 sec6 sec7 lic, nolog
Negative binomial regression                Number of obs   =       1362
                                            LR chi2(10)     =     573.54
Dispersion     = mean                       Prob > chi2     =     0.0000
Log likelihood = -2165.0727                 Pseudo R2       =     0.1170
```

| emb | Coef. | Std. Err. | z | P>\|z\| | [95% Conf. Interval] | |
|---|---|---|---|---|---|---|
| rural | −.4735449 | .1150923 | −4.11 | 0.000 | −.6991217 | −.247968 |
| taille | .0185252 | .001872 | 9.90 | 0.000 | .0148561 | .0221942 |
| taille2 | −.0000127 | 1.53e-06 | −8.31 | 0.000 | −.0000157 | −9.69e-06 |
| sec1 | −.3025586 | .2234218 | −1.35 | 0.176 | −.7404573 | .13534 |
| sec3 | −.0211523 | .1844285 | −0.11 | 0.909 | −.3826254 | .3403209 |
| sec4 | −.3294209 | .1754348 | −1.88 | 0.060 | −.6732668 | .0144251 |
| sec5 | −.5756216 | .1640843 | −3.51 | 0.000 | −.8972209 | −.2540223 |
| sec6 | −.2971421 | .2128396 | −1.40 | 0.163 | −.7143 | .1200158 |
| sec7 | −.0621804 | .1529924 | −0.41 | 0.684 | −.3620401 | .2376792 |
| lic | .1053517 | .0118396 | 8.90 | 0.000 | .0821466 | .1285569 |
| _cons | .0542342 | .1314818 | 0.41 | 0.680 | −.2034655 | .3119339 |
| /lnalpha | .8003731 | .0646446 | | | .6736721 | .9270741 |

```
Likelihood-ratio test of alpha=0:  chibar2(01) = 4991.84 Prob>=chibar2 = 0.000
```

A la suite des estimations, Stata fournit un test de sur-dispersion où l'hypothèse nulle $H_0$ est qu'il n'y a pas de sur-dispersion. La valeur très élevée de la statistique du $\chi^2$ à 1 degré de liberté suggère le rejet de cette hypothèse, ce qui justifie le choix d'un tel modèle.

---

10. On choisit habituellement une distribution Gamma pour le terme d'hétérogénéité $u_i = \exp(\varepsilon_i)$.

## Modèle avec excès de zéros

Jusqu'à présent nous n'avons fait aucune hypothèse sur le comportement des entreprises qui n'embauchent pas. En complément aux modèles de Poisson ou binômial négatif, certains auteurs ont considéré que le processus qui engendre les zéros se distinguerait de celui qui engendre les valeurs positives. En effet, on peut dans notre exemple[11] considérer que les firmes qui ne recrutent pas n'ont pas la structure pour le faire (personnel, envergure...) tandis que celles qui le font ont une structure différente qui leur permet d'embaucher (ou pas, selon les années) et se distinguent donc de celles qui n'embaucheront jamais. Ces modèles sont des modèles de comptage à deux régimes, appelés à excès de zéros ou "zéro inflated", que l'on trouvera sous la forme modèle de Poisson *zero-inflated Poisson* (ZIP) ou sous la forme modèle binômial négatif *zero-inflated negative binomial* (ZINB). Stata autorise l'estimation des deux types de régression par les commandes zip et zinb. Il suffit alors de préciser le nom des explicatives dans chacun des deux régimes.

```
. zip emb rural taille taille2 sec1 sec3 sec4 sec5 sec6 sec7 lic, inflate(taille)
```

```
Zero-inflated Poisson regression              Number of obs   =       1362
                                              Nonzero obs     =        604
                                              Zero obs        =        758
Inflation model = logit                       LR chi2(10)     =    5024.15
Log likelihood  =  -3596.62                   Prob > chi2     =     0.0000
```

|         | Coef.      | Std. Err.  | z      | P>\|z\| | [95% Conf. | Interval]  |
|---------|-----------|-----------|--------|--------|-----------|-----------|
| emb     |           |           |        |        |           |           |
| rural   | -.0890871 | .0448133  | -1.99  | 0.047  | -.1769194 | -.0012547 |
| taille  | .0070404  | .0001846  | 38.14  | 0.000  | .0066786  | .0074022  |
| taille2 | -3.86e-06 | 1.60e-07  | -24.07 | 0.000  | -4.17e-06 | -3.54e-06 |
| sec1    | -1.057741 | .092411   | -11.45 | 0.000  | -1.238864 | -.8766189 |
| sec3    | .0755204  | .0573644  | 1.32   | 0.188  | -.0369118 | .1879527  |
| sec4    | -.5888439 | .0711995  | -8.27  | 0.000  | -.7283924 | -.4492953 |
| sec5    | -.1688697 | .0582349  | -2.90  | 0.004  | -.2830079 | -.0547314 |
| sec6    | -.0012009 | .0801109  | -0.01  | 0.988  | -.1582153 | .1558135  |
| sec7    | -.0570336 | .0451974  | -1.26  | 0.207  | -.1456188 | .0315517  |
| lic     | .0199686  | .0009428  | 21.18  | 0.000  | .0181208  | .0218163  |
| _cons   | 1.404925  | .0398503  | 35.26  | 0.000  | 1.32682   | 1.48303   |
| inflate |           |           |        |        |           |           |
| taille  | -.0247188 | .0034063  | -7.26  | 0.000  | -.031395  | -.0180426 |
| _cons   | .5843323  | .0764031  | 7.65   | 0.000  | .434585   | .7340796  |

---

11. Et dans beaucoup d'autres, surtout si le nombre de zéros est élevé comme c'est le cas ici (55 %).

```
. zinb emb rural taille taille2 sec1 sec3 sec4 sec5 sec6 sec7 lic,
> inflate(taille) vuong
```

| Zero-inflated negative binomial regression | | Number of obs | = | 1362 |
|---|---|---|---|---|
| | | Nonzero obs | = | 604 |
| | | Zero obs | = | 758 |
| Inflation model = logit | | LR chi2(10) | = | 505.77 |
| Log likelihood = -2136.693 | | Prob > chi2 | = | 0.0000 |

| | Coef. | Std. Err. | z | P>\|z\| | [95% Conf. Interval] | |
|---|---|---|---|---|---|---|
| **emb** | | | | | | |
| rural | -.4549923 | .1130914 | -4.02 | 0.000 | -.6766474 | -.2333372 |
| taille | .0131346 | .0014321 | 9.17 | 0.000 | .0103276 | .0159415 |
| taille2 | -8.46e-06 | 1.21e-06 | -7.00 | 0.000 | -.0000108 | -6.09e-06 |
| sec1 | -.2475588 | .2106726 | -1.18 | 0.240 | -.6604695 | .1653519 |
| sec3 | .0916172 | .1728089 | 0.53 | 0.596 | -.247082 | .4303164 |
| sec4 | -.2182523 | .1705837 | -1.28 | 0.201 | -.5525903 | .1160857 |
| sec5 | -.3351114 | .1642211 | -2.04 | 0.041 | -.6569788 | -.0132439 |
| sec6 | -.0969679 | .2112696 | -0.46 | 0.646 | -.5110488 | .317113 |
| sec7 | .1335823 | .1473923 | 0.91 | 0.365 | -.1553013 | .422466 |
| lic | .0786447 | .0096678 | 8.13 | 0.000 | .0596961 | .0975933 |
| _cons | .3704459 | .1270032 | 2.92 | 0.004 | .1215242 | .6193676 |
| **inflate** | | | | | | |
| taille | -.1946418 | .0333173 | -5.84 | 0.000 | -.2599425 | -.1293411 |
| _cons | .4454558 | .2143879 | 2.08 | 0.038 | .0252632 | .8656484 |
| **/lnalpha** | .4419301 | .0821118 | 5.38 | 0.000 | .2809939 | .6028663 |

```
Vuong test of zinb vs. standard negative binomial: z =      3.11  Pr>z = 0.0009
```

Nous avons fait l'hypothèse ici que la taille (taille) est discriminante dans le choix d'embaucher ou pas, nous avons donc introduit cette variable dans l'option inflate() des deux commandes. Compte tenu des résultats précédents, nous avons également estimé le modèle binômial négatif à excès de zéros. La significativité du paramètre lnalpha (Pr > $|z|$ = 0.000) laisse penser que le modèle ZINB doit être privilégié par rapport au ZIP. Mais pour choisir entre les modèles ZINB et le modèle binômial négatif standard, les deux modèles n'étant pas emboîtés on ne peut construire un test basé sur le rapport de vraisemblance. Vuong (1989) a construit un test spécifique dans ce contexte, mis en œuvre sous Stata avec l'option vuong et permettant de voir si le modèle ZINB doit être préféré au binômial négatif (BN) estimé par Stata mais non affiché. Si $|z|$ est inférieure à 2, le test ne permet pas de trancher en faveur du modèle ZINB ou BN. Les fortes valeurs positives de $z$ concluent en faveur du modèle ZINB, tandis que les valeurs négatives de $z$ privilégient le modèle BN. Dans notre cas, la statistique de Vuong est positive et supérieure à deux ($z = 3.11$), c'est pourquoi nous privilégierons le modèle ZINB.

Tout comme "l'excès de zéros" existe dans les modèles de dénombrement, on peut imaginer qu'une variable quantitative discrète ne puisse prendre que des valeurs positives (nombre de paires de chaussures possédées, nombre de jours de pluie, etc.). Ces modèles sont dits à "zéros tronqués" (*zero truncated*). Nous n'abordons pas ces modèles ici, ils sont très proches des modèles de Poisson ou des modèles binômial négatifs et on pourra les estimer sous Stata avec les commandes ztp et ztnb pour *zero-truncated Pois-*

*son regression* et *zero-truncated negative binomial regression*, respectivement. Enfin, de la même manière que pour les modèles de régression sur variables continues, on trouvera sous le préfixe xt des commandes permettant d'estimer les principaux modèles de dénombrement dans le cadre des données de panel.

## 4.2 Les modèles à variables qualitatives

Lorsque la variable à expliquer n'est pas une variable quantitative, les modélisations vues en section 4.1 ne sont plus applicables. Nous proposons dans cette section de présenter les principaux modèles de régression pouvant être mis en œuvre sous Stata et concernant essentiellement des variables dépendantes qualitatives. Par variables qualitatives nous entendons des variables dichotomiques (deux modalités : achat ou pas, participation au marché du travail ou pas ...) ou des variables multinomiales (plus de deux modalités : choix d'un mode de transport, appartenance à un groupe...), mais dans tous les cas des variables qui ne sont pas mesurables et pour lesquelles aucune opération n'est possible (classes).

Supposons que l'on dispose d'une variable binaire $y_i$ (1,0) (1 représentant l'achat d'un bien et 0 le non achat) et que l'on désire expliquer ses réalisations, c'est-à-dire le comportement d'achat par des caractéristiques individuelles observables $x_i$ par la relation (linéaire) suivante :

$$y_i = x_i\beta + u_i$$

Sous cette forme, on est tenté d'adopter le cadre d'analyse des moindres carrés ordinaires (MCO) vu en section 4.1.1. Les problèmes posés par les MCO sont alors de trois sortes :

- les résidus sont discontinus et prennent uniquement 2 valeurs ;
- le modèle est hétéroscédastique ;
- les probabilités estimées n'ont aucune raison d'être comprises dans l'intervalle [0,1].

Il faut donc un autre cadre d'analyse pour des variables binaires. L'intuition est que la réalisation de $y_i$ suit une règle de décision (contrôlée par les $x_i$) telle que :

$$y_i = \begin{cases} 1 & \text{si } y_i^* > c \\ 0 & \text{sinon} \end{cases} \qquad \text{avec} \qquad y_i^* = x_i\beta + u_i$$

La réalisation de $y_i$ (observable) provient d'un modèle sous-jacent, exprimé par la variable latente (non observable) $y_i^*$. Dans notre exemple on peut voir $y_i^*$ comme la désirabilité du bien ou encore la propension à acheter le bien. Sous cette forme, le modèle n'est pas un modèle déterministe (car $u_i$ est une variable aléatoire) mais un modèle probabiliste qui prévoit que la proportion des $y_i = 1$ est plus élevée quand les $x_i\beta + u_i > c$.

Selon la distribution choisie pour les $u_i$, on définira les modèles dits logit ou probit. Deux lois sont généralement utilisées pour leurs propriétés, notamment de symétrie autour de zéro. La loi normale standard de fonction de répartition :

$$\Phi(z) = \int_{-\infty}^{z} \frac{1}{\sqrt{2\pi}} \exp(-\frac{z^2}{2})du$$

La loi logistique standard de fonction de répartition :

$$\Lambda(z) = \frac{\exp(z)}{1 + \exp(z)}$$

Ces deux lois sont très proches et ne diffèrent que par le fait que la loi normale décroît plus rapidement (comme le montre le graphe suivant). On peut indifféremment utiliser l'une ou l'autre des formulations sans trop de conséquences sur les résultats obtenus et souvent la loi logistique est préférée pour sa simplicité dans le calcul des probabilités estimées. La loi normale standard donne lieu à la classe des modèles probit, tandis que la loi logistique standard donne lieu à la classe des modèles logit.

La non linéarité de ces lois implique de réaliser des estimations par maximisation de vraisemblance comme nous le verrons plus loin. Ces techniques reposent sur des propriétés asymptotiques qui sont parfois difficiles à obtenir. Nous ferons ici l'hypothèse que ces propriétés sont respectées compte tenu de la taille de nos échantillons. Toutefois, dans le cas de petits échantillons par exemple, pour lesquels des résultats asymptotiques sont difficiles à obtenir, des techniques existent — basées sur des distributions conditionnelles (*exact logistic regression model*) — pour obtenir des estimateurs précis (Cox et Snell 1989). Stata 10 estime ce genre de modèles avec la commande exlogistic.

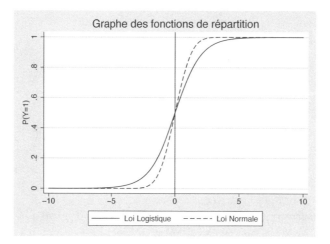

Les recherches en Sciences Humaines et Sociales ont rendu populaire ce genre de modèles car de nombreux problèmes peuvent être représentés comme issus de phénomènes dichotomiques (par exemple les choix). La généralisation des modèles logit et probit conduit à des modèles multivariés, multinomiaux, emboîtés ou encore simultanés, afin de prendre en compte la réalisation de plusieurs variables ou des variables multinomiales ou encore censurées. L'objet, ici, est de présenter les principaux modèles et leurs estimations sous Stata. Le lecteur intéressé par les aspects économétriques de chacun de ces modèles pourra par exemple consulter Greene (2008), Maddala (1983) ou Thomas (2000).

## 4.2.1  Les modèles binaires logit et probit

Supposons que nous disposons des réponses de 200 personnes à un questionnaire sur les intentions d'abonnement à un périodique. Les variables que nous allons utiliser sont décrites ci-dessous :

```
. describe
Contains data from logit.dta
  obs:           200
  vars:            7                            22 Oct 2005 13:16
  size:        4,800  (99.9% of memory free)

             storage  display    value
variable name   type   format    label    variable label

sexe           str5    %9s                 homme, femme
age            byte    %9.0g               age
abo            byte    %9.0g               decision de s´abonner: 1=oui
sitfam         byte    %9.0g               situation familiale
soc            str7    %9s                 catégorie socio professionnelle
zone           byte    %9.0g               zone de résidence
salaire        float   %9.0g               salaire annuel en euros

Sorted by:
```

On commence par dichotomiser les variables discrètes (on utilise ici tabulate, mais on pourrait utiliser la commande xi vue en exemple 4.1.1) puis 3 variables sont créées :

```
. tabulate sexe, gen(sexe)
. tabulate sitfam, gen(sit)
. tabulate soc, gen(soc)
. generate rev=salaire/1000
. generate urbain=(zone<=3)
. generate age2=age^2
```

Les modèles de régression sur variables binaires de type logit ou probit s'estiment par maximum de vraisemblance avec les commandes logit et probit sous Stata. Par exemple :

*(Suite à la page suivante)*

```
. logit abo sexe1 age age2 sit1 sit2 soc1 soc2 urbain rev, nolog
Logistic estimates                              Number of obs   =        200
                                                LR chi2(9)      =      81.65
                                                Prob > chi2     =     0.0000
Log likelihood = -97.164587                     Pseudo R2       =     0.2959
```

| abo | Coef. | Std. Err. | z | P>\|z\| | [95% Conf. | Interval] |
|---|---|---|---|---|---|---|
| sexe1 | -1.087185 | .3883796 | -2.80 | 0.005 | -1.848395 | -.3259754 |
| age | -.8682216 | .3188383 | -2.72 | 0.006 | -1.493133 | -.2433099 |
| age2 | .0115764 | .0038915 | 2.97 | 0.003 | .0039491 | .0192036 |
| sit1 | .9872917 | .5116976 | 1.93 | 0.054 | -.0156172 | 1.990201 |
| sit2 | -.6284338 | .5753242 | -1.09 | 0.275 | -1.756048 | .4991809 |
| soc1 | 1.408187 | .6407403 | 2.20 | 0.028 | .1523587 | 2.664015 |
| soc2 | -.7649692 | .4215334 | -1.81 | 0.070 | -1.59116 | .0612211 |
| urbain | -.013114 | .3802601 | -0.03 | 0.972 | -.75841 | .7321821 |
| rev | -.0115377 | .0152547 | -0.76 | 0.449 | -.0414364 | .0183609 |
| _cons | 16.2335 | 6.481056 | 2.50 | 0.012 | 3.530868 | 28.93614 |

La syntaxe de la commande **probit** est similaire à celle vue pour **regress** en section 4.1.1. Notre variable à expliquer est **abo** et les explicatives suivent. L'option **nolog** supprime ici l'affichage des itérations. Les sorties sont également classiques et peuvent être copiées dans un logiciel de traitement de texte (voir section 6.1 ou 6.2) ou améliorées en utilisant la commande **estimates table** :

```
. estimates table, stats(N ll chi2 df_m aic) star style(noline) b(%7.3f) label
```

| Variable | active |
|---|---|
| Femme | -1.087** |
| Age | -0.868** |
| Age au carré | 0.012** |
| Marié | 0.987 |
| Célibataire | -0.628 |
| Cadre | 1.408* |
| Employé | -0.765 |
| 1 si urbain 0 sinon | -0.013 |
| revenu en KE | -0.012 |
| Constant | 16.234* |
| N | 200.000 |
| ll | -97.165 |
| chi2 | 81.648 |
| df_m | 9.000 |
| aic | 214.329 |

legend: * p<0.05; ** p<0.01; *** p<0.001

Pour estimer un modèle probit, il suffit d'utiliser la commande **probit**, sa syntaxe est la même que **logit**.

```
. probit abo sexe1 age age2 sit1 sit2 soc1 soc2 urbain rev, nolog
Probit regression                          Number of obs   =        200
                                           LR chi2(9)      =      82.13
                                           Prob > chi2     =     0.0000
Log likelihood =   -96.9214                Pseudo R2       =     0.2976
```

| abo | Coef. | Std. Err. | z | P>\|z\| | [95% Conf. Interval] | |
|---|---|---|---|---|---|---|
| sexe1 | −.6406456 | .224088 | −2.86 | 0.004 | −1.07985 | −.2014411 |
| age | −.4996271 | .19064 | −2.62 | 0.009 | −.8732747 | −.1259794 |
| age2 | .0067282 | .0023227 | 2.90 | 0.004 | .0021757 | .0112807 |
| sit1 | .6161325 | .3122444 | 1.97 | 0.048 | .0041446 | 1.22812 |
| sit2 | −.3085217 | .34398 | −0.90 | 0.370 | −.9827102 | .3656668 |
| soc1 | .7164843 | .3412745 | 2.10 | 0.036 | .0475985 | 1.38537 |
| soc2 | −.4953279 | .2531431 | −1.96 | 0.050 | −.9914794 | .0008235 |
| urbain | −.0049366 | .223718 | −0.02 | 0.982 | −.4434159 | .4335426 |
| rev | −.0071447 | .0091058 | −0.78 | 0.433 | −.0249917 | .0107024 |
| _cons | 9.221636 | 3.876232 | 2.38 | 0.017 | 1.624361 | 16.81891 |

Mis à part des coefficients différents — car pour identifier les paramètres estimés nous avons normalisé la variance dans chacun des deux modèles[12] — les modèles logit et probit donnent les mêmes résultats en termes de significativité des paramètres estimés et en termes de prédiction.

## Tests de Wald sur les variables

On peut effectuer différents tests de combinaisons linéaires de plusieurs variables après une estimation avec la commande test. Par exemple, à la suite de l'estimation logit réalisée en page 97 nous pouvons réaliser les tests suivants :

```
. test sexe1
 ( 1)   sexe1 = 0
        chi2(  1) =      7.84
      Prob > chi2 =     0.0051
. test soc1 soc2
 ( 1)   soc1 = 0
 ( 2)   soc2 = 0
        chi2(  2) =     14.19
      Prob > chi2 =     0.0008
. test soc1=soc2
 ( 1)   soc1 - soc2 = 0
        chi2(  1) =     13.28
      Prob > chi2 =     0.0003
. test 2*soc1+3*soc2=0
 ( 1)   2 soc1 + 3 soc2 = 0
        chi2(  1) =      0.06
      Prob > chi2 =     0.8087
```

---

12. Elles sont normalisées à 1 pour le probit et à $\pi^2/3$ pour le logit. En multipliant les coefficients du modèle probit par $\pi/\sqrt{3} \simeq 1.8$ on obtient (presque) ceux du logit.

Le premier test est équivalent à celui de Student donné dans l'estimation logit ($\widehat{\beta}_{\text{sexe}} = 0$). Le second est un test joint de nullité des coefficients ($\widehat{\beta}_{\text{soc1}} = \widehat{\beta}_{\text{soc2}} = 0$). Le troisième est un test d'égalité entre deux paramètres ($\widehat{\beta}_{\text{soc1}} = \widehat{\beta}_{\text{soc2}}$). Enfin, le dernier teste une combinaison linéaire de deux paramètres ($2\widehat{\beta}_{\text{soc1}} + 3\widehat{\beta}_{\text{soc2}} = 0$). Les trois premiers tests sont rejetés (Prob < 0.05) tandis que le dernier ne peut l'être (Prob = 0.8087).

## Tests d'ajustement du modèle

A la suite des estimations, Stata propose plusieurs commandes (help logit postestimation) afin de s'assurer en particulier de la qualité de l'ajustement du modèle et de son degré de prédiction. Elles sont mises en œuvre juste après l'estimation.

**estat classification** permet d'appréhender le pouvoir explicatif du modèle en calculant les concordances et discordances entre les valeurs estimées et observées[13].

```
. estat classification

Logistic model for abo

              --------- True ---------
Classified  |      D           ~D      |     Total

      +     |     74           24      |        98
      -     |     34           68      |       102

  Total     |    108           92      |       200

Classified + if predicted Pr(D) >= .5
True D defined as abo != 0

Sensitivity                     Pr( +| D)    68.52%
Specificity                     Pr( -|~D)    73.91%
Positive predictive value       Pr( D| +)    75.51%
Negative predictive value       Pr(~D| -)    66.67%

False + rate for true ~D        Pr( +|~D)    26.09%
False - rate for true D         Pr( -| D)    31.48%
False + rate for classified +   Pr(~D| +)    24.49%
False - rate for classified -   Pr( D| -)    33.33%

Correctly classified                         71.00%
```

Dans le premier tableau le nombre de bonnes prédictions se trouve sur la diagonale (74+68), soit un taux de $142/200 = 71$ %. Les probabilités estimées sont ramenées à 1 si elles sont supérieures ou égales au seuil de 0,5 et à 0 sinon. Pour modifier ce seuil à 0,7 on peut écrire :

estat classification, cutoff(.7)

**fitstat**[@] est une commande utilisable à la suite de nombreuses estimations. Elle produit diverses statistiques de test (voir aussi exemple 4.1.1), ici elle donnera :

---

13. Cette commande remplace la commande lstat des versions antérieures de *Stata*.

```
. fitstat
Measures of Fit for logit of abo
Log-Lik Intercept Only:      -137.989    Log-Lik Full Model:      -97.165
D(190):                       194.329    LR(9):                    81.648
                                         Prob > LR:                 0.000
McFadden´s R2:                  0.296    McFadden´s Adj R2:         0.223
Maximum Likelihood R2:          0.335    Cragg & Uhler´s R2:        0.448
McKelvey and Zavoina´s R2:      0.570    Efron´s R2:                0.342
Variance of y*:                 7.646    Variance of error:         3.290
Count R2:                       0.710    Adj Count R2:              0.370
AIC:                            1.072    AIC*n:                   214.329
BIC:                         -812.351    BIC´:                    -33.963
```

Un bon modèle est un modèle où la vraisemblance (*likelihood*) est grande, proche de 1, ou pour lequel la log-vraisemblance (logL) tend vers 0. La statistique du rapport de vraisemblance LR est la plus utilisée pour comparer deux modèles emboîtés (voir page 81).

Tout comme dans le cas linéaire, la statistique du pseudo-$R^2$ sert à évaluer la qualité de l'ajustement du modèle et elle est bornée entre 0 et 1. On conclut à un fort pouvoir prédictif du modèle si la statistique est proche de 1. Toutefois on ne peut interpréter ici cette statistique comme étant la proportion de variance expliquée par le modèle. On peut calculer plusieurs statistiques du $R^2$, la plus utilisée est celle du $R^2$ de McFadden**??**, ou pseudo $R^2$, calculée par Stata :

$$\widetilde{R}^2 = 1 - \left( \frac{\log L}{\log L_0} \right)$$

où $\log L$ est la log-vraisemblance du modèle estimé et $\log L_0$ la log-vraisemblance du modèle contraint (ne contenant que la constante).

**estat gof** réalise des tests pour vérifier la qualité de l'ajustement (*goodness of fit*) du modèle estimé. Ces tests comparent les probabilités observées et estimées au sein de différents profils construits sur les explicatives du modèle ou fixés par l'utilisateur. Compte tenu de l'utilisation de variables continues (age, age2, rev) dans notre modèle, le nombre de profils d'explicatives est équivalent au nombre d'observations, aussi, nous privilégierons le test de Hosmer–Lemeshow, qui est un test réalisé sur des groupes d'individus sur la base de leur probabilité estimée (le nombre de groupes[14] est fixé par l'option group()).

---

14. En fonction des auteurs ce nombre varie, mais on peut penser qu'en formant 10 groupes on a un nombre raisonnable de 1 et de 0 dans chaque groupe.

```
. qui: logit abo sexe1 sit1 sit2 soc1 soc2 urbain
. estat gof, group(10) table
```

<u>Logistic model for abo, goodness-of-fit test</u>

(Table collapsed on quantiles of estimated probabilities)

| Group | Prob | Obs_1 | Exp_1 | Obs_0 | Exp_0 | Total |
|-------|--------|-------|-------|-------|-------|-------|
| 1 | 0.1691 | 3 | 3.9 | 20 | 19.1 | 23 |
| 2 | 0.2792 | 1 | 5.0 | 21 | 17.0 | 22 |
| 3 | 0.3715 | 4 | 5.2 | 11 | 9.8 | 15 |
| 4 | 0.5345 | 17 | 15.4 | 14 | 15.6 | 31 |
| 5 | 0.5371 | 8 | 5.4 | 2 | 4.6 | 10 |
| 6 | 0.6445 | 29 | 23.0 | 8 | 14.0 | 37 |
| 7 | 0.6469 | 6 | 6.5 | 4 | 3.5 | 10 |
| 8 | 0.7988 | 8 | 9.1 | 4 | 2.9 | 12 |
| 9 | 0.8357 | 20 | 20.0 | 4 | 4.0 | 24 |
| 10 | 0.9479 | 12 | 14.5 | 4 | 1.5 | 16 |

```
       number of observations =        200
            number of groups =         10
      Hosmer-Lemeshow chi2(8) =      17.54
                Prob > chi2 =       0.0250
```

Avec l'option **table**, le test de Hosmer–Lemeshow affiche les groupes réalisés avec le nombre d'observations estimées et observées à 1 ou 0 dans chacun d'eux. Sur la base de la statistique de test du $\chi^2(8)$ calculée, on rejette ici l'hypothèse d'un bon ajustement. En effet, on rejette $H_0$ : {nombre observé = nombre prédit} puisque le risque de première espèce est très faible (0.0250).

**lroc** fait une représentation graphique ou courbe ROC (*receiver operating characteristic*) de la qualité discriminatoire du test pour différents seuils. On porte sur l'axe des abscisses la variable "1 − spécificité" (*1 − Specificity*). Pour un seuil donné, la spécificité est égale à l'effectif de $\hat{y}$ correctement estimé à 0 sur le nombre de $y = 0$ observé. En ordonnée, on reporte la "sensibilité" (*Sensitivity*) du modèle, qui correspond au nombre de $\hat{y}$ correctement estimé à 1 sur le nombre de $y = 1$ observé.

```
. lroc
Logistic model for abo
number of observations =        200
area under ROC curve   =     0.8366
```

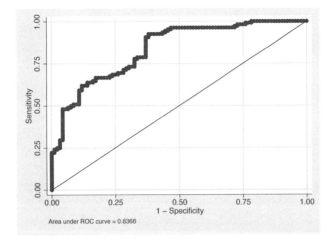

Area under ROC curve = 0.8366

La courbe ROC se construit de façon empirique en calculant la sensibilité puis la spécificité d'un test pour différents niveaux de seuils de discrimination.

L'aire sous la courbe ROC tracée par lroc est un estimateur de l'efficacité globale du test ; si le test n'est pas informatif, l'aire est de 1/2. Si le test est parfaitement discriminant, l'aire sera de 1. On peut se donner une règle plus précise pour apprécier cet ajustement. La plus courante est de considérer les découpages suivants (Long et Freese 2006) :

| Pour une aire comprise entre | | |
|---|---|---|
| | 0,90 et 1 | excellente discrimination |
| | 0,80–0,90 | bonne discrimination |
| | 0,70–0,80 | faible discrimination |
| | 0,60–0,70 | très faible discrimination |
| | 0,50–0,60 | mauvaise discrimination |

Graphiquement, plus la courbe s'écarte de la bissectrice, meilleure est la discrimination et donc meilleur est le modèle. Ici nous avons une bonne discrimination (Area under ROC curve = 0.8336).

**lsens** fait un graphe des courbes de "Sensitivity" et de "Specificit" en fonction des valeurs prises par le seuil. Ce graphe reprend les valeurs données par estat classification si on fait varier le seuil cutoff() de 0 à 1.

*(Suite à la page suivante)*

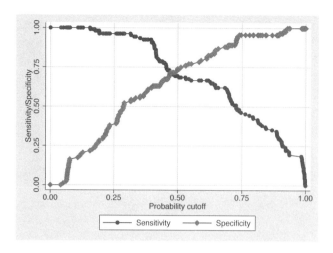

### Test du rapport de vraisemblance (LR)

Même si on peut les calculer à la main, Stata permet de faire des tests LR (voir section 4.1.1) entre modèles emboîtés. Prenons l'estimation du modèle suivant à 9 paramètres :

    logit abo sexe1 age age2 sit1 sit2 soc1 soc2 urbain rev, nolog

On enregistre ensuite les résultats dans une macro-variable A (voir section 7.2.1) :

    estimates store A

Faisons l'hypothèse que 4 paramètres sont nuls et estimons maintenant le modèle contraint :

    logit abo sexe1 age age2 sit1 sit2, nolog
    estimates store B

On fait le test LR en rappelant les résultats précédents :

```
. lrtest A, stat
Likelihood-ratio test                         LR chi2(4) =      16.61
(Assumption: B nested in A)                   Prob > chi2 =     0.0023
```

| Model | Obs | ll(null) | ll(model) | df | AIC | BIC |
|-------|-----|----------|-----------|-----|----------|----------|
| B | 200 | -137.9888 | -105.4686 | 6 | 222.9372 | 242.7271 |
| A | 200 | -137.9888 | -97.16459 | 10 | 214.3292 | 247.3123 |

Stata donne la statistique du rapport de vraisemblance (LR = 16.61) qui suit un $\chi^2$ à 4 degrés de liberté puisque c'est le nombre de contraintes imposées au second modèle. L'hypothèse nulle $H_0$ que les 4 paramètres associés à nos variables soc1 soc2 urbain rev sont égaux à 0 est ici rejetée sur la base du test (Prob = 0.0023).

**Utilisation de la commande predict**

Après l'estimation d'un modèle, la commande predict permet de calculer pour chaque individu, en fonction de ces caractéristiques, les statistiques suivantes :

```
pr          predicted probability of a positive outcome; the default
xb          linear prediction
stdp        standard error of the linear prediction
dbeta       Pregibon (1981) Delta-Beta influence statistic
deviance    deviance residual
dx2         Hosmer et Lemeshow (2000) Delta chi-squared infl. stat.
ddeviance   Hosmer et Lemeshow (2000) Delta-D influence statistic
hat         Pregibon (1981) leverage
number      sequential number of the covariate pattern
residuals   Pearson residual (adj. for # sharing covariate pattern)
rstandard   standardized Pearson residual
            (adj. for # sharing covariate pattern)
score       first derivative of the log likelihood with respect to xb
```

La syntaxe est la suivante :

> predict nom-de-la-variable, nom-de-la-statistique

avec nom-de-la-statistique prenant les noms décrits au-dessus. Si on ne précise pas le nom-de-la-statistique, c'est la probabilité prédite qui est estimée. Pour illustrer l'utilisation de predict, nous allons représenter la mesure de Pregibon et le graphe des résidus standardisés.

**Mesure de Pregibon** Cette mesure permet d'évaluer le changement qui intervient dans le vecteur des coefficients estimés — et donc dans la probabilité d'événement estimée — lorsque l'on supprime une observation (et toutes celles ayant le même profil). Estimons tout d'abord les probabilités estimées $\hat{p}_i$ puis la mesure de Pregibon $\Delta\hat{\beta}_i$ pour chaque individu. Enfin représentons graphiquement cette mesure en fonction de $\hat{p}_i$.

```
. predict p
. predict db, dbeta
. scatter db p
```

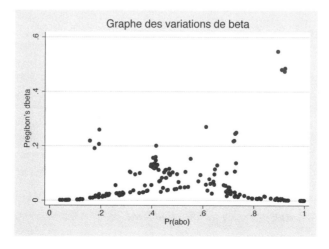

On remarque dans le coin en haut à droite que 4 observations ont une influence importante sur le vecteur des estimations. On peut facilement repérer et afficher ces observations. Trions-les tout d'abord de façon croissante selon la mesure de Pregibon et affichons certaines variables des 5 plus grandes mesures :

```
. sort db
. list abo sexe1 age  urbain rev p db in -5/1
```

|      | abo | sexe1 | age | urbain | rev   | p    | db   |
|------|-----|-------|-----|--------|-------|------|------|
| 196. | 0   | 0     | 34  | 0      | 54.46 | 0.61 | 0.27 |
| 197. | 0   | 0     | 34  | 0      | 3.97  | 0.92 | 0.47 |
| 198. | 0   | 0     | 34  | 1      | 15.37 | 0.91 | 0.48 |
| 199. | 0   | 0     | 34  | 0      | 1.93  | 0.92 | 0.49 |
| 200. | 0   | 0     | 34  | 1      | 29.93 | 0.89 | 0.55 |

**Graphe des résidus standardisés** Une façon de vérifier si une variable dans notre modèle est responsable d'un mauvais ajustement est de représenter les résidus standardisés dans l'ordre croissant de cette variable et voir s'il se dégage une tendance anormale. Si on soupçonne la variable rev d'être à l'origine d'un mauvais ajustement, on peut utiliser les commandes les suivantes :

```
. predict rstd, rs
. sort rev
. generate index=_n
. twoway (scatter rstd index), yline(0)
```

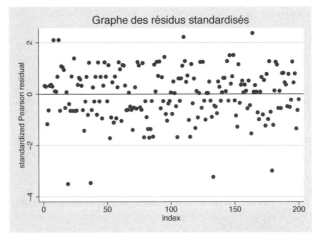

Dans notre cas les résidus ont une forme assez homogène, seuls quelques points se détachent des autres. On peut alors rajouter l'option mlabel(index) pour afficher les numéros des observations et détecter ainsi les points aberrants.

```
twoway (scatter rstd index, msymbol(none) mlabel(index)), yline(0)
```

## Effets marginaux, changements discrets et élasticités

Dans les modèles binaires, les paramètres $\hat{\beta}$ ne sont identifiés qu'à une constante additive près (le seuil c) et à un coefficient multiplicateur près $(1/\sigma)$. Par conséquent la valeur numérique du coefficient n'a pas grand intérêt, seul le signe nous informe dans quel sens la probabilité va évoluer. Il est toutefois souvent utile d'évaluer la variation de la probabilité estimée d'événement $\Pr(y = 1|x)$ lorsque l'on fait varier une explicative $(x_k)$ d'une unité. Ceci revient à calculer les effets marginaux. Cependant, contrairement aux modèles linéaires, les effets marginaux ne sont pas constants puisqu'ils dépendent de la valeur de tous les coefficients et de toutes les variables, c'est-à-dire de la position où l'on se situe pour les calculer. Compte tenu de la non linéarité de la fonction $\Pr(y = 1|x)$, on peut conclure à des effets différents sur la probabilité étudiée.

L'approche généralement choisie consiste à calculer ces effets au point moyen, c'est-à-dire pour $\overline{x}$. Cependant, certaines composantes de $x$ étant binaires, prendre leur moyenne a peu de sens, aussi doit-on spécifier le point auquel on se place pour calculer les effets marginaux. Sous Stata, on utilisera la commande mfx[15] (*marginal effects*) après un logit ou un probit. La syntaxe la plus correcte de mfx est celle qui consiste à utiliser l'option at() afin de spécifier l'individu pris comme référence. Sans ces options, la probabilité est calculée au point moyen (y compris pour les dichotomiques) ce qui n'est pas toujours judicieux (la dernière colonne du tableau de résultats rappelle le point pris comme référence). La commande mfx donne alors de combien se modifie la probabilité $\Pr(y = 1|x)$ si l'on fait varier une explicative.

```
. quietly logit abo sexe1 age urbain
. mfx compute, at(sexe1=1, urbain=0)
warning: no value assigned in at() for variables age; means used for age
Marginal effects after logit
      y  = Pr(abo) (predict)
         = .47609196
```

| variable | dy/dx | Std. Err. | z | P>|z| | [  95% C.I.  ] | | X |
|---|---|---|---|---|---|---|---|
| sexe1* | -.2608259 | .07057 | -3.70 | 0.000 | -.399131 | -.122521 | 1 |
| age | .0156515 | .00451 | 3.47 | 0.001 | .006811 | .024492 | 42.5 |
| urbain* | -.0532417 | .07911 | -0.67 | 0.501 | -.208292 | .101809 | 0 |

(*) dy/dx is for discrete change of dummy variable from 0 to 1

On remarque (colonne P>|z|) que la variable urbain n'a pas d'influence significative, tandis que les deux autres ont un effet significatif sur la variation de la probabilité estimée. Le fait d'être une femme (sexe1 = 1) diminue la probabilité d'abonnement de 26 points de pourcentage comparativement à celle d'un homme d'âge moyen. De même, plus on vieillit plus la probabilité d'abonnement augmente avec un taux de 1,57 points de pourcentage par an. La dernière colonne rappelle à quel point ont été calculés les effets marginaux et pour ces individus, on a la probabilité estimée d'abonnement (Pr(abo) = .476). La commande mfx pourra également calculer des élasticités (help mfx).

---

15. Voir aussi prchange qui donne les mêmes résultats, seule la forme des sorties peut faire préférer l'une à l'autre.

Une autre méthode proposée par Chamberlain (1982) consiste à calculer la moyenne des effets marginaux individuels, et non plus les effets marginaux au point moyen. Ce calcul est mis en œuvre sous Stata par la commande margeff[@] et peut être fait pour de nombreux modèles à variables qualitatives[16] :

```
. margeff, percent
Average partial effects after logit
     y  = Pr(abo)
```

| variable | Coef. | Std. Err. | z | P>\|z\| | [95% Conf. | Interval] |
|---|---|---|---|---|---|---|
| sexe1 | -25.12299 | 7.38986 | -3.40 | 0.001 | -39.60685 | -10.63914 |
| age | 1.382561 | .3510552 | 3.94 | 0.000 | .6945052 | 2.070616 |
| urbain | -4.738906 | 7.066192 | -0.67 | 0.502 | -18.58839 | 9.110576 |

Avec l'option percent la commande permet d'obtenir directement la variation en points de pourcentage de la $\Pr(y = 1|x)$ lorsque l'on fait varier l'explicative d'une unité (pour les continues) ou de 0 à 1 (pour les discrètes). Dans la pratique, de légères différences peuvent apparaître entre ces deux calculs d'effets marginaux, dues à la non linéarité des fonctions estimées. Cette dernière méthode est donnée pour être la plus pertinente (voir Bartus [2005] pour une synthèse).

### Odds ratio ou rapport de cotes

Les odds ratios (OR) représentent une manière simple d'interpréter les coefficients estimés. Le OR de $Y = 1$ pour un $X$ donné s'écrit :

$$\text{OR(X)} = \frac{\Pr(Y = 1|X)}{\Pr(Y = 0|X)} = \frac{\Pr(Y = 1|X)}{1 - \Pr(Y = 1|X)}$$

Ainsi, si $\Pr(Y = 1|X) = 0,5$ le OR est de 1, c'est-à-dire que l'on a autant de chances de connaître l'événement que de ne pas le connaître. Par contre, si $\Pr(Y = 1|X) = 0,75$ (OR = 3) on a 3 fois plus de chances que l'événement $Y = 1$ se produise plutôt que $Y = 0$.

Dans le cas du modèle logit, compte tenu de l'écriture de $\Pr(Y = 1|X)$ (voir page 96), ce rapport s'écrit :

$$\text{OR}(X) = \exp(X\beta)$$

ce qui correspond à des coefficients exponentiés.

Reprenons notre exemple de probabilité d'abonnement. Si au lieu d'estimer les coefficients on veut estimer les odds-ratios, il suffit de rajouter l'option or dans la commande :

---

16. Voir aussi la commande margfx.

```
. logit abo sexe1 age age2 sit1 sit2 soc1 soc2 urbain rev, or

Logistic estimates                          Number of obs   =        200
                                            LR chi2(9)      =      81.65
                                            Prob > chi2     =     0.0000
Log likelihood = -97.164587                 Pseudo R2       =     0.2959
```

| abo | Odds Ratio | Std. Err. | z | P>\|z\| | [95% Conf. Interval] | |
|---|---|---|---|---|---|---|
| sexe1 | .3371642 | .1309477 | -2.80 | 0.005 | .1574897 | .721823 |
| age | .4196973 | .1338156 | -2.72 | 0.006 | .2246676 | .7840285 |
| age2 | 1.011644 | .0039368 | 2.97 | 0.003 | 1.003957 | 1.019389 |
| sit1 | 2.683956 | 1.373374 | 1.93 | 0.054 | .9845041 | 7.317001 |
| sit2 | .5334266 | .3068932 | -1.09 | 0.275 | .1727261 | 1.647371 |
| soc1 | 4.088535 | 2.619689 | 2.20 | 0.028 | 1.164578 | 14.3538 |
| soc2 | .4653483 | .1961598 | -1.81 | 0.070 | .2036893 | 1.063134 |
| urbain | .9869716 | .3753059 | -0.03 | 0.972 | .4684106 | 2.079614 |
| rev | .9885286 | .0150797 | -0.76 | 0.449 | .9594104 | 1.018531 |

Dans notre exemple, un OR de 2,68 entre les individus mariés (sit1 = 1) et divorcés (sit3=1) signifie que la probabilité d'abonnement est 2,68 fois supérieure — ou augmentée de 168 % — à la probabilité de non abonnement pour les personnes mariées (comparativement aux divorcés). De la même façon, un OR de 0,337 entre les femmes et les hommes signifie que la probabilité d'abonnement ne représente qu'environ 34 % de la probabilité de non abonnement pour une femme (comparativement aux hommes). Les femmes ont donc moins de chances de s'abonner que les hommes.

Pour une variable quantitative comme l'âge, le OR peut également s'écrire sous forme de pourcentage : $100 \times \{\exp(\widehat{\beta_k}) - 1\} = 100 \times (0,42 - 1) = -58$ %. Ainsi, une année supplémentaire diminue la probabilité d'abonnement de 58 % comparativement à la probabilité de non abonnement (cf. le paramètre négatif estimé pour l'âge). De même, 5 années supplémentaires vont modifier le OR de $Y = 1$ de $100 \times \{\exp(\widehat{\beta_k} \times 5) - 1\} = -98$ %.

## 4.2.2 Modèles à variables multinomiales

### Modèles non ordonnés

La généralisation des modèles binômiaux (logit, probit) à des variables discrètes à plus de deux modalités se fait à l'aide de modèles multinomiaux (plusieurs modalités). Pour illustrer l'analyse, nous allons utiliser une enquête sur 337 personnes donnant leur catégorie socioprofessionnelle.

*(Suite à la page suivante)*

```
. describe
Contains data from C:\csp.dta
  obs:            337                      Fichier Catégories Professionnelles
  vars:             4                      15 Jan 2001 15:24
  size:         2,696 (99.9% of memory free)

              storage  display    value
variable name   type   format     label      variable label

csp             byte   %10.0g     cspl       Catégories Socio-Professionnelles
origine         byte   %10.0g                Etudes en France (1=oui 0=non)
ed              byte   %10.0g                Nombre d´années d´études
exper           byte   %10.0g                Nombre d´années en emploi

Sorted by:  csp
```

Un tableau de fréquence de la variable `csp` donne la probabilité empirique d'appartenir à l'une ou l'autre des catégories[17] :

```
. tabulate csp
  Catégorie
     Socio
Professionn
       elle      Freq.      Percent       Cum.

       ONQ         31         9.20         9.20
        OQ         69        20.47        29.67
      Tech         84        24.93        54.60
      Empl         41        12.17        66.77
     Cadre        112        33.23       100.00

     Total        337       100.00
```

## Logit multinomial

Dans le modèle logit dichotomique, un seul vecteur de paramètres $\beta$ était nécessaire afin de déterminer les deux probabilités, puisque $\Pr(y_i = 0) + \Pr(y_i = 1) = 1$. Dans le cas multinomial, on aura besoin d'un vecteur de paramètres $\beta_j$ différent pour chaque alternative. De manière générale pour un modèle logit multinomial à m+1 modalités on estime m probabilités :

$$P_j = \Pr(y = j | X) = \frac{\exp(X\beta_j)}{1 + \sum_{k=1}^{m} \exp(X\beta_k)} \qquad \text{pour} \qquad j = 1, 2, \ldots m$$

et une probabilité de référence

$$P_0 = \Pr(y = m + 1 | X) = \frac{1}{1 + \sum_{k=1}^{m} \exp(X\beta_k)} \qquad \text{avec} \qquad \sum_{j=0}^{m} p_j = 1$$

Nous allons tenter d'expliquer l'appartenance à une catégorie sociale (CSP) par des variables comme le lieu des études, le nombre d'années d'études et l'expérience professionnelle.

---

17. On notera ouvrier non qualifié (ONQ), ouvrier qualifié (OQ), technicien (Tech) et employé (Empl).

```
. mlogit csp origi ed exper, base(5) nolog
Multinomial logistic regression              Number of obs   =        337
                                             LR chi2(12)     =     166.09
                                             Prob > chi2     =     0.0000
Log likelihood = -426.80048                  Pseudo R2       =     0.1629
```

| csp | Coef. | Std. Err. | z | P>\|z\| | [95% Conf. Interval] | |
|---|---|---|---|---|---|---|
| **ONQ** | | | | | | |
| origine | -1.774306 | .7550543 | -2.35 | 0.019 | -3.254186 | -.2944273 |
| ed | -.7788519 | .1146293 | -6.79 | 0.000 | -1.003521 | -.5541826 |
| exper | -.0356509 | .018037 | -1.98 | 0.048 | -.0710028 | -.000299 |
| _cons | 11.51833 | 1.849356 | 6.23 | 0.000 | 7.893659 | 15.143 |
| **OQ** | | | | | | |
| origine | -.5378027 | .7996033 | -0.67 | 0.501 | -2.104996 | 1.029391 |
| ed | -.8782767 | .1005446 | -8.74 | 0.000 | -1.07534 | -.6812128 |
| exper | -.0309296 | .0144086 | -2.15 | 0.032 | -.05917 | -.0026893 |
| _cons | 12.25956 | 1.668144 | 7.35 | 0.000 | 8.990061 | 15.52907 |
| **Tech** | | | | | | |
| origine | -1.301963 | .647416 | -2.01 | 0.044 | -2.570875 | -.0330509 |
| ed | -.6850365 | .0892996 | -7.67 | 0.000 | -.8600605 | -.5100126 |
| exper | -.0079671 | .0127055 | -0.63 | 0.531 | -.0328693 | .0169351 |
| _cons | 10.42698 | 1.517943 | 6.87 | 0.000 | 7.451864 | 13.40209 |
| **Empl** | | | | | | |
| origine | -.2029212 | .8693072 | -0.23 | 0.815 | -1.906732 | 1.50089 |
| ed | -.4256943 | .0922192 | -4.62 | 0.000 | -.6064407 | -.2449479 |
| exper | -.001055 | .0143582 | -0.07 | 0.941 | -.0291967 | .0270866 |
| _cons | 5.279722 | 1.684006 | 3.14 | 0.002 | 1.979132 | 8.580313 |

```
(csp==Cadre is the base outcome)
```

Pour des problèmes d'identification, seuls $\beta_1$, $\beta_2$, $\beta_3$ et $\beta_4$ seront estimés et on fixe $\beta_5 = 0$, ce qui implique que les effets observés sont relatifs à la catégorie de référence (5 ici, csp==Cadre is the base outcome) et que les paramètres estimés sont $\beta_j - \beta_5$. Le choix de la catégorie de référence se fait à l'aide de l'option base(#), ici nous avons choisi la catégorie 5 (Cadre). C'est celle qui aurait été choisie par défaut si on n'avait pas utilisé l'option base(#) car c'est la dernière modalité.

Comme dans le cas dichotomique, les coefficients ne peuvent pas s'interpréter directement, on peut seulement avancer qu'un coefficient positif augmente la probabilité d'être dans une catégorie (comparativement à la catégorie de référence) et inversement pour un coefficient négatif. Par exemple, on observe que le nombre d'années d'éducation diminue la probabilité d'être dans les CSP basses donc augmente la probabilité d'être dans la catégorie Cadre.

L'interprétation des coefficients est donc plus difficile ici que dans les modèles binaires car ils sont relatifs à la catégorie prise en référence. Pour une interprétation plus aisée on peut transformer le modèle en "risques relatifs", c'est-à-dire en regardant comment une variable modifie le rapport de la probabilité étudiée sur la probabilité de base. Estimons le modèle précédent avec l'option rrr (*relative-risk ratio*) :

```
. mlogit csp origi ed exper, base(5) rrr nolog
Multinomial logistic regression                    Number of obs   =       337
                                                   LR chi2(12)     =    166.09
                                                   Prob > chi2     =    0.0000
Log likelihood = -426.80048                        Pseudo R2       =    0.1629
```

| csp | RRR | Std. Err. | z | P>|z| | [95% Conf. Interval] | |
|---|---|---|---|---|---|---|
| **ONQ** | | | | | | |
| origine | .169601 | .128058 | -2.35 | 0.019 | .0386123 | .7449581 |
| ed | .4589326 | .0526071 | -6.79 | 0.000 | .3665863 | .5745417 |
| exper | .9649771 | .0174053 | -1.98 | 0.048 | .9314593 | .999701 |
| **OQ** | | | | | | |
| origine | .5840301 | .4669924 | -0.67 | 0.501 | .1218461 | 2.79936 |
| ed | .4154983 | .0417761 | -8.74 | 0.000 | .3411816 | .5060029 |
| exper | .9695438 | .0139698 | -2.15 | 0.032 | .9425465 | .9973143 |
| **Tech** | | | | | | |
| origine | .2719974 | .1760954 | -2.01 | 0.044 | .0764686 | .9674893 |
| ed | .5040718 | .0450134 | -7.67 | 0.000 | .4231365 | .600488 |
| exper | .9920646 | .0126046 | -0.63 | 0.531 | .967665 | 1.017079 |
| **Empl** | | | | | | |
| origine | .8163426 | .7096525 | -0.23 | 0.815 | .1485651 | 4.485678 |
| ed | .653316 | .0602483 | -4.62 | 0.000 | .5452883 | .7827453 |
| exper | .9989455 | .0143431 | -0.07 | 0.941 | .9712254 | 1.027457 |

```
(csp==Cadre is the base outcome)
```

L'option rrr a pour but d'exponentier les coefficients obtenus (voir aussi page 108). En effet, compte tenu des probabilités écrites plus haut :

$$\frac{P_j}{P_0} = \frac{\Pr(y = j|X)}{\Pr(y = 0|X)} = \exp(X\beta_j)$$

Ainsi le coefficient de la variable dichotomique origine pour la catégorie Tech peut-il s'interpréter de la manière suivante[18] : pour une personne qui a fait ses études en France, les chances d'être technicien représentent 27 % de celles d'être cadre, c'est-à-dire qu'il voit ses chances d'être un technicien diminuer de 73 % $(1 - 0,27)$ par rapport à celles d'être un cadre. Par conséquent, pour une personne qui a fait ses études à l'étranger, les chances d'être technicien sont 3,68 $[1/0,272$ ou $\exp(1,30)]$ fois plus élevées que celles d'être cadre.

Pour une variable quantitative comme le nombre d'années d'études ed, le coefficient pour technicien s'interprète comme : une année supplémentaire d'étude diminue par 2 $[\exp(-0,6850365) = 0,5]$ la probabilité d'être technicien plutôt que cadre. L'effet de 2 années d'études sera donné par un risque relatif de $\exp(-0,6850365 * 2)$ soit 0,25. Donc une diminution par 4 de la probabilité d'être technicien plutôt que cadre.

---

18. Un *relative-risk ratio* proche de 1 indiquera une probabilité proche de la probabilité de référence. Les deux probabilités seront significativement différentes si l'intervalle de confiance (95 % Conf. Interval) contient la valeur 1.

– **Tests d'égalité des coefficients**

Après l'estimation d'un modèle logit multinomial, les commandes test et lrtest sont plus complexes à utiliser car il faut spécifier le nom de l'équation. Pour un test de nullité d'un coefficient on écrira :

```
. test [ONQ]ed
 ( 1)  [ONQ]ed = 0
          chi2(  1) =    46.17
        Prob > chi2 =    0.0000
```

Ici c'est un test classique de significativité de ed (pour la modalité ONQ) à l'aide d'un test de Wald. Le résultat est le même que celui trouvé dans le tableau précédent, ed joue un rôle significatif dans la probabilité d'être ONQ. Pour tester la nullité de tous les coefficients pour une alternative précise :

```
. test [ONQ]
 ( 1)  [ONQ]origine = 0
 ( 2)  [ONQ]ed = 0
 ( 3)  [ONQ]exper = 0
          chi2(  3) =    48.19
        Prob > chi2 =    0.0000
```

On conclut ici à un rôle global significatif des variables introduites dans l'explication de la modalité ONQ. Pour tester l'égalité d'un coefficient entre deux alternatives :

```
. test [ONQ]ed=[OQ]ed
 ( 1)  [ONQ]ed - [OQ]ed = 0
          chi2(  1) =     0.94
        Prob > chi2 =    0.3310
```

Ici on conclut que le rôle de ed sur la probabilité d'être ONQ n'est pas significativement différent de celui qu'il joue sur la probabilité d'être OQ. Si on veut tester globalement l'effet des variables sur différentes modalités :

```
. test [ONQ=OQ]
 ( 1)  [ONQ]origine - [OQ]origine = 0
 ( 2)  [ONQ]ed - [OQ]ed = 0
 ( 3)  [ONQ]exper - [OQ]exper = 0
          chi2(  3) =     3.99
        Prob > chi2 =    0.2622
. test [ONQ=Empl]
 ( 1)  [ONQ]origine - [Empl]origine = 0
 ( 2)  [ONQ]ed - [Empl]ed = 0
 ( 3)  [ONQ]exper - [Empl]exper = 0
          chi2(  3) =    11.95
        Prob > chi2 =    0.0076
```

On trouve ainsi que globalement les variables introduites jouent différemment (et significativement) sur les modalité ONQ et Empl mais pas entre les modalités ONQ et OQ. On peut donc rejeter l'hypothèse que les catégories ONQ et Empl sont indissociables ([Prob > chi2] < 0.05), ce qui n'est pas le cas pour les catégories ONQ et OQ.

– **Test de l'indépendance des alternatives non pertinentes (IIA)**

Le modèle MNL repose sur l'hypothèse d'indépendance des alternatives non pertinentes. En d'autres termes, les rapports de probabilités entre les alternatives sont
indépendants, et ajouter ou supprimer une alternative ne doit pas modifier ces
rapports. L'hypothèse d'IIA peut être testée avec la commande hausman à condition d'avoir sauvegardé les résultats partiels avec la commande estimates store.
Elle est souvent vérifiée si les alternatives sont peu similaires, dans les autres cas
elle ne l'est pas.

```
. qui mlogit csp origi ed exper, base(2)

. est store all

. qui mlogit csp origi ed exper if csp != 1, base(2)

. est store partial

. hausman partial all, alleqs constant
```

|  | ——— Coefficients ——— | | | |
|  | (b) partial | (B) all | (b-B) Difference | sqrt(diag(V_b-V_B)) S.E. |
| --- | --- | --- | --- | --- |
| **Tech** | | | | |
| origine | -.8075168 | -.7641602 | -.0433566 | .089114 |
| ed | .2021861 | .1932401 | .0089459 | .0157985 |
| exper | .0250448 | .0229626 | .0020823 | .0035574 |
| _cons | -1.940515 | -1.832586 | -.1079287 | .1627172 |
| **Empl** | | | | |
| origine | .2329241 | .3348815 | -.1019574 | .1439449 |
| ed | .4524217 | .4525824 | -.0001607 | .0122009 |
| exper | .0330127 | .0298746 | .0031381 | .0039549 |
| _cons | -6.941886 | -6.979842 | .0379561 | .1405038 |
| **Cadre** | | | | |
| origine | .3934012 | .5378027 | -.1444015 | .2288717 |
| ed | .8676683 | .8782767 | -.0106083 | .0174389 |
| exper | .0351913 | .0309296 | .0042616 | .0039591 |
| _cons | -12.05776 | -12.25956 | .2018008 | .2886674 |

```
                    b = consistent under Ho and Ha; obtained from mlogit
       B = inconsistent under Ha, efficient under Ho; obtained from mlogit

Test:  Ho:  difference in coefficients not systematic

          chi2(12) = (b-B)´[(V_b-V_B)^(-1)](b-B)
                   =        7.32
          Prob>chi2 =      0.8355
          (V_b-V_B is not positive definite)
```

Sous l'hypothèse d'IIA on s'attend à ce qu'il n'y ait pas de changements significatifs
dans les coefficients estimés si on enlève une alternative[19]. Ici nous avons enlevé
l'alternative 1 (ONQ) et réalisé un test d'Hausman. La statistique du $\chi^2(12)$ est
ici trop faible pour rejeter $H_0$, donc il n'y a pas de différence significative lorsqu'on retire cette modalité. Il faudrait ici répéter l'exercice en retirant chacune
des alternatives tour à tour pour confirmer que l'hypothèse d'IIA est satisfaite.

---

19. $H_0$ : Il n'y a pas de différence systématique. Soit encore, l'IIA est valide.

## Probit multinomial

La principale limite du modèle logit multinomial vu précédemment est que son estimation repose sur l'hypothèse d'indépendance des alternatives non pertinentes (IIA). L'inconvénient, c'est que dans de nombreux modèles de choix les alternatives sont proches et l'hypothèse est rarement vérifiée. Le modèle probit multinomial, en supposant les erreurs normales, autorise que ces dernières soient corrélées entre les alternatives. Il semble donc le candidat idéal pour estimer des modèles multinomiaux ne satisfaisant pas l'IIA. Cependant, l'estimation d'un tel modèle fait intervenir des intégrales multiples (autant que de modalités, moins une). La résolution numérique de ces modèles est donc fastidieuse dès que le nombre de modalités devient important (plus de 3). Stata estime deux variantes du modèle probit multinomial :

- **Probit multinomial individuel**.
  Il correspond au cas où l'on dispose d'une seule observation par individu comprenant ses caractéristiques propres et le type d'alternative choisie. Sous l'hypothèse que les erreurs sont non corrélées entre les alternatives, on peut réduire l'aspect multidimensionnel du problème par approximation[20]. Avec la commande mprobit Stata procède ainsi et fait ensuite du maximum de vraisemblance pour estimer les paramètres du modèle. Du fait de l'hypothèse d'indépendance des erreurs, mprobit estime l'équivalent d'un modèle logit multinomial (mlogit) mais en considérant les erreurs normalement distribuées.

---

20. Grossièrement, l'idée consiste à remplacer l'intégration multiple par une série de produits sur les alternatives que l'on simulera de nombreuses fois.

```
. mprobit csp origi ed exper, base(5) nolog
```

Multinomial probit regression

Log likelihood = -429.31856

|  | Number of obs | = | 337 |
| --- | --- | --- | --- |
|  | Wald chi2(12) | = | 105.61 |
|  | Prob > chi2 | = | 0.0000 |

| csp | Coef. | Std. Err. | z | P>\|z\| | [95% Conf. Interval] | |
| --- | --- | --- | --- | --- | --- | --- |
| **ONQ** | | | | | | |
| origine | -1.144907 | .5027501 | -2.28 | 0.023 | -2.130279 | -.1595352 |
| ed | -.5094985 | .0698816 | -7.29 | 0.000 | -.6464639 | -.3725331 |
| exper | -.0234636 | .0109546 | -2.14 | 0.032 | -.0449343 | -.0019929 |
| _cons | 7.46242 | 1.145854 | 6.51 | 0.000 | 5.216587 | 9.708253 |
| **OQ** | | | | | | |
| origine | -.392222 | .5182974 | -0.76 | 0.449 | -1.408066 | .6236222 |
| ed | -.5845723 | .063011 | -9.28 | 0.000 | -.7080715 | -.461073 |
| exper | -.0225903 | .00984 | -2.30 | 0.022 | -.0418764 | -.0033042 |
| _cons | 8.188586 | 1.069264 | 7.66 | 0.000 | 6.092867 | 10.28431 |
| **Tech** | | | | | | |
| origine | -.8903573 | .457069 | -1.95 | 0.051 | -1.786196 | .0054814 |
| ed | -.4718874 | .0579237 | -8.15 | 0.000 | -.5854157 | -.3583591 |
| exper | -.0077824 | .0090923 | -0.86 | 0.392 | -.025603 | .0100382 |
| _cons | 7.140264 | .9896954 | 7.21 | 0.000 | 5.200496 | 9.080031 |
| **Empl** | | | | | | |
| origine | -.1434167 | .5530156 | -0.26 | 0.795 | -1.227307 | .9404739 |
| ed | -.3038566 | .0576254 | -5.27 | 0.000 | -.4168003 | -.1909129 |
| exper | -.0039043 | .0095574 | -0.41 | 0.683 | -.0226365 | .0148279 |
| _cons | 3.76544 | 1.036649 | 3.63 | 0.000 | 1.733645 | 5.797234 |

```
(csp=Cadre is the base outcome)
```

Les résultats sont donc similaires à ceux obtenus dans le modèle logit multinomial en page 111 (mis à part en valeur absolue). Les coefficients mesurent l'effet de la variable explicative sur la probabilité de choisir l'alternative, relativement à l'alternative de base.

### – Probit multinomial de choix.

Dans ce type de modèle on dispose pour chaque individu de plusieurs observations correspondant chacune aux alternatives auxquelles il fait face ainsi que de l'indication de son choix final. On peut ainsi avoir des caractéristiques spécifiques à chacune des alternatives et des caractéristiques spécifiques aux individus. Stata utilise la commande asmprobit pour estimer par maximum de vraisemblance simulé un probit multinomial. Cette approche permet de relaxer l'hypothèse d'IIA inhérente au modèle logit multinomial en estimant la matrice de variance covariance des erreurs. Pour illustrer ce modèle, prenons l'exemple du problème de choix du mode de transport (Greene et Hensher 1997), on écrira ainsi :

```
. asmprobit choice invc ttme gc, case(id) alternatives(mode) casevars(hinc psize)
```

```
Alternative-specific multinomial probit          Number of obs    =        456
Case variable: id                                Number of cases  =        152

Alternative variable: mode                       Alts per case: min =         3
                                                                avg =       3.0
                                                                max =         3

Integration sequence:      Hammersley
Integration points:               150            Wald chi2(7)     =      21.04
Log simulated-likelihood = -73.354133            Prob > chi2      =     0.0037
```

| choice | Coef. | Std. Err. | z | P>\|z\| | [95% Conf. Interval] | |
|---|---|---|---|---|---|---|
| **mode** | | | | | | |
| invc | .1071793 | .041842 | 2.56 | 0.010 | .0251704 | .1891882 |
| ttme | -.0860859 | .0238328 | -3.61 | 0.000 | -.1327973 | -.0393744 |
| gc | -.1699642 | .0484116 | -3.51 | 0.000 | -.2648493 | -.0750792 |
| **Train** | (base alternative) | | | | | |
| **Bus** | | | | | | |
| hinc | .0475784 | .0265288 | 1.79 | 0.073 | -.0044172 | .0995739 |
| psize | -.6113699 | .4658297 | -1.31 | 0.189 | -1.524379 | .3016396 |
| _cons | -1.768314 | .9425636 | -1.88 | 0.061 | -3.615704 | .0790771 |
| **Car** | | | | | | |
| hinc | .1106968 | .0472511 | 2.34 | 0.019 | .0180863 | .2033073 |
| psize | .2660481 | .6717207 | 0.40 | 0.692 | -1.0505 | 1.582596 |
| _cons | -10.00363 | 2.948934 | -3.39 | 0.001 | -15.78343 | -4.223823 |
| /lnl2_2 | 1.398804 | .3363286 | 4.16 | 0.000 | .7396117 | 2.057995 |
| /l2_1 | -1.264866 | 2.386391 | -0.53 | 0.596 | -5.942106 | 3.412374 |

```
(mode=Train is the alternative normalizing location)
(mode=Bus is the alternative normalizing scale)
```

où choice est une variable binaire (0,1) indiquant l'alternative choisie (train, bus, car), id un identifiant individuel et mode la variable décrivant chacune des alternatives pour un même individu. Par conséquent, le fichier doit contenir plusieurs observations par individu et impose donc une structure particulière des données. Le choix du mode de transport s'explique ici par des variables relatives à la modalité invc (le coût du moyen de transport), ttme (le temps d'attente au terminal ; nul pour la voiture) et gc (des coûts spécifiques), mais aussi par des variables caractéristiques de l'individu, hinc (son salaire) et psize (le nombre de personnes qui voyagent avec lui).

**Modèles ordonnés**

Une variable qualitative est dite ordonnée dès qu'il peut exister une relation d'ordre entre les différentes alternatives. Pour illustrer ces modèles, prenons l'exemple suivant (Long et Freese 2006). On demande à des personnes leur sentiment sur l'assertion suivante : "Une femme qui travaille peut établir une relation de réconfort et de sécurité vis-à-vis de ses enfants tout aussi bien qu'une femme qui ne travaille pas". Les réponses sont : 1 - fort désaccord (SD), 2 - désaccord (D), 3 - accord (A), 4 - accord total (SA). Ainsi le modèle s'écrit :

$$y_i = \begin{cases} 1 = \mathsf{SD} & si\ y_i^* < \alpha_1 \\ 2 = \mathsf{D} & si\ \alpha_1 \leq y_i^* < \alpha_2 \\ 3 = \mathsf{A} & si\ \alpha_2 \leq y_i^* < \alpha_3 \\ 4 = \mathsf{SA} & si\ \alpha_3 \leq y_i^* \end{cases} \qquad \text{avec} \qquad y_i^* = x_i\beta + \varepsilon_i$$

Ainsi on pourra calculer

$$\Pr(y = m|x) = \Pr(\alpha_{m-1} \leq y_i^* < \alpha_m|x) = F(\alpha_m - x\beta) - F(\alpha_{m-1} - x\beta)$$

pour tout m = 1 à 4.

L'enquête est réalisée sur un échantillon de plus de 2000 personnes pour lesquelles on dispose des informations suivantes :

```
. describe

Contains data from ordwarm2.dta
  obs:          2,293                        77 & 89 General Social Survey
  vars:            10                        3 May 2001 09:54
  size:        32,102 (99.9% of memory free) (_dta has notes)

                 storage   display   value
variable name     type     format    label      variable label

warm             byte     %10.0g    SD2SA      Mom can have warm relations with child
yr89             byte     %10.0g    yrlbl      Survey year: 1=1989 0=1977
male             byte     %10.0g    sexlbl     Gender: 1=male 0=female
white            byte     %10.0g    racelbl    Race: 1=white 0=not white
age              byte     %10.0g               Age in years
ed               byte     %10.0g               Years of education
prst             byte     %10.0g               Occupational prestige

Sorted by:  warm
```

L'estimation d'un modèle ordonné se fait par les commandes oprobit ou ologit.

```
. oprobit warm yr89 male white age ed prst, nolog
```

```
Ordered probit regression                    Number of obs    =       2293
                                             LR chi2(6)       =     294.32
                                             Prob > chi2      =     0.0000
Log likelihood =  -2848.611                  Pseudo R2        =     0.0491
```

| warm | Coef. | Std. Err. | z | P>\|z\| | [95% Conf. Interval] | |
|---|---|---|---|---|---|---|
| yr89 | .3188147 | .0468519 | 6.80 | 0.000 | .2269867 | .4106427 |
| male | -.4170287 | .0455459 | -9.16 | 0.000 | -.5062971 | -.3277603 |
| white | -.2265002 | .0694773 | -3.26 | 0.001 | -.3626733 | -.0903272 |
| age | -.0122213 | .0014427 | -8.47 | 0.000 | -.0150489 | -.0093937 |
| ed | .0387234 | .0093241 | 4.15 | 0.000 | .0204485 | .0569982 |
| prst | .003283 | .001925 | 1.71 | 0.088 | -.0004899 | .0070559 |
| /cut1 | -1.428578 | .1387742 | | | -1.700571 | -1.156586 |
| /cut2 | -.3605589 | .1369219 | | | -.6289209 | -.092197 |
| /cut3 | .7681637 | .1370564 | | | .4995381 | 1.036789 |

Comme dans le cas binaire, les modèles logit et probit ordonnés donnent des résultats similaires, seuls les coefficient diffèrent de $\pi/\sqrt{3}$. Les coefficients ne s'interprètent pas directement mais leur signe indique dans quel sens se modifie la probabilité. La probabilité d'avoir un sentiment plus positif du rôle de la mère augmente avec les variables yr89, ed et prst dans notre exemple (coefficients positifs) et diminue avec male, white et age (coefficients négatifs).

Outre l'estimation des coefficients, Stata estime les seuils $\alpha_j$ du modèle sous-jacent (notés _cutj). On peut alors tester la pertinence de ces seuils avec la commande lincom :

```
. lincom _b[cut1:_cons]
 ( 1)  [cut1]_cons = 0
```

| warm | Coef. | Std. Err. | z | P>\|z\| | [95% Conf. Interval] | |
|---|---|---|---|---|---|---|
| (1) | -1.428578 | .1387742 | -10.29 | 0.000 | -1.700571 | -1.156586 |

```
. lincom _b[cut1:_cons]-_b[cut2:_cons]
 ( 1)  [cut1]_cons - [cut2]_cons = 0
```

| warm | Coef. | Std. Err. | z | P>\|z\| | [95% Conf. Interval] | |
|---|---|---|---|---|---|---|
| (1) | -1.068019 | .0347528 | -30.73 | 0.000 | -1.136134 | -.9999052 |

```
. lincom _b[cut2:_cons]-_b[cut3:_cons]
 ( 1)  [cut2]_cons - [cut3]_cons = 0
```

| warm | Coef. | Std. Err. | z | P>\|z\| | [95% Conf. Interval] | |
|---|---|---|---|---|---|---|
| (1) | -1.128723 | .0331127 | -34.09 | 0.000 | -1.193622 | -1.063823 |

Les tests montrent qu'un modèle où on agrégerait les modalités ne serait pas pertinent puisque les sauts de SD à D ($H_0 : \alpha_1 = 0$), de D à A ($H_0 : \alpha_2 = \alpha_1$) et de A à SA ($H_0 : \alpha_3 = \alpha_2$) sont significatifs (on rejette chaque fois $H_0$).

Pour calculer les probabilités conditionnelles $\Pr(y = m|x)$ on utilise la commande predict.

```
. predict pSD pD pA pSA
. dotplot pSD pD pA pSA, title(Probabilités estimées)
. sum pSD pD pA pSA
```

| Variable | Obs | Mean | Std. Dev. | Min | Max |
|---|---|---|---|---|---|
| pSD | 2293 | .1293539 | .0793024 | .0153572 | .4657959 |
| pD | 2293 | .3152335 | .0832117 | .073616 | .4289543 |
| pA | 2293 | .3738817 | .070512 | .1279493 | .4407727 |
| pSA | 2293 | .1815308 | .0961532 | .0268523 | .6067042 |

On peut ensuite les représenter graphiquement :

```
. dotplot pSD pD pA pSA, title(Probabilités estimées)
```

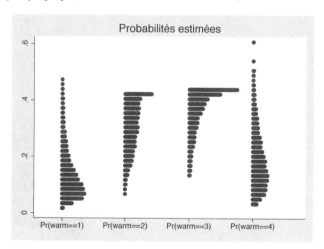

On remarque que les probabilités extrêmes sont faibles (moins de 15 %) tandis que les probabilités intermédiaires sont de l'ordre de 35 % en moyenne. On peut également calculer les différentes probabilités pour un individu donné avec la commande prvalue[@]. Prenons une jeune femme blanche assez diplômée qui occupe un emploi bien rémunéré :

```
. prvalue, x(yr89=1 male=0 white=1 prst=60 age=20 ed=16) rest(mean)
ologit: Predictions for warm
Confidence intervals by delta method
                                95% Conf. Interval
        Pr(y=SD|x):      0.0265   [ 0.0198,      0.0332]
        Pr(y=D|x):       0.1191   [ 0.0972,      0.1411]
        Pr(y=A|x):       0.3852   [ 0.3533,      0.4171]
        Pr(y=SA|x):      0.4692   [ 0.4167,      0.5217]
        yr89   male  white    age    ed   prst
    x=     1      0      1     20    16     60
```

On constate que les probabilités d'être d'accord sont plus élevées que la moyenne pour cette personne. En effet, les probabilités d'être en accord (A) et en accord total (SA), sont respectivement pour cet individu : $Pr(y=A|x) = 0,385 > 0,373$ et $Pr(y=SA|x) = 0,469 > 0,181$.

# 5    Analyse graphique des données

Disons le d'entrée de jeu, l'interface graphique de Stata permet de réaliser rapidement des graphiques scientifiques d'une remarquable qualité. La version 10 propose en
outre un outil d'édition graphique d'une convivialité et d'une puissance inconnue jusqu'alors dans le monde des logiciels statistiques. Les outils de représentation graphique
des données se retrouvent, depuis la version 9, dans une liste de menus déroulants et
d'onglets dont les options semblent sans limite. La facilité d'utilisation et la convivialité
apparente que procure l'utilisation de ces menus sont au prix d'une lenteur excessive,
même si ce phénomène est atténué par la rapidité d'affichage que propose l'interface version 10. Cependant, quitte à passer pour rétrogrades, nous pensons que la ligne de commande est un outil plus puissant, plus pratique et plus rapide que les menus déroulants[1],
et ce pour deux principales raisons. D'abord, il n'est pas simple de refaire, par exemple
sur d'autres variables, un graphique réalisé ou longuement modifié à la souris. Même
si les instructions qui ont permis sa création sont inscrites dans la fenêtre résultat (ou
review), les modifications effectuées via l'éditeur graphique de Stata 10, elles, n'apparaissent pas. Ensuite, il n'est pas du tout facile de comprendre, ni d'expliquer, la logique
de la création d'un graphique réalisé "à la souris". La ligne de commande permet en
outre de comprendre plus facilement les instructions, options et règles de commandes
graphiques les plus courantes sans se perdre dans un dédale de menus et d'onglets. Ces
derniers peuvent cependant être de joyeux et puissants compagnons pour explorer l'im-
mense palette des possibilités graphiques désormais accessibles, c'est pourquoi nous y
consacrons un peu de temps dans la première section[2].

Les graphiques qui apparaissent dans ce chapitre ont tous été réalisés en noir et
blanc (pour des contraintes d'édition) selon le modèle Stata Journal (voir section 5.6).
En choisissant un modèle couleur (S2 color par exemple) ces graphiques auront un aspect
légèrement différent, mais garderont toutes leurs spécificités.

## 5.1    L'interface graphique

Depuis la version 9, Stata propose un menu graphique permettant d'effectuer des
graphiques simples ou avancés via une boîte de dialogue. Une fois le type de graphique
désiré et les options choisies, l'utilisateur soumet son graphique qui se réalise alors que la

---

1. Dans sa comparaison entre logiciels, Mitchell (2007) adopte la même attitude vis-à-vis des menus
déroulants.
2. Pour une approche visuelle, on peut recommander également une visite sur le site de Stata à la
page : http://www.stata.com/support/faqs/graphics/gph/statagraphs.html.

commande correspondante s'affiche dans la fenêtre résultat. L'utilisation de ces menus est très intuitive et si la boîte de dialogue est d'une exécution particulièrement lente sous Stata 9, elle est d'une remarquable vitesse dans la version 10. Si l'on prend la peine de regarder les commandes engendrées par les actions à la souris, on comprend très vite la logique utilisée pour créer un graphique en Stata et les mots clés utilisés. La syntaxe est très claire et l'on prendra alors vite goût à une utilisation en ligne de commande, plus simple, plus malléable, et réplicable sur d'autres variables.

Nous ne pouvons toutefois passer sous silence la formidable interface graphique proposée dans Stata 10, avec laquelle il est indispensable de jouer un peu pour en explorer les possibilités et en comprendre les limites. Il est en effet désormais possible de modifier, arranger, compléter un graphique et l'ensemble de son environnement via cette interface et ce avec une facilité et une convivialité déconcertantes. Notons toutefois que l'on ne peut changer de variable, ni de type de graphique, et que les modifications faites à la souris ne sont pas enregistrées comme des commandes et ne sont donc mémorisées nulle part. On utilisera donc cette interface principalement pour finaliser un graphique en vue d'une publication et non pour effectuer une analyse graphique des données.

On trouve donc désormais au dessus de chaque graphique créé, un menu proposant diverses options ainsi qu'une barre d'icônes proposant l'utilisation d'outils, et dont le survol à la souris indique les actions.

L'icône de l'éditeur graphique (*Graph Editor*), permet d'accéder en un clic à des outils de modification du graphique, situés verticalement à gauche du graphique. Le graphique est alors décomposé en objets que l'on peut identifier et modifier après avoir cliqué sur l'icône de l'explorateur d'objets (*Object Browser*), qui apparaît alors sur la droite du graphique. Toutes les actions effectuées peuvent être défaites (*Undo*) ou refaites (*Redo*) en utilisant les icônes en forme de flèches bien utiles[3].

Parmi les outils de modification du graphique situés à la gauche du graphique, on trouve des fonctions inédites dans *Stata* jusqu'alors, comme l'insertion de texte ou l'ajout de flèches et lignes, modifiables à l'infini et dont l'utilisation est classique pour l'utilisateur habitué aux outils bureautiques. Un menu contextuel, apparaissant lors d'un clic-droit, permet de cacher ou d'afficher certains éléments, de bloquer/débloquer la position de ces objets et d'en afficher les propriétés. Deux outils plus originaux sont à signaler : le premier permet d'ajouter des repères (*markers*) à base de cercles ou autres figures, via l'icône , pour signaler une zone ou des points particulier sur le graphique. Plus puissante encore est la possibilité de repositionner l'ensemble des objets constituant le graphique sur une grille, (*Grid edit*), apparaissant via l'icône . On peut

---

3. On peut également utiliser la commande Ctrl+Z pour annuler ce qui a été fait. Il faut noter qu'en réalité, Stata ré-affiche le graphique précédent, ce qui peut donc être long pour des graphiques complexes.

ainsi bouger légendes, notes, titres, axes, ou même dédoubler des graphiques composés de plusieurs graphiques (cf. section 5.7).

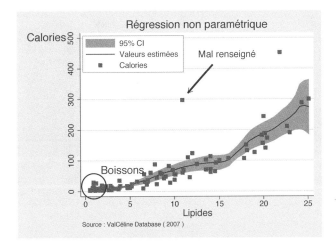

FIG. 5.1. Exemple de graphique modifié via les options de l'éditeur graphique (voir l'original en section 5.8.3)

On peut bien évidement changer les propriétés (taille, couleur, alignement) de l'ensemble de ces éléments par un clic-droit ou via l'explorateur d'objets. Ces modifications seront d'autant plus faciles à réaliser que l'objet (la légende ou le titre par exemple) aura été inclus lors de la création du graphique, en utilisant la syntaxe et les options présentées ci-après.

## 5.2   La logique

On peut distinguer deux *classes* de graphiques, les graphiques représentant *une variable*, qui commencent par la commande graph, et ceux mettant en relation *2 variables* (ou plus), commençant par la commande twoway. A la suite de ces commandes, on indique le ou les *type(s)* de graphiques que l'on veut faire (hbox, line, scatter...). Enfin suivent les options,  après une virgule comme dans toutes les commandes Stata.

Voici la syntaxe générale de tout graphique

(1) graph *type_graphe* Y, *options*
(2) twoway *type_graphe* Y1 X, *options*

La syntaxe (1) correspond à celle d'un graphe pour une seule variable (Y), tandis que (2) permet de représenter une variable (Y1, en fonction d'une autre, X)[4]. On peut

---

4. Dans l'exemple (2) la commande twoway peut parfois être supprimée. On peut remarquer que la commande : graph twoway scatter Y1 X est équivalente à twoway scatter Y1 X, ou même à scatter Y1 X.

également représenter de nombreuses variables[5] (Y1, Y2, Y3, ...) correspondant à des fonctions de la dernière variable de la liste, X. Toutefois le type de graphique sera le même pour toutes les représentations, ce qui peut rendre le graphique confus.

La première partie de la commande décrit la *classe* de graphique (graph ou twoway), vient ensuite le *type* de graphique que l'on cherche à produire (line, scatter, hbox, ...), puis la/les série(s) que l'on veut représenter, enfin on décrit l'organisation du graphique sous forme d'options, après une virgule[6] (title(), ytitle(), legend(), ...). Ainsi pour un graphique unidimensionnel on écrira :

(3)  twoway scatter calories glucides, title(Aliments) ytiltle(Calories (per 100Gr))

Il est fondamental de comprendre que les graphiques les plus pertinents se construisent par superposition, à condition que l'axe des abscisses X soit le même (syntaxe (2), ci-dessus). On peut alors superposer des graphiques construits séparément, chacun avec ses options propres, au sein d'une même représentation :

(4)  twoway (*type_graphe1* Y1 X, *options1*) (*type_graphe2* Y2 X, *options2*), *options_générales*

La syntaxe utilisée en (4) isole les graphiques entre des parenthèses, ce qui permet un traitement de chaque graphique individuellement[7], elle permet également l'utilisation d'options propres à twoway, indépendamment des options de chacun des graphiques.

Il est aussi possible de décomposer un graphique en plusieurs graphiques de manière simple (voir aussi section 5.7).

(5)  graph hbox age, by(sexe)
(6)  graph bar salaire, over(sexe)

Dans l'exemple ci-dessus, age et salaire sont des variables quantitatives qui sont représentées sous forme de boîtes à moustaches (dans le cas de (5)) et sous forme de diagrammes en bâtons (dans le cas (6)) et selon la variable sexe (voir aussi section 5.3.4).

## 5.3   Les options

La façon la plus naturelle d'ajouter, ou de modifier, des éléments à un graphique est certainement d'utiliser le menu déroulant Graphics et de choisir le type de graphique envisagé. On peut ainsi parcourir les multiples options disponibles de la boîte de dialogue correspondante au type de graphique envisagé, via les nombreux onglets proposés. On peut ainsi tester directement les nombreuses options en utilisant le bouton Submit[8]. La commande, qui est alors traduite en langage Stata et affichée dans la fenêtre résultat, est alors exécutée, tandis que la boîte de dialogue reste active, ce qui permet de tester

---

5. Plus de 100 avec Stata 10, ce qui semble déjà beaucoup.

6. Attention, les options n'admettent pas de blanc entre leur nom et la parenthèse !

7. Il existe une syntaxe alternative utilisant le séparateur || entre les graphiques que nous ne commenterons pas ici pour ne pas perdre le lecteur, mais que l'on retrouve dans les exemples.

8. L'aide en ligne de Stata étant très complète sur ce point et permettant désormais d'accéder à une aide sur une option (help graph title, par exemple pour une aide sur les titres des graphiques).

une autre option. Cette construction d'un graphique pas-à-pas s'avère très instructive, et est un moyen de découverte interactif et ludique mais s'avère parfois longue. Il est donc important de comprendre la logique et de posséder la maîtrise des options qui concernent la majorité des graphiques réalisés si l'on souhaite utiliser efficacement ces outils graphiques. Nous ne détaillerons donc ici que les options les plus structurantes à notre avis — c'est-à-dire ayant des répercussions sur la représentation graphique des données — laissant le lecteur découvrir celles dédiées à la mise en forme du graphique via l'interface graphique ou en consultant l'ouvrage très illustré de Mitchell (2008).

Dans les exemples vus précédemment, on comprend qu'il faut bien distinguer la *classe* de graphique (uni-dimensionnel, bi-dimensionnel) avec ses options (titre, légende, ...) de son *type* (camembert, histogramme, nuage de points, ...), ce dernier ayant lui aussi ses options (axes, couleurs, ...). Pour faire simple on peut dire que les options apparaissent à plusieurs niveaux :

– au niveau *de la classe* : graph et twoway ont leurs options

> twoway (scatter salaire experience), title("Salaire vs. expérience")

– au niveau *du type* : les graphiques ont leurs options propres

> twoway (scatter salaire experience, msymbol(Oh))

– au niveau *des options* : les options peuvent aussi avoir des sous options

> twoway (scatter salaire experience), title("Salaire vs. expérience", size(*1.5))

ci-dessus : title() est une option de twoway ; msymbol(Oh) est une option de scatter, qui définit le symbole utilisé pour représenter un point ; size(*1.5) est une sous-option de l'option title() qui définit la taille du titre (ici on multiplie la taille par 1.5). Voilà la logique posée, le lecteur pourra consulter l'aide en ligne (help twoway_options) pour plus de détails. Nous proposons ci-dessous une description simplifiée des options les plus utiles, ces options peuvent toutes être modifiées, sans en garder trace toutefois, par un clic-droit sur le graphique (Axis Properties, Plotregion Properties, ...).

## 5.3.1 Labéliser les axes et définir les échelles

Par défaut, Stata place sur chaque axe du graphique un minimum de marqueurs avec pour chacun un label (nombre, date, ...) positionnant les valeurs prises par la variable représentée. Par défaut, Stata choisit ce qui est le mieux pour le rendu final du graphique, on peut toutefois vouloir changer cela en utilisant une option qui désactive le mode par défaut. Pour modifier le nombre de marqueurs, sous-marqueurs et labels, on a à disposition les options suivantes (pour plus de détails help axis_options) :

*(Suite à la page suivante)*

| xlabel(), ylabel() | positionne un marqueur avec son label |
|---|---|
| xtick(), ytick() | positionne uniquement un marqueur |
| xmlabel(), ymlabel() | positionne un sous-marqueur avec son label |
| xmtick(), ymtick() | positionne uniquement un sous-marqueur |

Entre parenthèses on spécifie le nombre ou la position exacte des labels et des marqueurs :

| (#8) | environ 8 valeurs |
|---|---|
| (##10) | $10 - 1 = 9$ sous-marqueurs entre deux marqueurs principaux |
| (10(2)20) | un marqueur toutes les 2 unités de 10 à 20 |
| (minmax) | labélise uniquement la valeur min et max de la série |

On pourra écrire par exemple :

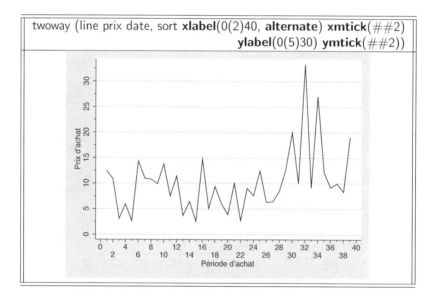

afin d'obtenir un label toutes les 2 unités jusqu'à 40 pour l'axe de X avec $(2 - 1 = 1)$ sous-marqueur. Sur l'axe des Y, 1 label tous les 5 unités jusqu'à 30 avec également un sous-marqueur. A noter la sous-option alternate de xlabel qui permet de représenter le marqueur sur 2 lignes en alternance.

## 5.3.2 Un graphe décortiqué : titres, labels, ...

Un graphique sous Stata est complètement paramétrable sur la taille, la couleur et la position des nombreux éléments qui le composent. Nous présentons ici un graphique type afin d'illustrer ces principaux éléments (il y en a beaucoup d'autres) et leur positionnement par défaut.

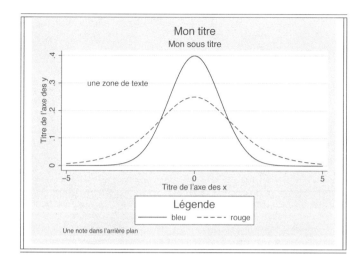

Ici, nous représentons deux courbes construites avec la commande function. Cette commande permet de tracer n'importe quelle droite ou courbe dès lors que l'on connaît sa forme fonctionnelle. Voici le code permettant de réaliser un tel graphique :

```
. twoway (function y=normalden(x), range(-5 5))
>         (function y=exp(x)/(1+exp(x))^2, range(-5 5) lpattern(dash)),
>             title(Mon titre)
>             subtitle(Mon sous titre)
>             ytitle(Titre de l´axe des y)
>             xtitle(Titre de l´axe des x)
>             note(Une note dans l´arrière plan)
>             legend(title("Légende") label(1 "bleu") label(2 "rouge"))
>             text(.30 -3 "une zone de texte")
```

Les deux premières lignes constituent la commande elle-même, les lignes suivantes sont des options de mise en forme. On verra d'autres exemples d'utilisation des options dans la section 5.8 en fin de chapitre. On notera simplement la spécificité de l'option text() qui place un texte quelconque sur un graphique à la position indiquée. Cette position est exprimée selon les unités des variables Y et X du graphique. Cette succession de lignes pourra être remplacée par une utilisation efficace de l'éditeur graphique, sur la base des 2 premières lignes définissant le graphique lui même, sauf si l'on doit répéter ce graphique sur d'autres données ou variables, ou si l'on souhaite en garder la trace.

## 5.3.3  Les marqueurs, symboles

Chaque dessin peut aussi avoir ses propres options et utiliser différents symboles. On peut afficher ces symboles en tapant la commande palette symbolpalette que nous présentons ci-dessous.

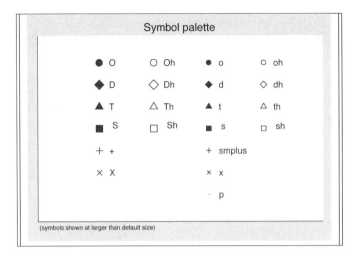

Voici une sélection des options pouvant être utilisées :

| | |
|---|---|
| mlabel(**Var1**) | la variable Var1 est utilisée comme symbole |
| mlabsize(**vsmall**) | taille du label ou du symbole |
| mlabcolor(**cranberry**) | couleur du symbole |
| mlabposition(**6**) | position du symbole |

**Nb** : La position du symbole par rapport au marqueur est déterminée, comme en navigation aérienne, par référence à une horloge virtuelle, ici 6 signifie *"à 6 heures"*, soit donc au-dessous.

```
     11   12   1
   10           2
    9    0      3
    8           4
       7   6   5
```

A noter qu'une grande variété de lignes est disponible dans Stata, on peut en visualiser l'ensemble en utilisant palette linepalette.

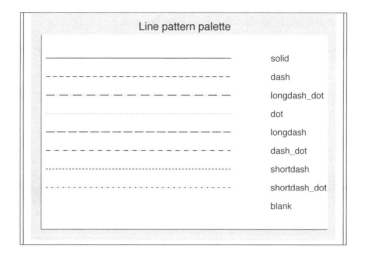

On peut obtenir par exemple le même graphique qu'en section 5.3.1 avec des symboles différents, il s'agit alors d'un graphique de type scatter avec liaison des points (connect()), reliés par une ligne pleine (l) :

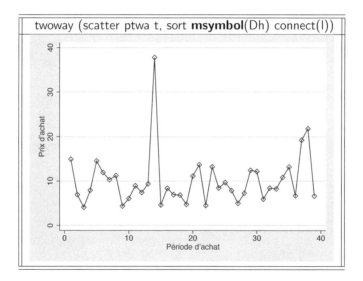

Dans la section 5.8 nous verrons comment changer la taille de la police, la couleur des titres et des séries, le positionnement des labels et des légendes au moyen d'exemples. D'une manière générale, l'apprentissage des options générales des graphiques peut se faire par l'utilisation des menus déroulants, dont les commandes résultantes, au contraire de celles effectuées dans l'éditeur graphique, sont affichées dans la fenêtre résultat. L'examen de ces commandes est un bon moyen d'apprendre la syntaxe et les options des graphiques.

### 5.3.4  Deux options particulières by() et over()

Il convient ici de différencier les options by() et over() qui ont une logique similaire mais produisent des résultats différents. L'option by (varD) permet de répéter une commande suivant les modalités de la variable discrète varD. Dans le cas de graphiques, on répétera le graphique pour chacune des modalités de varD et on combinera le résultat. On a donc autant de petits graphiques qu'il y a de modalités pour varD. L'agencement des graphiques est alors sous forme de tableau (par défaut) ou sur une ligne ou une colonne.

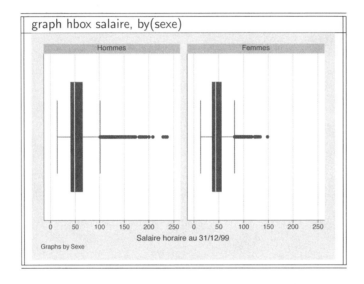

Puisqu'il s'agit de plusieurs graphiques agencés dans une même fenêtre, on pourra modifier cet agencement en utilisant la grille d'édition (*Grid Edit*) de l'éditeur graphique.

Avec l'option over() l'idée est la même, mais les deux séries sont représentées sur le même graphique, permettant une meilleure comparaison des graphiques.

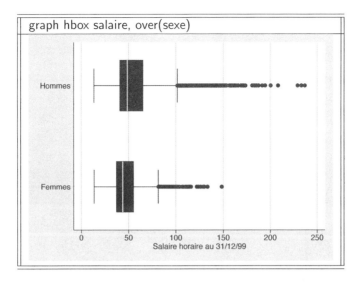

```
graph hbox salaire, over(sexe)
```

Ici l'éditeur graphique ne permet pas de séparer ce graphique en ces constituants puisqu'il s'agit d'un seul graphique. D'autres graphiques utilisant ces options by() et over() seront utilisés dans les sections suivantes.

## 5.4 Graphiques unidimensionnels (graph)

### 5.4.1 Sur une variable discrète

La représentation graphique d'une variable discrète possède un intérêt limité. On préférera souvent la simplicité d'un tableau de fréquences à un graphique. Toutefois, certaines illustrations sont complémentaires au tableau. En effet, le graphique transforme des grandeurs statistiques en figures géométriques, ce qui permet d'effectuer des comparaisons. Il faudra cependant veiller à prendre des précautions lors de la représentation (choix de la représentation appropriée, choix de l'échelle...). Lorsqu'on s'intéresse à la répartition des modalités d'une variable, on utilisera couramment les graphiques en secteurs (souvent appelés *"camemberts"*) ou les diagrammes à bâtons (ou *"tuyaux d'orgues"*). Une fois n'est pas coutume, nous recommandons aux utilisateurs de Stata 10 d'utiliser les menus déroulants, d'une extrême simplicité, pour réaliser ces graphiques simples dont les commandes sont toutefois présentées ici.

**Graphiques en secteurs (pie)**

Dans un graphique en secteurs, chaque secteur est dessiné dans un cercle et l'angle au centre est proportionnel au phénomène étudié. On peut effectuer la représentation des modalités d'une variable en valeur absolue ou en pourcentage. Stata utilise la commande pie pour effectuer cette représentation :

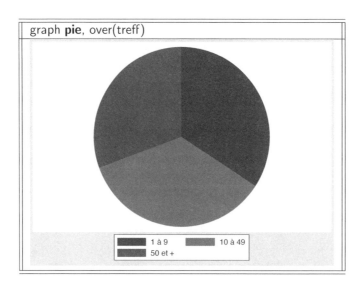

Dans cet exemple, la population a été représentée par tranches d'effectif (treff). Pour faire apparaître les pourcentages dans chaque tranche ainsi qu'un titre, on écrira :

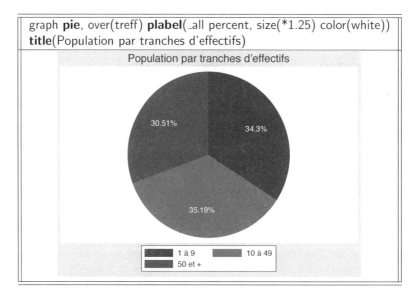

On pourra également séparer les différents secteur par un interstice plus ou moins épais avec l'option pie(#, explode) (où # est le numéro de la tranche à séparer) ou en utilisant l'éditeur graphique (cliquer sur un secteur pour obtenir les options applicables à ce secteur, puis cocher *explode slice*).

**Diagrammes en bâtons (bar, hbar, dot)**

Dans ce type de graphique, les modalités sont représentées par des rectangles de bases constantes et de superficie proportionnelle aux effectifs. Dans l'exemple suivant, on représente l'effectif total des entreprises (effectif) dans chaque catégorie professionnelle (csp).

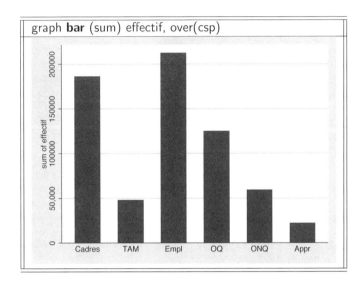

Par défaut, Stata représente la moyenne des effectifs par classe. Avec l'option sum, on représente la somme (count pour un comptage). Ces rectangles peuvent se présenter de façon verticale comme précédemment ou horizontale avec la commande hbar. Prenons l'exemple de la commande hbar pour illustrer la représentation de 2 variables sur le même graphique (ceci aurait pu être fait avec bar).

*(Suite à la page suivante)*

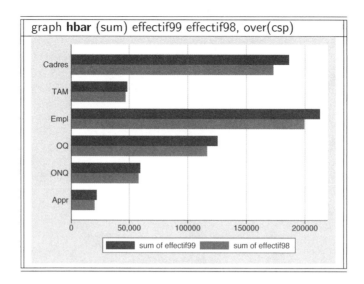

Ainsi on peut comparer l'évolution du nombre de postes entre deux dates, 99 et 98, selon la catégorie professionnelle. Cette représentation est plus parlante que la comparaison de deux tableaux.

Sous cette forme on peut également ne représenter que les points extrêmes ordonnés sur un axe de telle façon que :

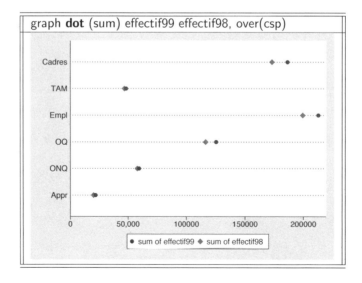

## 5.4.2   Sur une variable continue

Une variable continue est une variable qui admet une densité de probabilité ; elle se différencie d'une variable discrète par cette propriété et non au seul regard du nombre de modalités distinctes prises. Sur une variable continue, l'intérêt portera donc sur une représentation de la distribution de cette variable (éventuellement selon les modalités d'une variable discrète). Les différents graphiques de la distribution d'une variable continue que nous présenterons ici sont donc l'histogramme (histogram) et son extension non paramétrique, l'estimateur de la densité (kdensity), ainsi que la célèbre boîte à moustaches (*box and whiskers*).

**Boîtes à moustaches (box, hbox)**

La boîte à moustache est une façon simple de représenter (et surtout de comparer) la distribution d'une variable continue au sein de plusieurs groupes d'individus et notamment de repérer rapidement des points aberrants. C'est en fait l'homologue graphique de la commande summary, qui, elle aussi, s'utilise avec l'option by ou over pour comparer statistiquement des populations distinctes. Dans l'exemple suivant on compare la distribution des salaires horaires observés, entre les hommes et les femmes. La boîte à moustaches nous donne différentes informations :

- le cylindre central possède une base (q1 le premier quartile) et un chapeau (q3 le troisième quartile) ; la ligne horizontale entre les deux (q2) représente la médiane ;
- la barre horizontale du bas (min) indique la valeur adjacente inférieure ;
- la barre horizontale du haut (a) indique la valeur adjacente supérieure[9] ;
- les points au-delà de ces valeurs adjacentes sont des observations extrêmes et sont représentées par des *o*. Celles-ci peuvent supprimées en utilisant l'option nooutsides.

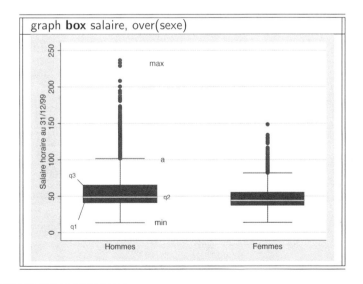

---

9. La valeur adjacente inférieure est l'observation immédiatement supérieure à $q1 - 1.5(q3-q1)$ tandis que la valeur adjacente supérieure est la plus grande observation inférieure à $q3 + 1.5(q3-q1)$. Les points situés à l'extérieur de cet intervalle sont généralement considérés comme aberrants.

Ces mêmes graphiques peuvent être déclinés suivant les modalités d'une variable discrète, par exemple selon la catégorie socio-professionnelle (csp) :

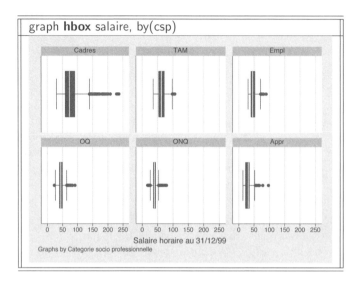

Il existe également des représentations alternatives à ces graphiques, en utilisant les options **rows(1)** et **cols(1)** pour spécifier la disposition. Par défaut, Stata présente les graphiques sous la forme d'une matrice (ici 2 × 2). Ainsi, le graphique précédent est équivalent à la commande :

    graph hbox salaire, by(csp, rows(2))

mais on peut également choisir une autre disposition en utilisant rows(#) et cols(#), pour n entier ou en utilisant la grille (*Grid Edit*) de l'éditeur graphique.

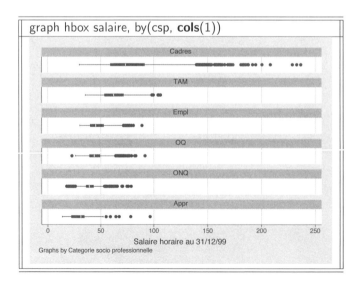

Avec l'option over() la commande graph propose sur des axes communs plusieurs représentations graphiques pour chacune des modalités de csp (voir section 5.3.4).

## Histogrammes et densités (hist, kdens)

L'histogramme représente la densité d'une variable continue et ne doit pas être confondu avec un diagramme en bâtons. Dans un diagramme en bâtons, l'ordonnée du graphique est la fréquence d'occurrence de chaque modalité. Au contraire, dans un histogramme, les cellules rectangles (bin) construites sur chaque classe de largeur (width) constante ou pas ont une *surface* égale à la fréquence d'occurrence de la classe, à une densité ou un pourcentage.

Supposons que nous voulions faire un histogramme de la variable continue salaire, la commande à utiliser est twoway histogram ou plus simplement histogram[10]. Comme pour toutes les commandes Stata, il y a des options et nous ne faisons figurer ici que les plus simples, laissant le lecteur se reporter à la documentation Stata (help histogram), ou encore, dérouler les onglets qui lui sont dédiés dans le menu Graphics.

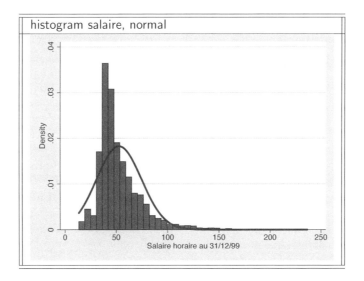

On peut critiquer l'idée même de représenter une densité continue par un escalier. L'histogramme est toutefois l'un des graphiques les plus populaires, il convient cependant de l'utiliser avec précaution. En effet, Stata propose des histogrammes avec des classes d'égales amplitudes et dont le nombre par défaut est assez faible pour de petits échantillons[11]. Cependant la largeur (width) de ces classes ou cellules peut être importante. La représentation peut ainsi masquer des aspects importants de la densité de la variable. L'option normal permet d'avoir une meilleure idée de la densité sous-jacente,

---

10. Bien que s'appliquant à une variable unidimensionnelle, hist s'emploie avec la commande twoway, ce qui est un peu piégeant.

11. Par défaut, le nombre de cellules (bins) est donné par $k = \min\left(\sqrt{N}, 10 * \ln(N)/\ln(10)\right)$.

mais cette représentation repose sur une hypothèse de normalité souvent non-justifiée. Si l'on souhaite une représentation sans *a priori* et permettant une distribution multi-modale et/ou non symétrique, l'estimation d'une densité non paramétrique par kdensity est fortement recommandée.

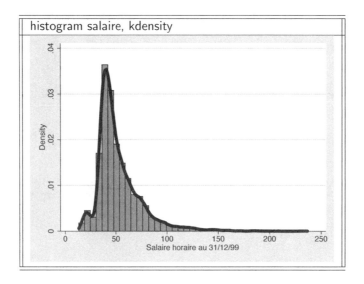

Ces commandes, qui s'emploient toutes deux sans la commande graph, servent à représenter, l'une (histogram) sous une forme discrétisée, l'autre (kdensity) sur une forme continue, la densité d'une variable continue, sans hypothèse *a priori* quant à la densité sous-jacente de cette variable. La représentation est dans les deux cas soumise aux nombres de divisions intervenant dans le calcul, et donc à la largeur des cellules (width) ; il en est de même pour l'estimateur de la densité, dont la fenêtre de lissage (width) permet un ajustement de la représentation plus ou moins lisse[12]. Les deux commandes ont en commun d'utiliser des largeurs de fenêtres un peu trop grandes et donc d'effectuer un sur-lissage. Les deux représentations pouvant se superposer sur un même graphique, nous ne pouvons que recommander l'utilisation de kdensity, en complément de l'histogramme ou en supplément sur le même graphique[13].

## 5.5   Graphiques bi-dimensionnels (twoway)

Sauf dans certains cas[14], il n'est pas naturel de représenter deux variables discrètes simultanément, et l'on peine à se demander si ces représentations ont un sens puisque chacune des deux variables peut avoir un ensemble de modalités de taille et de nature

---

12. Par défaut, la fenêtre de l'estimateur de la densité kdensity pour la variable $X$ est : $k = 0.9 \cdot m \cdot n^{-1/5}$ avec $m = \min\left[\sigma(X), \{\text{interquartile}(X)/1.349\}\right]$.

13. Les options normal et kdensity sont compatibles.

14. On peut représenter par exemple un graphique en secteurs pour diverses modalités d'une variable discrète (par sexe, par exemple), mais ceci n'est qu'une répétition de graphiques univariés (voir section 5.4).

différentes. On pense d'ailleurs plus naturellement à un tableau croisé. Toutefois si l'une des deux variables n'a que peu de modalités (quelques années par exemple) et que l'on cherche à représenter la modification des effectifs au sein des modalités d'une autre variable, on peut représenter un graphique par modalité de cette variable en utilisant les options by() ou over() décrites section 5.3.4. Le graphique bi-dimensionnel sera donc réservé à la représentation de variables quantitatives continues, y compris les données temporelles.

## 5.5.1 Nuages de points et tendances

Le nuage de points (ou plot) est un graphique de base pour la représentation de deux variables continues. La commande sous Stata est twoway scatter Y X où Y est la variable à représenter en ordonnées, et X celle à représenter en abscisses.

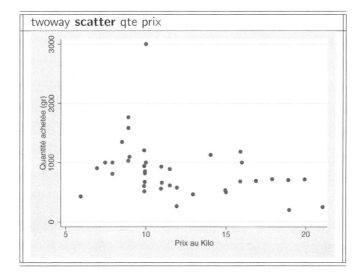

Lorsque seule une observation est disponible pour chaque valeur de la variable X, il est parlant de représenter non plus des points mais une ligne qui relie ces points. On utilise alors la commande twoway line Y X et dans ce cas le fichier doit être trié selon l'axe des abscisses (les X) en utilisant l'option sort.

(*Suite à la page suivante*)

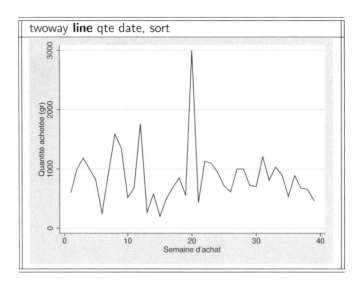

Enfin, pour représenter les deux à la fois, c'est-à-dire des points reliés, c'est twoway connect Y X qu'il faudra utiliser[15].

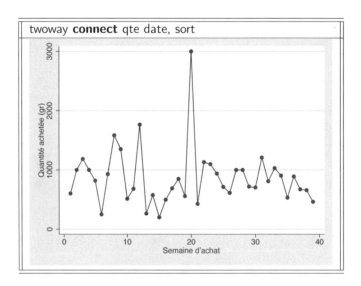

Lorsque l'on cherche à faire apparaître des variations saisonnières dans une série, on peut hachurer certaines parties de la courbe pour mettre en relief les surfaces positives et négatives. La commande twoway area réalise ce travail. On pourra bien entendu choisir la couleur du trait et celle de remplissage de l'aire, par l'utilisation des options ou de l'éditeur graphique. Une option (cmcmissing()) permet désormais de masquer les zones

---

15. La commande twoway scatter dispose également d'une option connect() qui permet de relier les points du nuage (voir aussi section 5.3.3).

où les données sont manquantes (par défaut) ou de faire apparaître un "trou" dans le graphique.

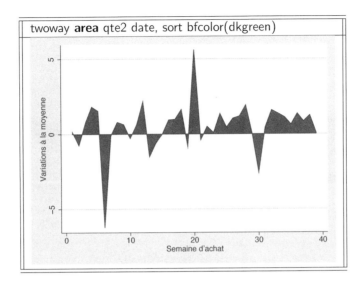

Les commandes présentées ici peuvent bien évidemment bénéficier de toutes les options permettant de choisir l'aspect du graphique final (couleurs, traits, marqueurs et labels), que nous avons abordées dans la section 5.3 et que le lecteur pourra explorer en allant consulter l'aide (help twoway_options), ou via l'éditeur graphique présenté en section 5.1.

## 5.5.2 Séries chronologiques

Certaines représentations graphiques se prêtent plus particulièrement à la représentation de données nombreuses comme les séries chronologiques. C'est le cas des commandes twoway dot ou twoway spike, ou encore twoway dropline. Supposons que l'on dispose de données journalières d'achat d'un produit dans différentes enseignes et que l'on désire connaître les écarts (deltap) entre le prix d'achat et le prix au kilo affiché.

En utilisant la commande dot — déjà vue dans le cas simple en section 5.4.1 — on peut obtenir une nouvelle représentation intéressante :

*(Suite à la page suivante)*

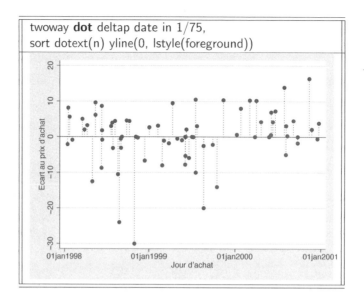

Nous n'avons représenté ici que les 75 premières observations (in 1/75) pour plus de lisibilité et avons rajouté une ligne horizontale en zéro de la couleur des axes (yline(0, lstyle(foreground))) pour détacher les observations positives des négatives.

Une représentation alternative est possible avec la commande spike. Elle est proche du diagramme en bâton (bar) vu en section 5.4.1 mais s'avère utile lorsque les observations sont nombreuses. Nous représentons ici les 2000 premiers écarts.

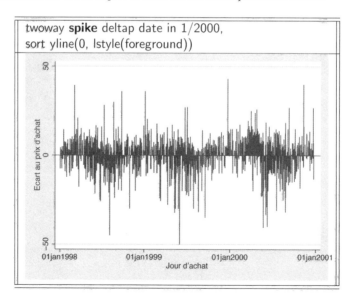

Enfin, la commande dropline permet une représentation proche de dot et s'avère également fort utile lorsque les observations oscillent autour de zéro.

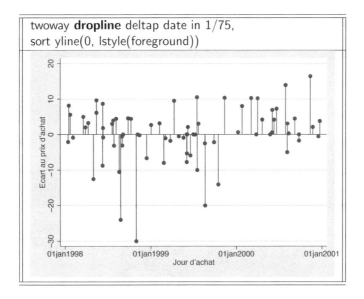

## 5.6   Configuration et sauvegarde des graphiques

Les graphiques obtenus dans Stata peuvent être utilisés pour illustrer diverses publications scientifiques. Avant de sauvegarder un graphique, on pourra appliquer divers modèles (scheme) de graphiques chacun proposant sa palette de couleur et options de présentation. On pourra utiliser soit le menu déroulant de la fenêtre principale de Stata (Graphics > Change scheme/size) et changer alors l'apparence de n'importe quel graphique en mémoire, soit le menu déroulant de l'interface graphique (Edit > Apply New Scheme). Les onglets qui résultent de ces menus déroulant permettent de choisir différentes options *à la volée* puisque le graphique résultant sera modifié dynamiquement. On peut aussi utiliser la commande graph display graph1, scheme(s2mono) par exemple pour visualiser le graphique graph1 avec le style choisi (s2mono, ici) enregistré en mémoire[16].

Il peut être utile de choisir ses préférences en terme non seulement de modèle mais aussi de police de caractère ou de taille de graphique en changeant les options par défaut. Pour cela il suffit de sélectionner dans la fenêtre de l'éditeur graphique de Stata le menu Edit > Preferences... pour accéder à une boîte constituée de 3 onglets : General/Printer/Clipboard.

---

16. Par défaut, un graphique fraîchement réalisé et non sauvegardé porte le nom "Graph" et pourra être rappelé même après la fermeture de la fenêtre.

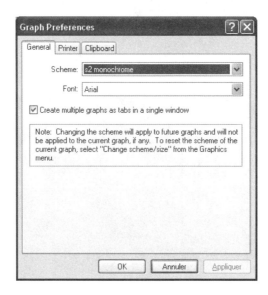

FIG. 5.2. Configuration des préférences pour les graphiques

Chaque onglet permet de spécifier les caractéristiques (police, taille, etc.) du graphe, suivant l'utilisation qui devra en être faite. Commençons par le premier, General, qui contient les styles prédéfinis (schemes) des graphiques, ainsi que le choix de la police de caractère. Le changement de style prédéfini n'intervient que lors de la création du graphique suivant et non sur un graphique déjà affiché. La configuration générale définie s'appliquera au graphique affiché, ainsi qu'à l'impression et à l'exportation par copier/coller. On peut cependant modifier la taille du graphique et la police de caractère uniquement pour l'impression et l'exportation par copier/coller via les onglets Printer et Clipboard respectivement.

La commande graph query permet de connaître les principales options relatives aux styles des graphiques.

| | | | |
|---|---|---|---|
| addedlinestyle | colorstyle | linestyle | pstyle |
| alignmentstyle | compassdirstyle | linepatternstyle | ringposstyle |
| anglestyle | connectstyle | linewidthstyle | sunflowertypestyle |
| areastyle | functionstyle | marginstyle | symbolstyle |
| arrowstyle | functiontypestyle | markerstyle | textboxstyle |
| arrowdirstyle | gridstyle | markerlabelstyle | textsizestyle |
| bystyle | justificationstyle | markersizestyle | tickstyle |
| clockposstyle | legendstyle | orientationstyle | |

Si l'on souhaite connaître les modalités prises par une option particulière comme alignmentstyle par exemple, il suffit de taper graph query alignmentstyle dans la ligne de commande pour avoir la liste suivante : baseline bottom default middle top. Ces différentes sous-options peuvent être utilisées par la suite dans les options générales des graphiques, par exemple de la façon suivante :

> graph ..., title("My title", alignment(bottom)) ...

On pourra désormais spécifier facilement la taille du graphique exporté en utilisant les options du menu Graph > Graph Size de l'éditeur graphique. Pour sauvegarder un graphique après l'avoir créé ou modifié, on utilisera soit l'interface graphique (File > Save As) soit les commandes :

> graph save nom, replace

ou bien

> graph export nom.ext, replace

Ce qui a pour effet de sauvegarder le dernier graphique affiché sans avoir à en spécifier le format, celui-ci étant directement défini par l'extension accolée au nom. Si l'on a sauvegardé plusieurs graphiques en mémoire, ceux-ci restent affichés dans l'interface graphique et accessibles par des onglets. On peut alors choisir le graphique à exporter en l'affichant ou en utilisant la commande d'exportation en précisant son nom :

> graph export nom.ext, name(nom1) replace

Si le graphique est destiné à apparaître dans un document Microsoft il est préférable de l'enregistrer au format .wmf ou .emf[17]. Les utilisateurs de Macintosh trouveront une exportation en .pdf. Les types courants existent : .png, .tif et enfin .ps ou .eps qui sont les format postscript utiles pour les documents LaTeX.

Enfin signalons une commande particulièrement utile puisqu'elle permet de retrouver toute l'information concernant un graphique stocké en mémoire ou sur le disque dur, pourvu qu'il soit au format .gph. La commande graph describe mongraphe.gph donnera la date de création, le modèle mais aussi le fichier qui a permis sa création ainsi que la commande complète, que celle-ci ait été exécutée en ligne de commande ou à la souris[18]. On retrouve cette commande dans le menu principal (Graphics > Manage graphs > Describe graph), permettant une recherche sur le disque (Browse...). Cette commande affiche également les informations pour les graphiques créés sous d'anciennes versions de Stata.

# 5.7 Superposition de plus de deux séries

## 5.7.1 Plusieurs séries sur une même abscisse

Bien entendu on peut représenter plusieurs courbes sur un même graphique, le cas le plus simple est lorsque l'on veut Y1 *vs* X et Y2 *vs* le même axe X. La logique est alors d'utiliser la commande twoway puis d'écrire chacun des deux graphiques entre parenthèses. Lorsque le graphique comporte plusieurs séries, une légende apparaît au-dessous du graphe, cette dernière pourra éventuellement être repositionnée. Ainsi

---

17. On peut également utiliser le copier/coller comme expliqué dans section 6.2.4.
18. Les modifications faites via l'éditeur graphique ne sont évidement pas présentes.

twoway (line Y1 X) (line Y2 X)

produira les deux graphes sur le même dessin (Y1 *vs* X) et (Y2 *vs* X).

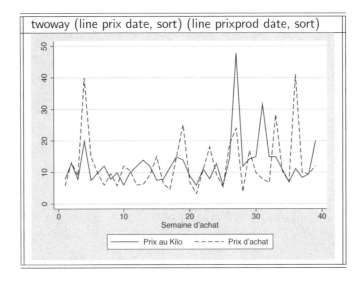

Le graphique sert alors à comparer plusieurs séries d'observations comparables (les Y, libellées dans la même unité), suivant les valeurs d'une variable d'intérêt (X en abscisse).

## 5.7.2   Deux séries avec des ordonnées différentes

Par défaut, lorsque l'on superpose des graphiques, Stata impose la même échelle (celle du premier) à l'ensemble des graphiques, comme nous venons de le voir. Ceci peut ne pas être pratique lorsque les unités de mesures des deux séries sont différentes. Si l'on souhaite introduire une échelle différente pour le second graphique, on doit spécifier les options yaxis(#) où # désigne le numéro de l'axe. On peut ainsi spécifier les options du graphique concernant l'axe des ordonnées du premier graphique axis(1) (à gauche par défaut) et celui du second axis(2) (à droite) en utilisant yscale() comme dans l'exemple suivant où les prix au kilo et les quantités sont représentés dans le temps.

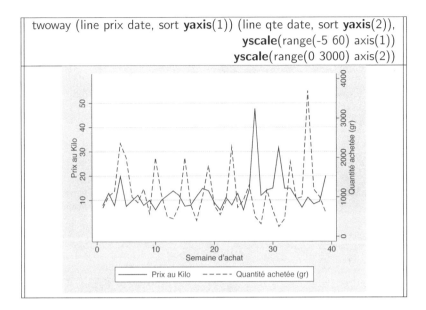

twoway (line prix date, sort **yaxis**(1)) (line qte date, sort **yaxis**(2)),
**yscale**(range(-5 60) axis(1))
**yscale**(range(0 3000) axis(2))

On peut, avec la même logique, paramétrer l'aspect de chacun des axes en spécifiant par exemple sa métrique (yscale(log)) ou encore sa couleur yscale(lcolor()). Pour plus de détails le lecteur pourra se reporter à l'aide correspondante help axis_scale_options ou en utilisant l'éditeur graphique sur chacun des objets. Il est à noter que l'éditeur graphique ne permet pas de modifier un graphique pour y introduire deux axes des ordonnées si celui-ci n'a pas été créé avec une commande spécifiant ces deux axes.

## 5.7.3   Combiner plusieurs graphiques

### Assembler des graphiques

Il est possible de créer un tableau de graphiques à partir de graphiques réalisés et sauvegardés indépendamment sur le disque dur au format .gph en utilisant l'option saving() :

```
graph twoway (histogram salaire), saving(g1, replace)
graph twoway (histogram salaire98), saving(g2, replace)
graph hbox salaire, saving(g3, replace)
graph hbox salaire98, saving(g4, replace)
```

ou enregistrés en mémoire en utilisant name(),

```
graph twoway (histogram salaire), name(g1, replace)
graph twoway (histogram salaire98), name(g2, replace)
graph hbox salaire, name(g3, replace)
graph hbox salaire98, name(g4, replace)
```

On utilisera pour les combiner dans un même graphique la commande combine :

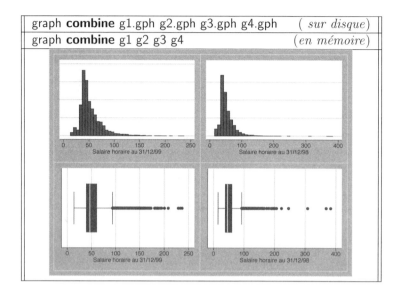

| graph **combine** g1.gph g2.gph g3.gph g4.gph | ( *sur disque*) |
| graph **combine** g1 g2 g3 g4 | (*en mémoire*) |

La sous-option replace de l'option name permet d'écraser le fichier en mémoire du même nom. Par défaut, Stata remplit les cases du tableau, laissant la ou les dernière(s) case(s) vide(s) si leur nombre est impair. On peut évidement choisir l'emplacement d'une case vide avec l'option hole(#), où # désigne l'emplacement choisi. Ces graphiques pourront être repositionnés en utilisant la grille d'édition (*Grid edit*) de l'interface graphique.

## Matrices de graphiques

La commande graph matrix var1 var2 var3 permet de représenter des nuages de points (scatter) pour des variables prises 2 à 2, et de les disposer sous la forme d'une matrice. La lecture de ce type de représentation est assez délicate puisque chacune des variables est tour à tour sur l'axe des abscisses et des ordonnées. L'option half permet de n'obtenir que la partie inférieure de la matrice, ce qui simplifie la lecture.

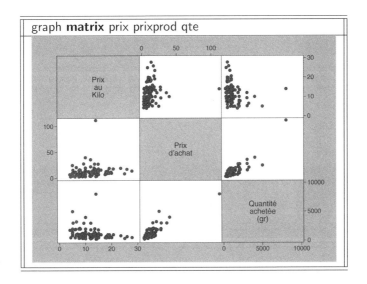

# 5.8  Pour aller plus loin...

Nous vous proposons dans cette section des exemples de graphiques plus évolués et qui demandent de maîtriser les concepts vus dans les sections précédentes, notamment la manipulation des options. Il vous sont proposés sans ordre particulier de difficulté. Le lecteur pourra les parcourir pour les reproduire sur ses données ou bien pour glaner quelques options fort utiles. Comme les commandes permettant d'engendrer ces graphiques sont longues, nous utiliserons provisoirement le délimiteur ";" afin d'en simplifier l'écriture (cf. section 7.1.1), toutefois nous recommandons vivement d'utiliser l'éditeur afin de tester séquentiellement les différentes options des graphiques proposés ci-dessous.

## 5.8.1  Deux ordonnées

Voici une version plus élaborée que celle abordée en section 5.7.2. Elle permet de mettre en regard deux graphiques très différents mais où une relation temporelle demeure.

```
#delimit ;
twoway (line prix date, yaxis(1) sort) (spike deltap date,
          yaxis(2) sort) in 1/100,
          ysca(axis(1) range(0 60)) ylab(0(5)30, axis(1))
          ysca(axis(2) range(-100 50)) ylab(-30(10)50, axis(2))
          ytick(-10(10)50, grid axis(2))
          yline(0, lstyle(foreground) axis(2))
          legend(off)
          xtitle("Jour d´achat")
          title("Prix et Quantités par jour")
          note("Source:  Panel de ménages")   ;
     #delimit cr
```

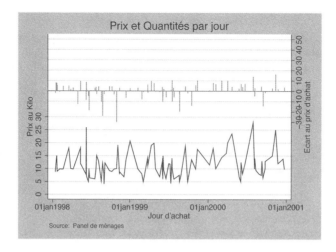

Ici encore la première ligne définit le graphique, les autres lignes étant dédiées aux options d'affichage. On notera ici l'utilisation de l'option range() qui nous permet — en jouant sur la taille de chacune des ordonnées — d'éviter que les deux graphes ne se chevauchent et ainsi d'obtenir plus de lisibilité. On notera également l'option yline() qui permet de tracer une ligne horizontale en 0 en choisissant son style. La légende est ici supprimée, les labels des ordonnées étant assez explicites.

## 5.8.2   Régression simple

La superposition de graphiques est une méthode intéressante lorsque l'on veut faire apparaître sur un nuage de points la droite de régression associée. Une façon de procéder est de superposer au nuage $(Y, X)$ la droite $(\widehat{Y}, X)$ après avoir réalisé la régression et estimé les $\widehat{Y}$. Cette méthode (qui s'avère utile pour des régressions multiples ou des estimations complexes) conduit à écrire twoway (scatter $Y X$) (line $\widehat{Y} X$). Cependant, pour des régressions simples, Stata dispose des commandes lfit (et lfitci) qui permettent une représentation directe de la droite de régression désirée (et de l'intervalle de confiance associé), sans avoir à écrire l'estimation. On peut donc représenter le graphique suivant, où nuage de points, droite de régression et intervalle de confiance se superposent :

```
#delimit ;
twoway (lfitci Calories Lipides)(scatter Calories Lipides),
    title(("Régression, points et intervalle de confiance")
    ytitle("Calories")
    legend(pos(4) ring(0) cols(1) label(2 "Valeurs estimées"))
    note (Source : ValCéline Database(2007));
#delimit cr
```

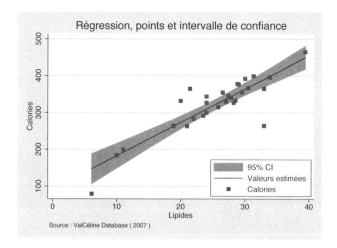

On notera ici les options qui définissent la position de la légende pos(4) pour *à 4 heure*, dans le sens des aiguilles d'une montre, tel qu'expliqué en section 5.3.3. Nous spécifions ring(0) pour positionner cette légende à l'intérieur du graphique et cols(1) pour la disposer sur une seule colonne.

## 5.8.3  Régression non paramétrique

Parmi les nouveautés de la version 10, citons ici l'estimation non paramétrique de la regression par polynômes locaux via les commandes lpoly et lpolyci. Ces commandes proposent la représentation graphique de l'estimation non paramétrique d'une variable sur une autre, sans hypothèse quant à la forme fonctionnelle de la regression. Bien sûr, cette estimation ne s'affranchit pas pour autant du choix de certains paramètres comme la fenêtre de lissage[19] (bwidth()), le type de noyau utilisé (kernel()), ou le degré du polynôme (degree()). Toutefois les valeurs par défaut donnent un résultat très rapide et très intéressant pour une première identification des non-linéarités de la regression.

```
#delimit ;
twoway (lpolyci Calories Lipides)(scatter Calories Lipides),
        title(("Régression non paramétrique")
        ytitle("Calories")
        xtitle("Lipides")
        legend(pos(4) ring(0) cols(1) label(2 "Valeurs estimées"))
        note (Source : ValCéline Database(2007));
#delimit cr
```

---

19. Tout comme dans l'estimation de la densité (cf. section 5.4.2), la largeur de la fenêtre est un paramètre important influant sur la régularité de la représentation graphique.

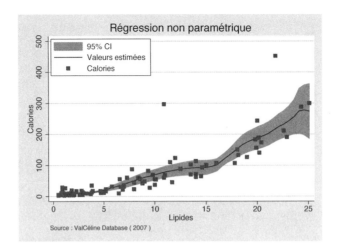

## 5.8.4  Pyramide des âges

La commande bar vue en section 5.4.1 peut permettre de réaliser des graphiques plus évolués en utilisant la syntaxe twoway. Prenons par exemple le cas où pour chaque âge (age) nous disposons du nombre d'hommes (homme) et du nombre de femmes (femme). On peut alors construire une pyramide des âges de la population considérée. Pour cela les 2 premières lignes de la source suivante sont nécessaires pour construire les variables du graphe, la commande du graphique est sur la troisième ligne, les autres sont des options que nous vous laissons découvrir.

```
#delimit ;
generate H = -homme/1000;
generate F =  femme/1000;
twoway (bar H age, horizontal yaxis(1))  (bar F age, horizontal yaxis(2)),
            ytitle("Ages", axis(1) orientation(horizontal))
            ytitle("Ages", axis(2) orientation(horizontal))
            xtitle("Population en milliers")
            legend(off)
            xlabel(-400 "400" -300 "300" -200 "200"   200(100)400 )
            xscale(noline titlegap(-3.5))
            yscale(axis(1) noline) ysca(axis(2) noline)
            ylabel(0(10)100,angle(0) axis(1))
            ylabel(0(10)100,angle(0) axis(2))
            title("Pyramide des âges de la France pour 2004")
            plotregion(style(none))
            note("Source : Insee - Recensement de la population")
            text(90 -300 "Hommes")
            text(90 300 "Femmes");
#delimit cr
```

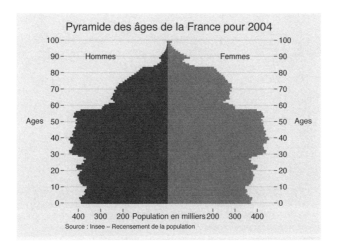

## 5.8.5   Des points avec des labels

Pour visualiser les variations d'une variable (ici les variations d'emploi dif) en fonction d'une variable (ici le salaire, salh), non plus au cours du temps comme en section 5.5.2 mais entre deux dates précises, nous pouvons une nouvelle fois utiliser la commande dropline, et indexer les points par une variable particulière (ici la zone d'emploi, zone). Cet exemple de la commande dropline nous permet d'utiliser certaines options portant sur les labels (position, couleur), mais aussi de voir comment on affiche un titre ou une note sur plusieurs lignes en utilisant les guillemets (2 dernières lignes de commandes) :

```
#delimit ;
twoway dropline dif salh, mlabel(zone) mlabpos(1) mlabcolor(olive)
    yline(0, lstyle(foreground))
    ytitle("Différentiel d´emploi")
    xtitle("Salaire horaire moyen")
    xlab(51(1)54) xtick(51(0.2)54.4)
    xscale(range(51 54.4))
    title("Variation d´emploi" " - 1998 1999 - ")
    note("Les valeurs négatives"
         "indiquent une perte d´emploi de la zone entre 1998 et 1999") ;
#delimit cr
```

*(Suite à la page suivante)*

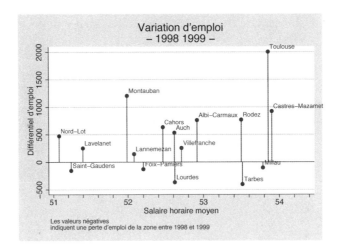

### 5.8.6  Des barres empilées

Pour illustrer l'évolution d'un phénomène entre deux dates ou montrer les différences entre plusieurs groupes, la représentation en barres (verticales ou horizontales) est un bon outil. Nous proposons ici une variante du diagramme en bâtons abordé en section 5.4.1 qui empile les tuyaux plutôt que de les regrouper côte à côte. Cette représentation est tout particulièrement indiquée lorsque les données sont en pourcentages.

```
#delimit ;
graph hbar (asis) an90 an00,
     over(pays, sort(an90) descending) stack
     blabel(bar, pos(inside) color(white))
     title("Enfants dans des familles monoparentales (%)", span pos(11))
     legend(label(1 "1990") label(2 "2000") ring(0) pos(5) region(lcolor(white)))
     note("Source: Eurostat", span);
#delimit cr
```

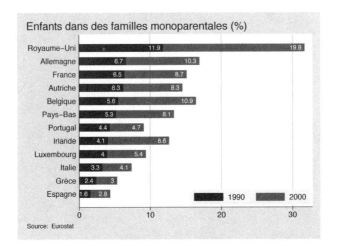

On notera ici l'option asis, qui indique que les valeurs sont représentées telles qu'elles sont lues (aucun calcul de moyenne ou de total). L'option over() indique comment sont regroupées les barres (ici par pays) avec des sous-options qui définissent l'ordre d'affichage (option sort) et la disposition des barres, ici empilées (stack). L'option blabel() permet de choisir le label de chacune des barres (ici bar, le chiffre lui même) et la position ainsi que la couleur de ce label. Enfin on définira le positionnement de la légende et la couleur de son encadrement.

## 5.8.7   Des fonctions spécifiques

Stata permet également de tracer n'importe quelle fonction, à partir du moment où on connaît sa forme ou qu'il existe une commande permettant de la représenter. Dans l'exemple suivant nous représentons deux transformées de sinusoïdes sur un intervalle positif. On a rajouté une ligne horizontale en $y = 0$ du style des axes (yline), mais on a aussi mis un label à certaines valeurs des $x$. Notez que ces labels peuvent tenir sur plusieurs lignes. Pour cela il faudra utiliser l'alternance de guillemets simples et doubles tel que présenté dans l'instruction xlabel.

```
#delimit ;
twoway  (function y=exp(-x^2/12)*sin(x^2),range(0 10))
        (function y=exp(-x^2/6)*sin(x^2),range(0 10)),
        yline(0, lstyle(foreground))
        title("Sinusoïdes")
        legend(off)
        xlabel(0 3.14 `" "pi" "3.14" "´ 6.28 `" "2pi" "6.28" "´)
        xtitle("") ytitle("")
;
#delimit cr
```

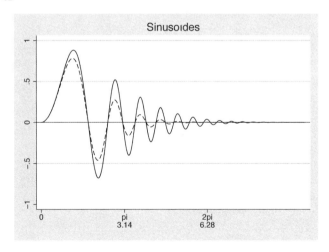

Dans l'exemple précédent nous avons écrit la forme fonctionnelle explicite de la fonction désirée. Nous pouvons aussi utiliser les fonctions mathématiques ou de densité déjà programmées dans Stata. L'exemple suivant illustre un schéma souvent rencontré dans les manuels et qui consiste à représenter la fonction de densité de la loi Normale avec certaines régions critiques hachurées. L'idée est de tracer sur des intervalles différents la fonction de densité de la loi Normale, et, pour les intervalles critiques, d'utiliser l'instruction recast() qui permet de changer le type de graphique, c'est-à-dire de passer d'une ligne à une aire.

```
#delimit ;
twoway (function y=normalden(x), range(-5 -1.96) bcolor(gs12) recast(area))
       (function y=normalden(x), range(1.96 5) bcolor(gs12) recast(area))
       (function y=normalden(x), range(-5 5) clstyle(foreground)) ,
       yscale(off)
       legend(off)
       xline(0,lpattern(dash) lstyle(foreground))
       xlabel( -3 "-3 sd" -2 "-2 sd" -1 "-1 sd" 0 "moyenne"
               1 "1 sd" 2 "2 sd" 3 "3 sd")
       xtitle("")
;
#delimit cr
```

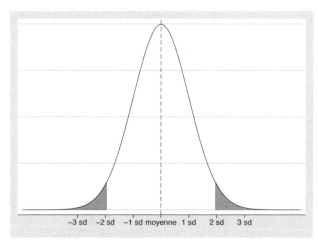

## 5.8.8   Un intervalle de confiance sur un graphe

Afin de représenter plusieurs informations sur le même graphique il est parfois nécessaire de mettre en forme le fichier de données et de calculer de nouvelles variables. Ici, avec la commande statsby (voir section 2.8.3, p. 36), nous transformons notre jeu de données en un fichier ne comportant, par sexe et par secteur, que les salaires moyens, leurs écart-type, et l'effectif. Cette transformation nous permet de calculer pour chaque point un intervalle de confiance pour cette moyenne (wagcucl wagelcl) puis de décomposer le salaire selon le sexe avec la commande separate. On superpose ensuite deux graphiques de type twoway : le premier, une ligne (line) rejoint les salaires moyens des hommes et des femmes par secteur ; le second, un intervalle (rcap) rejoint les valeurs hautes et basses de l'intervalle de confiance des salaires moyens par secteurs (voir help twoway rcap).

```
#delimit ;
statsby mwage=r(mean) sdwage=r(sd) nwage=r(N), by(sect sexe) clear: sum salh199;
generate wageucl=mwage+invttail(nwage,0.025)*sdwage/sqrt(nwage);
generate wagelcl=mwage-invttail(nwage,0.025)*sdwage/sqrt(nwage);
separate mwage, by(sexe);
twoway (line mwage1 mwage2 sect) (rcap wageucl wagelcl sect ),
  xlabel(1(1)8, valuelabel) xtitle("")
  ytitle(Salaires horaires) title(Salaires et secteurs d´activités)
  legend(order(1 "Hommes" 2 "Femmes") ring(0) pos(1) region(lcolor(white)))
;
#delimit cr
```

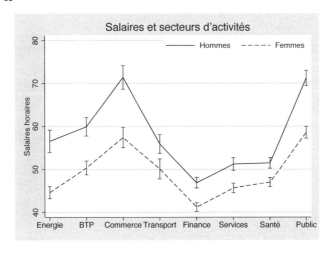

# 6 Les sorties pour la publication

Les chapitres précédents vous ont donné quelques outils pour réaliser des tableaux et des graphiques avec Stata. Ce chapitre va vous donner quelques solutions simples pour incorporer le résultat de vos travaux dans les différents type de documents que ce soit en utilisant les outils du monde libre, ceux de Microsoft, ceux de Macintosh, ou ceux disponibles sous Unix. La génération automatique de documents issus de Stata n'existe qu'en partie[1], mais est toutefois possible. On pourra effectuer des traitement systématiques, descriptifs ou d'estimation, sur des jeux de données différents par exemple, et en garder une trace synthétique grâce aux outils que nous présentons ici.

La première partie de ce chapitre est consacrée aux sorties vers le logiciel de composition typographique LaTeX souvent utilisé pour les documents scientifiques et mathématiques, une seconde partie est consacrée aux passerelles vers la suite Microsoft. Nous ne ferons qu'aborder au travers des commandes les possibilités de sorties vers des documents HTML. Sachez que ceci est possible et se réduit généralement à l'ajout d'une option à une commande. La dernière section survole délibérément le sujet en ne donnant que quelques pistes, car d'un point de vue pratique ce type d'utilisation nous semble encore peu répandu dans le milieu scientifique.

## 6.1 Les sorties Stata en LaTeX

LaTeX (Lamport TeX) est un système logiciel de composition de documents créé par Leslie Lamport[2]. Ce n'est pas un formateur de texte intuitif WYSIWYG (*"what you see is what you get"*) où le document en préparation apparaît à l'écran comme il est censé être une fois imprimé, mais un logiciel traduisant du texte en un document graphique. Du fait de sa relative simplicité, LaTeX est devenu la méthode privilégiée d'écriture de documents scientifiques. Il est particulièrement utilisé dans les domaines scientifiques et techniques. Le présent ouvrage est écrit sous LaTeX.

---

1. On pourra à ce sujet consulter l'article de Gini et Pasquini (2006).

2. Plus exactement, LaTeX est : "une collection de macro-commandes destinées à faciliter l'utilisation du langage TeX". Tout comme TeX, LaTeX interprète un langage de description formel de document défini par D. Knuth. Couramment, on ne fait pas la distinction entre le logiciel (TeX ou LaTeX) et le langage.

### 6.1.1   Les résultats de statistiques descriptives

Nous proposons ici quelques outils permettant d'insérer directement des tableaux de statistiques descriptives au format LaTeX. Le résultat sera généralement affiché dans la fenêtre "Result", d'où l'on pourra effectuer directement un copier/coller dans un éditeur de texte ou l'enregistrer dans un fichier. Ces commandes spécifiques reprennent les caractéristiques des commandes de base de Stata en combinant l'affichage du code LaTeX correspondant à la sortie.

**sutex**@ est l'équivalent de **summarize** et permet de créer un tableau de statistiques décrivant les variables en mémoire (min, max, écart-type). La ligne de commande suivante permet d'obtenir des informations sur toutes les variables du fichier et produit le code LaTeX produisant le tableau[3] 6.1 :

> sutex, labels minmax title(Statistiques descriptives des variables) digit(2)

TAB. 6.1. Statistiques descriptives des variables

| Variable | Mean | Std. Dev. | Min. | Max. | N |
|---|---|---|---|---|---|
| Zone d'emploi du lieu de travail | 7309.45 | 5.88 | 7301 | 7320 | 12876 |
| Catégorie socio-professionnelle | 3.36 | 1.66 | 1 | 6 | 12876 |
| Classes d'âges | 1.98 | 0.82 | 1 | 3 | 12876 |
| Sexe | 1.47 | 0.5 | 1 | 2 | 12876 |
| Secteur d'activité de l'établissement | 4.55 | 2.27 | 1 | 8 | 12876 |
| Tranche d'effectifs au 31/12/99 | 1.96 | 0.8 | 1 | 3 | 12876 |
| Effectif au 31/12/99 | 78.25 | 247.93 | 5 | 5920 | 8362 |
| Salaire horaire au 31/12/99 | 52.69 | 21.85 | 13.45 | 236.6 | 8362 |
| Nombre de jours moyen au 31/12/99 | 25413.17 | 81277.51 | 595 | 2055255 | 8362 |

Le code est, au choix, directement récupéré par un copier/coller dans la fenêtre de résultat de Stata ou bien enregistré dans un fichier si l'option **file** est utilisée.

**latab**@ est l'équivalent de **tabulate** pour faire des tableaux simples ou croisés, mais il n'offre pas toutes les options de **tabulate** :

> latab sexe age
> latab sexe age, ncom dec(2) col

Le code LaTeX peut ici aussi être récupéré dans un fichier ou directement dans la fenêtre de résultats. Les tableaux peuvent être faits en fréquences ou en pourcentages lignes ou colonnes, mais pas les deux à la fois comme dans **tabulate**. Par exemple la seconde commande affiche le tableau 6.2.

---

3. Le résultat est donc le code source LaTeX correspondant à ce tableau.

TAB. 6.2. **Sexe by classes d'âges (%)**

| | Classes d'ages | | | |
|---|---|---|---|---|
| **Sexe** | - de 30 ans | 31 à 45 | 46 et + | Total |
| Hommes | 53.34 | 52.47 | 53.27 | 53.03 |
| Femmes | 46.66 | 47.53 | 46.73 | 46.97 |
| Total | 100.00 | 100.00 | 100.00 | 100.00 |

*Source :* cours.dta

Enfin, si les variables ne sont pas labélisées (voir section 2.2.4), latab refuse de fonctionner et affiche un message d'erreur.

**latabstat**[@] est la commande qui correspond à tabstat (voir section 3.1.2, page 42) et qui permet une description statistique des données plus personnalisée et plus complète. Le tableau 6.3 est le résultat de la compilation sous LATEX du code produit par :

```
latabstat effectif, s(sum mean sd n) by(age)
    cap(Caractéristiques des classes d'âge) clabel(age)
```

TAB. 6.3. **Caractéristiques des classes d'âge**

| age | sum | mean | sd | N |
|---|---|---|---|---|
| - de 30 ans | 166044 | 63.1106 | 181.359 | 2631 |
| 31 à 45 | 294534 | 97.49553 | 308.0588 | 3021 |
| 46 et + | 193765 | 71.5 | 226.5136 | 2710 |
| Total | 654343 | 78.25197 | 247.9294 | 8362 |

*Source :* cours.dta

Ici, l'option cap (pour caption) est utilisée pour afficher un titre, et clabel permet d'utiliser les labels des modalités de la variable age (tableau 6.3).

**tabout**[@] est peut-être la commande la plus aboutie en ce qui concerne la réalisation de tableaux statistiques, notamment en LATEX. Par exemple, la commande :

```
tabout effectif sexe age using code.tex, sum rep style(tex) c(mean salh199)
    show(code) f(1)
```

réalise le tableau 6.4 où, par tranche d'effectifs et par sexe, on calcule le salaire horaire moyen de chaque classe d'âge[4]. Le principe est que la dernière variable (age ici) est la variable qui apparaîtra en colonne, celles qui la précèdent seront positionnées en ligne. L'instruction using est obligatoire et permet d'enregistrer le résultat dans un fichier texte (ici code.tex), qui sera créé dans le répertoire de travail de Stata. Tout le reste est optionnel : l'instruction replace (rep) permet d'écraser le fichier de travail, l'instruction style() définit quel type d'output on veut pour le tableau (text, tex, html). On spécifiera la nature des cellules (ici la moyenne d'une variable) sinon Stata affiche par défaut les effectifs. On peut

---

4. Seul le titre du tableau a été rajouté pour le référencement dans cet ouvrage.

également choisir le format d'affichage de chacune des colonnes avec f() et afficher le code à l'écran avec show() pour le copier plus facilement dans l'éditeur choisi. Par contre, si vos variables n'ont pas de labels, tabout refuse de fonctionner et affiche un message d'erreur. On pourra consulter l'article de Watson (2007), le concepteur, pour mesurer les nombreuses possibilités qu'offre tabout, une commande très riche mais aussi un peu longue à maîtriser.

TAB. 6.4.  Salaire moyen par classes d'âges

|  | Classes d'ages | | | |
|---|---|---|---|---|
|  | - de 30 ans | 31 . 45 | 46 et + | Total |
| Tranche d'effectifs au 31/12/99 | | | | |
| 1 à 9 | 37.5 | 49.7 | 53.0 | 46.8 |
| 10 à 49 | 42.5 | 56.1 | 62.8 | 54.0 |
| 50 et + | 46.3 | 58.8 | 65.8 | 57.3 |
| Total | 42.0 | 54.9 | 60.6 | 52.7 |
| Sexe | | | | |
| Hommes | 43.0 | 59.2 | 66.1 | 56.2 |
| Femmes | 40.5 | 49.1 | 52.9 | 47.7 |
| Total | 42.0 | 54.9 | 60.6 | 52.7 |

## 6.1.2   Les résultats des estimations

Après l'estimation d'un modèle (régression, logit, ...), les résultats donnés par Stata peuvent également être transposés en code LaTeX afin de les insérer dans un document. Cette manipulation des résultats est parfois difficile et peut être la source d'erreurs et est de toute façon coûteuse en temps. Les commandes présentées ici seront donc d'une grande utilité pour la présentation de résultats dans des documents. Nous verrons aussi que l'on pourra afficher simplement les résultats essentiels de plusieurs estimations afin de les comparer sans avoir à éplucher des pages de résultats.

Avant de mettre en forme les résultats d'estimations il est utile de sauvegarder ces estimations. On peut ici distinguer la sauvegarde en mémoire effectuée via la commande estimates store que nous utiliserons ici pour sauvegarder provisoirement une estimation[5] et la sauvegarde de l'estimation elle même via estimates save . Cette dernière commande permet de retrouver (via estimates use nomsauvegarde) une estimation faite après avoir fermé Stata.

Nous décrivons ici les principales commandes permettant la mise en forme des estimations en LaTeX :

outtex[@] est la commande la plus simple à utiliser et la plus performante. Elle peut s'écrire sans arguments, ou avec quelques options pour agrémenter la sortie. Prenons l'exemple de la régression suivante :

```
regress salaire age csp zone secteur effectif
```

---

5. estimates store est l'équivalent de l'option name() dans la création des graphiques, tandis que estimates save est l'équivalent de l'option saving() (voir section 5.7.3).

A la suite de cette régression, on obtiendra le tableau 6.5 en compilant le code copié de la fenêtre résultat, notez que la significativité des variables est désormais affichée avec les clasiques ∗ :

outtex, title(Régression sur les salaires) labels details legend

TAB. 6.5. Régression sur les salaires

| Variable | Coefficient | (Std. Err.) |
|---|---|---|
| Classes d'âges | 7.547** | (0.199) |
| Catégorie socio-professionnelle | -9.053** | (0.099) |
| Zone d'emploi du lieu de travail | -0.085** | (0.028) |
| Secteur d'activité de l'établissement | -0.681** | (0.071) |
| Effectif au 31/12/99 | 0.002** | (0.001) |
| Intercept | 690.835** | (206.849) |
| N | 8362 | |
| $R^2$ | 0.560 | |
| $F_{(5,8356)}$ | 2130.063 | |

Significance levels :    † : 10%     ∗ : 5%     ∗∗ : 1%

Dans ce cas, on demande à outtex de mettre un titre spécifique, d'utiliser les labels des variables (s'il y en a), d'afficher quelques statistiques sur le modèle (les trois dernières lignes) et enfin la légende des seuils de significativité. Ces seuils et les symboles utilisés pour les représenter sont paramétrables. La commande outtex s'utilise même après l'estimation de modèles de durées.

**estout**[@] est moins simple à utiliser mais s'avère utile pour la mise en forme des estimations de plusieurs modèles dans un seul tableau. La commande estimates store sert à récupérer les colonnes des coefficients estimés ainsi que les écart-types estimés et autres calculs. Si plusieurs estimations sont faites, on répète autant de fois estimates store, puis on utilise estout pour transformer ces matrices en tableau LaTeX. Voici un exemple d'utilisation :

```
regress salaire age csp zone secteur effectif        (1ère régression)
estimates store m1, title(Modele 1)
regress nbjour age csp zone secteur effectif         (2ème régression)
estimates store m2, title(Modele 2)
estout *, label style (tex) collabels(, none) cells(b(star fmt(%9.3f)))
```

Il permet une sortie simple d'une table sous LaTeX. Pour réaliser un tableau plus élaboré on peut écrire :

(*Suite à la page suivante*)

```
estout *, cells(b(star fmt(\%9.3f)))
      stats(r2_a N, fmt(\%9.3f \%9.0g) labels(R-squared))
      varlabels(_cons Constante)
      label style(tex) collabels(,none)
      title (Regressions empilées)
      prehead("\begin{table}[htbp]\caption{Combinaison de résultats}...
             ...\label{lab1}\begin{tabular}{llll }\hline\hline")
      posthead("\cline{2-3}")
      prefoot("\hline")
      postfoot("\hline\end{tabular}\end{table}")
```

Les option pre.. et post.. ne servent qu'à placer des commandes LaTeX. Le résultat est donné par le tableau 6.6 :

Tab. 6.6. Combinaison de résultats

|  | Modele 1 | Modele 2 |
|---|---|---|
| Classes d'âges | 7.547*** | 1838.592*** |
| Catégorie socio-professionnelle | -9.053*** | -197.096*** |
| Zone d'emploi du lieu de travail | -0.085** | 59.327*** |
| Secteur d'activité de l'établissement | -0.681*** | 11.051 |
| Effectif au 31/12/99 | 0.002*** | 326.860*** |
| Constante | 690.835*** | -4.37e+05*** |
| R-squared | 0.560 | 0.994 |
| N | 8362 | 8362 |

De nombreuses options sont disponibles, par exemple pour faire apparaître les écart-types estimés entre parenthèses, changer les seuils de significativité ou transposer le tableau. Ici on a choisi d'afficher la significativité sur les coefficients (star). Ces procédures ont été décrites par leur auteur Jann (2007), dont nous conseillons la lecture.

A l'issue de l'installation de ce package[6], un ensemble de commandes devient disponible, notamment eststo@ et esttab@ qui sont des simplifications de estimates store, et de estout respectivement.

**esttab**@ est une simplification récente de estout, disponible dès lors que l'on installe ce dernier package. La syntaxe simplifiée de cette commande rend son usage très pratique, tout en gardant un ensemble d'options important.

eststo: regress salaire age csp zone secteur  effectif          (1$^{\text{ère}}$ régression)
eststo: regress salaire age csp zone                           (2$^{\text{ème}}$ régression)
esttab using code.tex

Malgré cette syntaxe très simplifiée par apport à celle de estout, puisque les noms des estimations sont affectés par défaut en utilisant eststo, et que la commande esttab ne requiert que le nom du fichier en sortie, le tableau LaTeX résultant résume très précisément l'essentiel des informations des deux estimations :

---

6. On utilisera la commande ssc install estout.

TAB. 6.7. Régressions résumées par eststab

|  | (1) salaire | (2) salaire |
|---|---|---|
| age | 7.547*** | 7.516*** |
|  | (37.87) | (37.50) |
| csp | -9.053*** | -9.031*** |
|  | (-91.11) | (-90.77) |
| zone | -0.0850** | -0.116*** |
|  | (-3.00) | (-4.18) |
| secteur | -0.681*** |  |
|  | (-9.62) |  |
| effectif | 0.00228*** |  |
|  | (3.45) |  |
| _cons | 690.8*** | 913.0*** |
|  | (3.34) | (4.51) |
| N | 8362 | 8362 |

$t$ statistics in parentheses

* $p < 0.05$, ** $p < 0.01$, *** $p < 0.001$

La palette d'options est elle aussi impressionnante et assez intuitive. On pourra par exemple préférer les $p$-values (p) aux statistiques de Student par défaut, préciser un format de présentation large (wide), supprimer les * de significativité (nostar), ou encore ajouter une note de fin de tableau (addnote), le $R^2$ de la regression (r2), ou enfin afficher les labels au lieu des noms des variables (label).

**outtable**[@] est utile pour toutes les commandes (dont les estimations) qui permettent de sauvegarder les résultats dans un vecteur ou une matrice. En effet, **outtable** est capable de convertir une matrice en tableau LaTeX en peu d'instructions. Considérons par exemple, la matrice c :

```
. mat list c
c[6,4]
              rep78_2      rep78_3      rep78_4      rep78_5
headroom     259.99458   -366.52775   -1375.5277    64.358897
   trunk    -1301.6058    53.217457    107.68253    319.25439
  weight     14.888719    5.4869986    1.3003615    1.1344623
  length     288.29056   -80.263554     64.18982    129.15974
    turn    -1289.3648   -21.576337    -453.0486   -85.001797
   _cons    -27358.645    5133.0408    10552.075   -19494.267
```

Pour créer le fichier cars.tex qui contient le code LaTeX permettant de réaliser le tableau 6.8, on écrira :

outtable using cars, mat(c) replace c cap("Regression coefficients by rep78")
    nobox

L'affichage est plus succinct que pour les commandes précédentes, les écart-types et la significativité des coefficients notamment ne sont pas affichés, mais on pourra les récupérer dans une matrice grâce à la commande ereturn (voir section 7.2.4). La seule marge de manœuvre laissée par la commande porte sur l'encadrement (ou pas) des cellules du tableau.

TAB. 6.8. Regression coefficients by rep78

|  | rep78 2 | rep78 3 | rep78 4 | rep78 5 |
|---|---|---|---|---|
| headroom | 259.99458 | -366.52775 | -1375.5277 | 64.358897 |
| trunk | -1301.6058 | 53.217457 | 107.68253 | 319.25439 |
| weight | 14.888719 | 5.4869986 | 1.3003615 | 1.1344623 |
| length | 288.29056 | -80.263554 | 64.18982 | 129.15974 |
| turn | -1289.3648 | -21.576337 | -453.0486 | -85.001797 |
| cons | -27358.645 | 5133.0408 | 10552.075 | -19494.267 |

D'autres commandes existent afin de traduire les sorties de Stata en LATEX. Le lecteur pourra consulter les aides de maketex, dotex, textab, listtex ou encore outreg. Cette dernière est une commande plus générale qui permet de mettre dans des matrices les résultats d'estimations. Ces commandes (sauf outreg) ont des finalités réduites et très spécifiques. Dans cette section n'ont été décrites que les commandes qui apportent un intérêt réel dans la création de code LATEX avec des coûts de mise en œuvre réduits[7].

## 6.1.3   Les sorties de log au format Stata Journal

Stata a mis au point des routines pour produire des sorties log de Stata au format *Stata Journal* comme présenté dans cet ouvrage. Pour utiliser ces outils il faut tout d'abord télécharger les packages par les commandes :

```
net install sjlatex.pkg
net get sjlatex.pkg
```

La première commande récupère les ado et les fichiers d'aides nécessaires, la seconde les styles LATEX nécessaires. Il faut ensuite procéder comme pour tout ajout de nouveau style dans votre compilateur LATEX (MikTeX par exemple), c'est-à-dire, placer les fichiers de style (.sty) dans le répertoire approprié et déclarer le chemin[8]. Une fois cette opération faite, c'est du côté de Stata qu'il va falloir opérer. Lorsqu'on veut produire des sorties LATEX on peut les enregistrer dans un fichier log approprié par la commande :

```
sjlog using toto, replace
```

Toutes les commandes tapées ensuite seront enregistrées dans un log spécial, formaté pour LATEX. Pour récupérer ces commandes, il faut fermer le fichier log :

```
sjlog close, replace
```

---

7. Voir A. Terracol (http://membres.lycos.fr/aterracol/) pour ses contributions significatives dans sutex, outtex et leur version française sutexfr et outtexfr.

8. Dans MikTeX il faut aller dans les options et faire un refresh et un update des packages.

Dans le fichier toto.log.tex les codes ont été enregistrés, il suffit de les copier dans son éditeur LATEX entre les balises \begin{stlog} et \end{stlog}. Le résultat d'un describe est le suivant :

```
. use "C:\Stata\auto.dta", clear
(1978 Automobile Data)

. des

Contains data from C:\Stata\auto.dta
  obs:            74                          1978 Automobile Data
  vars:           12                          7 Jul 2000 13:51
  size:        3,478 (99.9% of memory free)

              storage  display    value
variable name  type    format     label      variable label

make           str18   %-18s                  Make and Model
price          int     %8.0gc                 Price
mpg            int     %8.0g                  Mileage (mpg)
rep78          int     %8.0g                  Repair Record 1978
headroom       float   %6.1f                  Headroom (in.)
trunk          int     %8.0g                  Trunk space (cu. ft.)
weight         int     %8.0gc                 Weight (lbs.)
length         int     %8.0g                  Length (in.)
turn           int     %8.0g                  Turn Circle (ft.)
displacement   int     %8.0g                  Displacement (cu. in.)
gear_ratio     float   %6.2f                  Gear Ratio
foreign        byte    %8.0g      origin      Car type

Sorted by:  foreign
```

# 6.2 Les sorties vers les suites bureautiques

## 6.2.1 Copier les résultats dans un traitement de texte

La méthode la plus simple est évidement d'effectuer un copier/coller depuis la fenêtre résultats vers le traitement de texte, qu'il s'agisse de Microsoft Word ou du Writer d'Open Office ou d'autres outils[9]. Plusieurs possibilités sont toutefois disponibles. Une fois la zone sélectionnée dans la fenêtre résultat (mise en surbrillance) un *clic droit* sur la zone permet de choisir entre 3 options principales :

1. "Copy Text" (qui est aussi le Ctrl+C, par défaut sous Windows) copiera les résultats dans le presse-papier. Un simple "Coller" (Ctrl+V) dans votre traitement de texte, a toutes les chances de produire un tableau mal formaté. La police utilisée par Stata est à *chasse fixe* alors que MS Word par exemple utilise des polices à *chasse proportionnelle*, ce qui provoque un certain décalage disgracieux. Pour y remédier, il suffit de changer la police du traitement de texte, par exemple en utilisant CourierNew, qui est à *chasse fixe*, puis de convertir le texte en tableau en choisissant la tabulation comme séparateur ;

---

9. Dans la suite nous prendrons MS Word comme référence sous Windows, mais les manipulations proposées ici s'appliquent à d'autres outils (notamment libres) opérant sur d'autres systèmes d'exploitation.

2. "Copy Table" permet de copier plus proprement les résultats. Stata ayant placé des tabulations entre les colonnes, le résultat sera donc bien aligné. En pratique, certaines tabulations sont toutefois oubliées ce qui donne des erreurs pour des tableaux complexes ;

3. "Copy as Picture" est une solution plus rigide puisque l'élément copié devient une image, non modifiable et assez difficile à recadrer (notamment en largeur).

On peut également utiliser le fichier "log" et utiliser ces trois options de la même façon. Il n'est pas recommandé d'ouvrir ce fichier (au format smcl) dans un traitement de texte, même si cela ne présente aucun danger pour le fichier lui-même. Quelle que soit l'option choisie, le tableau sera obtenu au format texte et n'autorisera donc pas d'opérations sur les cellules.

Une façon sûre d'obtenir un "vrai" tableau dans MS Word, OpenOffice Writer, MS Excel ou OpenOffice calc ou dans toute autre suite bureautique, est d'utiliser des commandes spécifiques comme celles présentées ci-après.

## 6.2.2 Les résultats des statistiques descriptives

**tabout**@ a déjà été mentionnée pour les sorties en LaTeX (voir section 6.1.1) et permet des sorties dans divers formats. En utilisant l'option style() on sélectionnera divers formats, des sorties tabulées (style(tab), par défaut), au format RTF (style(rtf)) ou séparées par des virgules (style(csv)), directement exploitables depuis de nombreux tableurs (Microsoft Excel ou OpenOffice Calc par exemple). En effet en écrivant :

```
tabout treff sexe age using code.txt, sum rep c(mean salh199) show(code) f(1)
```

le fichier code.txt contiendra un tableau dont les cellules sont séparées par des tabulations. Il suffit de copier/coller ces lignes dans le tableur pour obtenir des cellules parfaitement distinctes. On peut aussi coller le tableau dans le traitement de texte mais il faudra alors transformer le texte en tableau, comme indiqué plus haut.

## 6.2.3 Les résultats des estimations

**esttab**@ est obtenue avec l'ensemble des commandes fournies lors de l'installation de **estout**@ et sera d'utilisation très simple, à la fois pour l'impression et pour une visualisation simplifiée des résultats à l'écran. Les régressions par exemple peuvent être gourmandes en affichage et donc difficiles à comparer d'un modèle à l'autre. Si l'on en veut un résumé il suffit d'utiliser les commandes suivantes, déjà vues en section 6.1.2, mais adaptées ici pour formater des sorties directement utilisables dans les outils de bureautique classiques.

```
regress salaire age csp zone secteur  effectif        (1ère régression)
eststo m1
regress salaire age csp zone                          (2ème régression)
eststo m2
esttab m1 m2, mtitles("Modèle 1" "Modèle 2") r2 bic
```

La dernière ligne invoque esttab avec quelques options de mise en forme et donne le résultat suivant (que l'on pourra rapprocher du tableau 6.7).

|  | (1)<br>Modèle 1 | (2)<br>Modèle 2 |
|---|---|---|
| age | 7.547*** | 1838.6*** |
|  | (37.87) | (20.76) |
| csp | -9.053*** | -197.1*** |
|  | (-91.11) | (-4.46) |
| zone | -0.0850** | 59.33*** |
|  | (-3.00) | (4.72) |
| secteur | -0.681*** | 11.05 |
|  | (-9.62) | (0.35) |
| effectif | 0.00228*** | 326.9*** |
|  | (3.45) | (1113.19) |
| _cons | 690.8*** | -436861.2*** |
|  | (3.34) | (-4.75) |
| N | 8362 | 8362 |
| R-sq | 0.560 | 0.994 |
| BIC | 68488.1 | 170445.7 |

```
t statistics in parentheses
* p<0.05, ** p<0.01, *** p<0.001
```

La syntaxe de esttab est riche mais particulièrement simple, ainsi l'extension du fichier de sauvegarde détermine son type. Par exemple esttab using code.rtf produira un fichier rtf au format texte, mais tabulé et donc facilement lisible par un éditeur de texte courant. Il suffira de cliquer sur le lien ce fichier affiché dans la fenêtre Result pour obtenir (dans Microsoft Word par exemple) un tableau parfaitement formaté. De la même manière, using code.html, produira un fichier HTML.

## 6.2.4 Copier les graphiques

Pour inclure des graphiques dans un traitement de texte, il suffit d'un simple *clic droit* sur le graphique, puis copy graph à partir de la fenêtre graphique suivi d'un *coller* (Ctrl+V) pour insérer ce graphique dans votre document. Il faut toutefois signaler que le graphique ne sera pas forcément semblable à celui de Stata. En effet suivant le modèle appliqué (scheme), la ressemblance ne sera pas toujours parfaite.

On devra donc faire attention lors de l'application de nouveaux modèles dans l'interface graphique (Edit > Apply New Scheme) de Stata, à ce que le résultat final reflète bien les changements voulus. Une autre solution consiste à enregistrer directement le fichier (File > Save As...) sous un format utilisable supporté par votre traitement de texte (PS, PDF, WMF, PNG ou TiFF par exemple).

# 6.3  Les autres sorties (HTML, log)

Cette section a uniquement pour but de vous faire "toucher du doigt" quelques commandes supplémentaires capables de créer des sorties Stata en HTML. Nous avons déjà abordé les possibilités des commandes tabout[@] et estout[@], nous ne les reprendrons pas ici, mais elles offrent la possibilité de choisir en option le format HTML pour les sorties. Nous évoquons uniquement deux nouvelles commandes, à charge pour le lecteur de les tester pour apprécier leur efficacité.

## 6.3.1  Transformer les fichiers log

Les fichiers log écrits en smcl — le langage à balises de Stata — peuvent être transformés très simplement en fichier au format.log lisibles dans un éditeur de texte. Stata propose en effet cette possibilité directement depuis le menu File > Log > Translate. On peut aussi créer des pages html avec la commande log2html[@] :

```
log2html monlog, replace title(Titre de ma page)
```

Cette commande accepte des options de couleurs ou de style ou un titre de page (comme nous l'avons écrit ici) qui apparaîtra dans la balise *title* de la page construite. Elle ne nécessite que le nom du fichier log (monlog) comme argument. Le résultat, quoique assez aéré est satisfaisant et propose par défaut une coloration syntaxique agréable.

## 6.3.2  Les sorties HTML

Ces deux commandes permettent d'afficher les résultats dans un format HTML.

**listtex**[@] permet d'afficher les observations des variables passées en paramètres. Une ligne pour chaque observation et une tabulation entre les variables. La tabulation dépend du format de sortie choisi :

```
listtex V1 V2 V3 using essai.html, rstyle(html) replace
```

Dans ce cas un tableau HTML sera construit comprenant 3 colonnes.

**cb2html**[@] est une commande qui produit un codebook (voir section 2.2.3) des variables spécifiées dans un fichier HTML :

```
cb2html V1 V2 V3 using essai, title(Codebook des variables V1-V3)
```

Comme pour la commande codebook, si la liste des variables n'est pas spécifiée, c'est un codebook de tout le fichier qui est réalisé.

# 7   Éléments de programmation

Comme beaucoup de logiciels scientifiques, Stata propose son propre langage de programmation basé sur une syntaxe précise. La logique suivie par Stata permet une évolution des programmes en douceur, grâce à un actualisation permanente du *corpus* de commandes, programmé en partie par la communauté de ses utilisateurs. Ainsi, au fil des versions, la syntaxe est devenue de plus en plus cohérente entre différentes commandes en même temps qu'elle s'est enrichie. L'une des forces de Stata réside en effet dans la bibliothèque de procédures (les .ado) qui sont mises à jour régulièrement, corrigées, homogénéisées ou complétées. Ces ado sont écrits en langage Stata, dans des fichiers que l'on peut donc éditer, voire modifier, et dont on peut s'inspirer pour construire son propre programme. Ce ne sont que des enchaînement de commandes de base, de boucles et de branchements sur des arguments, des variables ou des paramètres. Nous vous proposerons donc dans ce chapitre une introduction à la programmation en vous décrivant les "briques de base" permettant de réaliser vos propres assemblages et en vous en montrant l'utilisation sur des exemples. Auparavant, nous nous permettons quelques conseils pour gagner du temps...

## 7.1   Bons principes de programmation

Un programme doit être clair afin de pouvoir être utilisé longtemps après sa réalisation ou par des tiers. Pour cela, il est utile d'avoir en mémoire quelques bons réflexes de programmation permettant une meilleure lisibilité. Bien entendu, aucune technique ne remplace la clarté du raisonnement et l'élégance de la programmation. Toutefois la structure de l'écriture d'un programme simplifie l'analyse d'un programme (et de ses erreurs) et permet souvent d'ordonner le cheminement logique du programmeur. Parmi les nombreuses recommandations aux programmeurs, nous avons retenu les plus pertinentes en indiquant également les commandes utiles à leur réalisation. Le lecteur soucieux de son style et désirant publier dans le *Stata Journal*, pourra se référer aux indications pour les auteurs sur le site de StataCorp, ainsi qu'à l'article de Cox (2005b), dont sont inspirées certaines de ces recommandations.

### 7.1.1   Bien écrire

En premier lieu, et sur la première ligne, il est conseillé d'indiquer la date de création du programme ainsi que toutes les dates de révision, avec éventuellement un bref descriptif des changements apportés. Le nom du programme doit être explicite et compréhensible, les procédures (ado) doivent porter des noms qui n'existent pas déjà dans Stata. Une solution peut consister à donner des noms français à vos programmes et procédures ou à utiliser une règle typographique, par exemple commencer tous vos programmes par vos initiales ou par une majuscule[1], ou bien y ajouter un suffixe. De même, donner des noms intelligibles et brefs aux variables et macros intervenant dans un programme donne de la clarté et simplifie la lecture. La commande which *monnom* permet de savoir si *monnom* est déjà le nom d'une procédure Stata.

### De la cohérence

La syntaxe (syntax) des programmes et procédures Stata (voir section 7.3.2) doit vous servir de guide et non de contrainte afin d'avoir une plus grande clarté et une plus grande liberté dans vos programmes et procédures. L'outil le plus précieux est cependant celui de la cohérence dans l'écriture. Par exemple, si vous définissez un scalaire nommé OK issu d'un test, celui-ci doit être égal à 1 si le test est vrai et 0 s'il est faux et non l'inverse. Si vous envisagez des changements de nom de variables ou des regroupements de modalités, prenez garde à conserver l'ordre des modalités initiales, ou un ordre cohérent avec la définition et le nom de vos variables. Enfin, le choix d'une écriture particulière, par exemple != pour la négation (au lieu de ~=), également valide, doit être conservé tout au long de votre programme.

### Les délimiteurs : le pour et le contre

Il est possible sous Stata de définir un symbole de fin de ligne comme le point-virgule ";" en utilisant la commande

    # delimit ;

**Pour** : Cela permet d'écrire des phrases longues sur plusieurs lignes, la phrase ne se terminant que lorsque le délimiteur est rencontré. C'est notamment utile pour les graphiques (nous les avons utilisés au chapitre 5) dont la syntaxe peut être particulièrement longue.

**Contre** : Il faut impérativement ne pas oublier le délimiteur à la fin de chaque commande sous peine d'erreur. Pour cette raison, mais également parce qu'il est préférable de simplifier la vie d'un programmeur[2], nous n'utilisons pas les délimiteurs, d'autant qu'il est possible d'écrire des phrases longues en utilisant d'autres méthodes (voir page 176).

---

1. Stata distingue majuscules et minuscules (*case sensitive*) et les procédures Stata portent des noms en minuscules. Votre procédure Summarize, par exemple, sera donc différente de la procédure summarize classique de Stata. Attention toutefois à ne pas confondre les deux lors de l'utilisation.

2. Toutes les procédures officielles de Stata (les *.ado*) ne comportent pas de délimiteur, et rares sont les procédures récupérées sur le Web qui les utilisent.

## Des espaces de liberté

Lors de l'écriture, les espaces sont à la fois utiles et gênants. Utiles car ils facilitent la lecture, gênants parce qu'ils allongent lignes et programmes. L'arbitrage est difficile à trouver, toutefois il est recommandé :

- De laisser des espaces autour des opérateurs[3] ;
  generate X = Z + Y plutôt que generate X=Z+Y
- D'utiliser des parenthèses même si elles sont syntaxiquement inutiles ;
  generate X = Z + (Y * 3) + T/2 au lieu de generate X = Z+Y*3+T / 2
- De placer un espace après les virgules dans les options des fonctions ;
- De ne pas hésiter à passer à la ligne lors de l'écriture d'une commande longue (comme les commandes engendrant les graphiques par exemple) ;
- De sauter des lignes entre deux parties, deux calculs distincts d'un programme.

## Des remarques ?

Afin de rendre le programme lisible, y compris par un tiers, il est utile de le commenter et de donner aux lignes de commandes une structure lisible. Attention toutefois aux abus, trop de commentaires nuisent à la lisibilité ! Un programme clair n'a pas besoin de beaucoup de commentaires, une ligne avant chaque bloc de programme suffit souvent à rendre un programme clair.

Les lignes de remarques ou de commentaires s'écrivent entre les symboles /* et */, quel que soit le nombre de lignes. On peut emboîter des commentaires ; dans ce cas le texte compris entre le premier /* et le dernier */ n'est pas lu par Stata. Si une seule ligne est mise en commentaire, l'astérisque * suffit et Stata ignore le texte placé à droite jusqu'à la fin de la ligne.

## L'indentation

Lors de l'écriture d'un programme, certaines parties comme les boucles ou les branchements conditionnels, doivent être structurées afin d'en repérer rapidement le début et la fin et donc le domaine d'action. Ceci s'effectue par l'utilisation d'une indentation, c'est-à-dire en décalant l'écriture de la marge de gauche d'un nombre de caractères choisi, et cela de manière systématique. L'éditeur de Stata permet d'indenter facilement les programmes en utilisant la touche de tabulation lors de la saisie. Les lignes sont donc naturellement décalées et alignées pour une très bonne lisibilité des programmes. Dans la suite (voir également section 7.2.3) nous indenterons nos programmes comme suit :

---

3. A l'exception de ^ , puisque X^2 est plus lisible que X ^ 2, et de /, qui peut être accolé à la quantité qu'il divise.

```
if ... {                        /* commentaire éventuel  */
    cmd1...
    cmd2...
    ...
}
else {
    cmd3...
    ...
    foreach ...  {              /* commentaire éventuel  */
        cmd4...
        cmd5...
        ...
    }
    cmd5...
    ...
}
```

Cette méthode standard (voir Scott [1999]) a pour caractéristique d'aligner le début d'une condition ou d'une boucle avec l'accolade de fermeture }. Les différents blocs y sont clairement identifiés.

### Écrire des phrases très longues

Lorsqu'une instruction Stata est trop longue, soit parce qu'elle dépasse le nombre de colonnes permis par l'éditeur, soit parce que l'on trouve plus lisible de l'écrire sur plusieurs lignes et que l'on souhaite la couper, il suffit de mettre la commande de fin de ligne entre commentaires. Comme les commentaires sont entourés des balises /* et */, nous trouvons donc un commentaire ouvrant (/*) en fin de ligne et un fermant (*/) en début de ligne.

```
twoway  (line PdmVol0 Mois4 )(line PdmVol1 Mois4, clcolor(cranberry) ), /*
    */ xlabel( 1 "1998" 14 "1999" 27 "2000" 40 "2001",   /*
    */ labels valuelabel angle(forty_five))
```

Une alternative est d'écrire 3 slashes /// en fin de ligne et de ne rien mettre en début de ligne. Le code équivalent s'écrit :

```
twoway (line PdmVol0 Mois4) (line PdmVol1 Mois4, clcolor(cranberry)), ///
        xlabel( 1 "1998" 14 "1999" 27 "2000" 40 "2001",  ///
        labels valuelabel angle(forty_five))
```

## 7.1.2  Bien penser

Bien que cette recommandation puisse sembler farfelue ou pour le moins inutile, quelques règles de bon sens peuvent être rappelées ici. Tout d'abord, il n'est pas inutile de commencer par bien définir ce que doit faire un programme avant d'en commencer l'écriture : Quelles en sont les entrées ? Les sorties ? Les paramètres ? et les éventuelles options ? Enfin, avant de commencer l'écriture, vérifiez que ce programme (ou un autre très similaire) n'existe pas déjà ! La commande findit suivie d'un mot-clé affichera dans le Viewer l'ensemble des procédures, aides et documentations mis en ligne par la communauté Stata et relié à ce mot-clé.

## Du tact avec les fichiers

Il est préférable de ne pas trop toucher au fichier sur lequel s'appliquera ce programme, en limitant au strict minimum le nombre de variables créées et en ne modifiant pas les variables initiales. On pourra par exemple suggérer que dans le cas où des modifications importantes sont appliquées, un nouveau fichier sera créé, laissant intact le fichier initial. Outre les aspects de pérennisation des données, un tel programme pourra être appliqué de nombreuses fois, ne modifiant que le fichier de sortie. On évitera également ainsi de créer plusieurs fois la même variable et donc les erreurs de type "var1 already defined (r(110))".

## De la concision

Les meilleurs programmes ne répondent qu'à un seul objectif et ne font qu'une seule chose, éventuellement en étudiant les différentes utilisations possibles, ou en proposant des options. Les programmes plus complexes qui enchaînent différentes opérations seront bâtis sur une organisation utilisant des fonctions, procédures ou programmes annexes, chacun ayant un objectif bien défini avec ses entrées, ses paramètres (locaux ou globaux), ses arguments et ses sorties. Outre le gain en clarté, et parfois en efficacité, la traque des erreurs est bien plus facile lorsque l'on peut isoler les différents éléments d'un programme.

## Du simple au compliqué

Une première version simple d'un programme est souvent utile et permet de mieux en cerner la portée et les conditions d'utilisation. On s'aperçoit parfois que l'on souhaite intégrer une condition (if) ou un traitement par lot (by), ce qui modifie l'écriture du programme. Cela permet aussi d'en tester l'exactitude et les sorties. Il ne faut donc pas hésiter à concevoir les programmes en plusieurs étapes, quitte à tout ré-écrire lors de la deuxième étape.

## 7.1.3 Laisser des traces...

### Conserver les résultats

Les sorties s'affichant dans la fenêtre "Stata Results" peuvent être copiées facilement dans un éditeur par les commandes copier/coller classiques (voir section 6.2). Mais cette fenêtre a des limites et lorsqu'elle est "pleine", les nouvelles sorties écrasent les anciennes[4]. Pour conserver toute la trace des résultats (et des commandes) il faut ouvrir un fichier .log au début de la session. On pourra donc soit cliquer sur l'icône de l'éditeur de log, ▣ , soit en écrivant :

---

4. Par défaut, la fenêtre Result a un *buffer* de 32 000 octets et permet donc de conserver environ 400 lignes de taille moyenne. On peut modifier la taille de ce *buffer* par un *clic droit* sur la fenêtre résultat Edit > Preferences > General Preferences... | onglet Windowing. Quelle qu'en soit sa capacité, ce *buffer* reste néanmoins de taille finie.

```
log using monlog, replace
```

Ainsi le fichier au format monlog.smcl est créé au format smcl (*Stata markup and control language*). Ces fichiers ne sont utilisables que dans le "Viewer" de Stata. En utilisant l'option text, c'est un fichier monfich.log au format texte qui est créé dans le répertoire par défaut. Ce fichier est utilisable dans n'importe quel éditeur. Lorsqu'on ne veut plus enregistrer les transactions effectuées, on peut soit fermer, soit suspendre (suspend log) le fichier log, en utilisant la souris, ou en écrivant :

```
log close
```

La commande log dispose de l'option replace qui permet d'écraser un ancien fichier log du même nom ou de l'option append, pour coller les nouvelles sorties à la fin d'un ancien fichier. On peut également copier/coller tout ou partie des commandes récapitulées dans le log pour insertion dans un traitement de texte (voir section 6.2).

### Conserver l'historique des commandes

Il n'est pas rare de commencer par explorer un fichier de données en tapant quelques commandes dans la fenêtre "Stata Command" sans réaliser un fichier .do des commandes, ni ouvrir de log. Si au bout de quelques variables créées ou de quelques commandes complexes on souhaite tout de même conserver le travail dans un fichier .do, il suffit d'effectuer un simple clic droit dans la fenêtre "Review" et de choisir "Save All..." pour enregistrer tout l'historique dans un fichier .do. On peut également ne sauvegarder que la commande sélectionnée "Save Selected..." ou simplement exécuter une nouvelle fois n'importe qu'elle commande par un double clic dans cette fenêtre.

Stata offre également la possibilité d'enregistrer dans un fichier .log uniquement les instructions tapées, ceci avec la commande cmdlog qui s'utilise comme la commande log :

```
cmdlog using monfich, replace
```

Pas besoin ici de l'option text, un fichier texte est ouvert par défaut. Pour le fermer, on procède de façon similaire :

```
cmdlog close
```

Ces commandes n'affectent pas un fichier log déjà ouvert, les commandes y seront écrites simplement. cmdlog est donc un moyen pratique de sauvegarder certaines commandes, sans affecter le log en cours.

## 7.1.4  Bien gérer

### Compresser les fichiers

Par défaut, Stata considère que les variables créées dans un fichier de données contiennent des nombres réels et attribue le format scientifique "flottant" (float) à toute variable créée. Or, il faut plus de place (plus d'octets) pour stocker un nombre réel et ses décimales précises que pour une variable binaire. Stata garde donc par défaut énormément plus de place en mémoire qu'il n'en faut pour coder une variable binaire (byte).

La commande compress passe en revue l'ensemble des valeurs prises par chaque variable et lui affecte un format plus économe. Cette opération permet de stocker plus efficacement vos données en laissant Stata analyser la nature des éléments à stocker.

```
. describe
 obs:          288
 vars:           6
 size:       8,064 (99.9% of memory free)
(...)
. compress
an was long now int
secteur was float now byte
actif was float now byte
Cadre was int now byte
(...)
. describe
 obs:          288
 vars:           6
 size:       3,744 (99.9% of memory free)
```

La taille du fichier est nettement réduite (ici à 46 % de l'original), l'efficacité d'un traitement statistique aussi. Il est donc recommandé d'effectuer cette opération avant toute sauvegarde : même si l'opération semble un peu superflue ou longue, elle est rentable.

### Utiliser des fichiers temporaires

Au fil de l'étude, les fichiers de commandes (.do) s'allongent, de nouvelles variables sont créées à partir de la source, d'autres sont collées, etc. Les données sont alors enregistrées à différentes étapes et des fichiers intermédiaires s'accumulent sur le disque. Une bonne façon de procéder est de préfixer ces fichiers par un code unique (tmp par exemple). On sait alors que tous ces fichiers peuvent être reconstruits en rappelant le programme initial, et peuvent être détruits sur le disque dur sans risques. Sous Windows[5] (et Macintosh ) on utilisera la commande (erase) :

erase tmp*.dta

### Préserver et restaurer

Il est souvent utile de supprimer provisoirement des observations d'un fichier pour effectuer un traitement spécifique, puis de revenir au fichier d'origine. On utilise pour cela les commandes preserve pour mettre de coté le fichier en cours et restore pour le retrouver dans l'état ou il était au moment du preserve.

---

5. Les utilisateurs d'Unix utiliseront la commande rm de la même façon.

**Attention :**

–  Une variable créée dans l'intermède disparaîtra lors du restore, tout comme une macro globale.

–  Une matrice créée restera disponible après le restore. Il en est de même pour un scalaire, également présent après le restore.

Les commandes preserve et restore peuvent être utiles pour des calculs intermédiaires sur une partie du fichier de données. Cependant la commande preserve déporte le stockage du fichier en cours sur le disque dur, les temps d'accès aux données seront donc ralentis fortement. Ces commandes ne sont à utiliser que sur des petits fichiers sous peine de ralentir énormément les traitements.

## De la mémoire

Il est parfois utile de savoir si la mémoire allouée à Stata est suffisante pour effectuer les calculs. On pourra effectuer un simple diagnostic en utilisant la commande memory, ce qui a pour effet d'afficher un tableau complet d'affectation de la mémoire entre données, matrices et système.

```
. memory
                                                bytes

Details of set memory usage
      overhead (pointers)                      51,504        0.49%
      data                                    347,652        3.32%

      data + overhead                         399,156        3.81%
      free                                 10,086,596       96.19%

      Total allocated                      10,485,752      100.00%

Other memory usage
      set maxvar usage                      2,001,666
      set matsize usage                     8,088,000
      programs, saved results, etc.            12,626

      Total                                10,102,292

Grand total                                20,588,044
```

L'indicateur le plus important de ce tableau est la ligne débutant par free, ou l'on peut considérer que l'on doit disposer d'au moins 80 % de mémoire libre pour les calculs, faute de ne pouvoir pas utiliser Stata correctement. Pour augmenter la mémoire et allouer, par exemple, 200 Mo de mémoire à Stata on utilisera la commande :

set memory 200m

Cependant cette opération ne peut-être réalisée que si la mémoire est vide, c'est-à-dire qu'aucun fichier n'est utilisé. Au lieu de se séparer des informations en mémoire il suffit de faire un preserve, puis de supprimer le fichier en cours en utilisant clear avant de pouvoir exécuter set mem 200m, puis un restore. Pour allouer systématiquement de la mémoire dédiée à Stata, il est recommandé d'utiliser l'option permanent. L'unité peut être le mégabit (m) ou le gigabit (g) mais le nombre spécifié doit être entier :

set memory 200m, permanent

Ce qui donne un affichage des paramètres d'allocation de la mémoire

```
Current memory allocation
                    current                                    memory usage
    settable          value      description                   (1M = 1024k)

    set maxvar          5000      max. variables allowed            1.909M
    set memory          200M      max. data space                200.000M
    set matsize          400      max. RHS vars in models           1.254M
                                                                _____
                                                                  203.163M

(set memory preference recorded)
```

Si vous manquez encore de mémoire, parce que vous ne pouvez en avoir plus physiquement sur votre ordinateur, une solution est d'utiliser l'option set virtual on. Par défaut cette option est off et il est recommandé de ne la changer que ponctuellement. En effet, utiliser de la mémoire virtuelle peut demander à Stata de mieux gérer les objets utilisés et cette gestion constitue une tâche supplémentaire et pourra donc ralentir les traitements.

**Remarque :** Le plus souvent les limitations de la taille mémoire ne sont pas dues à Stata et dépendent de l'allocation de la mémoire par le système d'exploitation. Il est donc malheureusement parfois difficile d'obtenir 1 Go de mémoire sur un ordinateur possédant physiquement 2 Go.

### Faire le ménage... keep, drop, clear

Effacer des informations d'un fichier est à la fois nécessaire et dangereux. Les différentes commandes présentées ici doivent donc être bien utilisées pour éviter toute catastrophe irréversible. Toutefois, votre fichier ne sera réellement modifié que lors de son enregistrement, éventuellement en remplacement du fichier original, sur le disque dur. La commande la plus utilisée est drop, qui permet d'effacer une ou plusieurs variables (drop *varlist*) (voir section 2.2.2) ou bien toutes les variables (et donc toutes les observations) en utilisant la macro-liste _all (drop _all). Cette commande drop se retrouve également pour supprimer labels (label drop), matrices (matrix drop), scalaires (scalar drop), etc.

Le corollaire de drop est keep, dont la syntaxe est exactement la même mais dont l'action est toute différente puisque keep ne garde que les éléments précisés en argument[6]. Lorsque l'on a le choix, on préférera utiliser drop à keep. En effet en cas d'erreur d'écriture (ou simplement d'orthographe), keep ne conservera rien, dans le cas symétrique drop ne supprimera rien.

Il existe une commande qui permet d'éliminer l'ensemble des variables, scalaires, matrices et tout ce que contient Stata. Cette commande, clear, est également utilisée en option lors de l'ouverture de fichiers. clear est une commande très puissante (voir section 2.2.2) que l'on manipulera avec précaution.

---

6. La commande keep _all, n'a évidement aucun effet.

**Remarque** : Les macros ne sont pas effacées par clear, seule la commande macro drop MaMacro permet de supprimer la macro spécifique MaMacro. La commande macro drop _all élimine toutes les macros, y compris certains raccourcis, ce qui n'est pas recommandé.

## Utiliser le système

De nombreuses commandes permettent d'utiliser le système d'exploitation de votre machine depuis Stata. On pourra utiliser avec bonheur des programmes extérieurs via le *shell* du système d'exploitation, avec des arguments qui pourront varier au sein d'une boucle gérée par Stata, ou dont les fichiers résultats seront nommés à l'aide de macro listes définies dans un programme. On utilisera le préfixe "!" (synonyme de la commande shell) pour signifier l'utilisation d'une commande *shell* du système d'exploitation. On pourra ainsi utiliser des programmes spécifiques comme php par exemple, utilisé ici pour l'analyse d'expressions régulières au sein d'une boucle (voir section 7.2.3 pour les boucles) :

```
1    foreach annee of local MesAnnes {
2        ! php.exe -q MonParsing.php MonFichier'annee'
3    {
```

Ici, ligne 2, le programme php, MonParsing.php analysera les données du fichier MonFichier, pour toutes les années de la liste définie par la macro liste MesAnnees (voir section 7.2.1 pour l'utilisation des macros).

Toute aussi utile est la possibilité d'utiliser Stata en tâche de fond (*mode batch*), ou de pouvoir lancer un programme extérieur en utilisant la commande winexec (voir help shell). Sous Windows, il suffit d'ouvrir une fenêtre de commande et de taper :

```
c:\Program files\Stata10\westata.exe \s MonProg
```

pour que le programme MonProg soit exécuté et qu'un fichier log soit créé (option \s pour le format smcl).

**Remarque :** Sous Windows, il est aussi possible d'utiliser Stata depuis d'autres applications en utilisant les liaisons dynamiques de Windows. Ce procédé connu sous le nom d'OLE (*object linking and embedding*) est utilisable en installant la bibliothèque *Stata automation*. On pourra ensuite contrôler l'exécution de Stata de manière asynchrone, mais ces opérations sont d'une technicité qui dépasse la portée du présent ouvrage.

## Un bon profil : profile.do

A chaque fois que vous démarrez Stata, celui-ci cherche à exécuter (s'il existe) un petit programme contenant des instructions parfois utiles. Ce programme, profile.do, peut vous servir à personnaliser certains réglages et options de Stata. Il suffit pour cela d'éditer ce programme, situé pour les utilisateurs Windows dans
c:\Program Files\Stata10\, et de le modifier.

Voici un exemple commenté d'un profile.do :

```
/* paramètres système  */
set memory 500m                              // <-- allocation de mémoire
set matsize 100                              // <-- taille max des matrices
set logtype text                             // <-- format des fichiers log

/* Chemins système     */
sysdir set PLUS c:\ado\plus                  // <-- ado téléchargés
sysdir set PERSONAL  c:\ado\personal         // <-- ado crées
cd c:\MesDonnes                              // <-- répertoire de travail

/* Mes raccourcis */
global F4 `
global F5 ´
```

Dans ce profil, on a ajouté des raccourcis utiles à la programmation en définissant deux macros globales, correspondant aux touches F4 et F5 du clavier (voir section 1.2.7). Si le fichier profile.do n'existe pas, libre à vous de le créer avec un éditeur de texte, de lui attribuer l'extension .do et de le placer dans le répertoire approprié.

# 7.2   Les briques de base de la programmation

## 7.2.1   Les macros

Élément de base, la "macro-variable" ou "macro-liste", ou encore simplement "macro", est un outil indispensable à la programmation. On peut se représenter une macro comme un alias, un raccourci, c'est-à-dire un élément qui va en représenter un autre, un ensemble d'autres (nombres ou caractères), ou même un ensemble de macros. Ces macro-variables sont très utiles et utilisées explicitement ou implicitement dans de nombreux programmes. Elles vont permettre de faciliter les boucles ou d'utiliser les résultats de programmes comme arguments d'autres traitements ou programmes. Elles constituent un outil aussi puissant que délicat à manipuler comme on le verra à la section sur les guillemets, page 184.

Dans l'exemple suivant on définit la macro X123 pour l'utiliser en remplacement de X1 X2 X3 :

```
1   local X123 "X1 X2 X3"
```

La macro X123 contient désormais la liste "X1 X2 X3" de sorte que l'expression :

```
2    regress Y 'X123'        est strictement équivalente à
2'   regress Y X1 X2 X3
```

ce qui peut être bien utile, si la liste des régresseurs est longue et que l'on souhaite répéter cette opération avec des variantes. Notez ligne 2 l'utilisation de guillemets (*quotes*) simples ouvrant ' et fermant ' entourent la macro X123 pour en révéler le contenu (voir page 184). Il faut bien noter que la macro X123 est le raccourci de l'ensemble X1 X2 X3, et qu'écrire 'X123' revient exactement à écrire X1 X2 X3, nous y reviendrons. On peut utiliser les macros pour substituer n'importe quoi. Ainsi si l'on utilise une condition souvent, on pourra utiliser une macro de substitution :

```
3    local condition " if sexe==1 & depart==0 "
4    regress Y X1 X2 X3 if sexe==1 & depart==0    devient simplement
5'   regress 'X123' 'condition'
```

## Macros locales et globales

Il existe des macros "locales" et des macros "globales". Les macros locales n'existent que dans l'environnement dans lequel elles ont été définies (environnement de travail, programme, boucle, procédure). Pour s'en rendre compte, il suffit d'exécuter la ligne suivante depuis le Do-file Editor :

```
local fruits "citron raisin orange poire"
```

si dans un deuxième temps on essaye d'afficher la macro fruits depuis la fenêtre de commande Stata par exemple :

```
display "les fruits du menu sont: 'fruits'."
```

on n'obtiendra pas la liste attendue en bout de ligne parce la macro a été définie dans l'environnement, éphémère, du programme écrit dans le Do-file Editor. Si par contre on inclue l'affichage de cette macro dans le même environnement de travail (on ajoute la ligne demandant l'affichage dans le programme), on obtient bien :

```
les fruits du menu sont : citron raisin orange poire.
```

Si l'on souhaite toutefois que cette macro soit définie de manière moins restrictive, on peut réaliser la même opération en remplaçant local par global, ce qui permet de conserver la macro variable en dehors de l'exécution du programme :

```
global fruits "citron raisin orange poire"
```

Il faut alors modifier l'appel de la macro en utilisant \$ au lieu des guillemets simples, la macro est alors reconnue en dehors de son environnement.

```
display "les fruits du menu sont: $fruits."
```

Nous obtenons le même résultat, d'un point de vue programmation. D'une manière générale, il est préférable de n'utiliser les macro-variables globales que si l'on souhaite vraiment transporter la macro hors d'un programme. On utilisera donc majoritairement des macros locales.

## Du bon usage des "guillemets" (quotes)

Deux types de guillemets existent dans Stata, les guillemets doubles " et les guillemets simples, qui ont la particularité intéressante de distinguer l'ouverture ' de la fermeture '. Ce dernier point a son importance, comme nous le verrons par la suite.

Tab. 7.1. Les différents "guillemets" de Stata

| " | ' | ' |
|---|---|---|
| Doubles | Simples (ouverture) | Simples (fermeture) |
| *(Touche 3)* | *(AltGr 7)* | *(Touche 4)* |

Comme nous l'avons vu en section 7.2.1, les guillemets simples ' et ' sont utilisés pour révéler la valeur d'une macro locale, que celle-ci contienne des nombres, des chaînes de caractères ou des listes.

Les guillemets doubles sont utilisés pour enchâsser des chaînes de caractères (string), comme "oui", "un", mais aussi le contenu d'une macro contenant un chaîne de caractère. Dans le cas où une macro contient un ensemble de chaînes de caractères, on écrira donc "'macro'" (notez la succession de guillemets doubles et simples). Par exemple :

```
1   local reponse "oui"
2   if "'reponse'"=="oui" {
3       use vrai.dta
    }
```

Ligne 1, l'alias reponse contient oui, et 'reponse' est interprétée par Stata comme oui. Si le test proposé ligne 2 était 'reponse'=="oui", il serait donc strictement interprété comme le test oui=="oui", ce qui n'a pas de sens syntaxiquement et provoquerait une erreur. Pour que les deux membres du test de part et d'autres de == soient comparables il faut qu'ils soient de même nature, et donc il faut comparer l'enchâssement "'reponse'" à "oui", c'est-à-dire comparer les deux chaînes de caractères "oui" et "oui".

**Remarque :** Il existe une troisième sorte de guillemets, les guillemets composites (*compound double quotes*), utilisés pour la programmation avancée et permettant d'enchâsser des chaînes de caractères. Le fait que les guillemets doubles ne permettent pas de différencier l'ouverture de la fermeture pose en effet un petit problème au programmeur travaillant avec des variables contenant des chaînes de caractères (et donc potentiellement des guillemets doubles). On trouve donc dans certaines procédures Stata des guillemets composites qui différencient l'ouverture '" (*AltGr 7 puis Touche 3*) de la fermeture "' (*Touche 3 puis Touche 4*).

## Affichage des macros

La commande la plus simple pour afficher le contenu d'une macro est d'utiliser list suivie du nom de la macro précédé d'un _ (*underscore*) pour les macros locales, ou d'un $ pour les macros globales. Ainsi on écrira simplement list _MaMacroL ou list $MaMacroG, pour effectuer l'affichage à l'écran. Une autre possibilité est d'utiliser display "'MaMacro'". Les commandes macro dir ou macro list permettent d'afficher l'ensemble des macros de l'environnement de travail :

```
S_level:        95
F1:             help
F2:             #review;
F3:             describe;
F5:             ´
F4:             `
F7:             save
F8:             use
S_ADO:          UPDATES;BASE;SITE;.;PERSONAL;PLUS;OLDPLACE
S_StataSE:      SE
S_FLAVOR:       Intercooled
S_OS:           Windows
S_MACH:         PC
_fruits:        citron raisin orange poire
```

On notera un ensemble de macros par défaut, des macros définies dans notre profile.do (F4 et F5, voir p. 182), ainsi que notre macro locale fruits, définie précédemment. Si l'on décide de donner le même nom[7] fruits, mais pour une macro globale :

> global fruits "peche banane"

On obtiendra :

```
. macro dir
fruits:         peche banane
S_level:        95
F1:             help
(Sortie écourtée..)
S_MACH:         PC
_fruits:        citron raisin orange poire
```

Nous avons donc deux macros à notre disposition, l'une globale l'autre locale, dont les contenus sont différents. Il conviendra de bien les différencier.

Lors de la définition d'une macro-variable, qu'elle soit locale ou globale, deux syntaxes existent, l'une utilisant le signe "=", l'autre pas :

> local X123 "X1 X2 X3"

ou

> local X123 = "X1 X2 X3"

Ces deux définitions produisent le même effet ici. On obtiendra X1 X2 X3 en substitution de 'X123'. Toutefois lorsque le signe "=" est utilisé, Stata interprète le membre de droite de l'égalité. Dans le cas suivant :

> local Question "2+2"

ou

> local Resultat − "2+2"

la macro Question contient 2+2, tandis que Resultat contient 4, soit l'interprétation de 2+2. Il est recommandé de *ne pas* utiliser le signe "=" sauf si l'on souhaite vraiment une interprétation du contenu de la macro. Déroger à cette règle peut poser un problème surtout lorsqu'une macro contient également des macros (voir section 8.23.1).

---

7. Ce n'est en général pas une bonne idée, et n'est proposé ici que pour la pédagogie de l'exemple.

## Manipulation des macros

Une opération simple consiste à recopier une macro dans une autre

local MacroNouvelle : copy local MacroAncienne

opération qui peut s'effectuer même si la macro MacroAncienne, n'existe pas. On peut aussi vouloir changer le contenu d'une macro sans être obliger de la supprimer et de la recrée ; il suffit d'écrire une nouvelle définition de cette macro pour la modifier :

```
local MaMacro "1 2 3 4"
local MaMacro "1 2 3 4 5 6 7 8 9"
```

```
. macro list _MaMacro
_MaMacro:       1 2 3 4 5 6 7 8 9
```

On peut ainsi vider une macro en la créant à vide local MaMacro "", ou simplement sans arguments après local MaMacro. Mais il existe aussi des fonctions avancées permettant de manipuler les macros à partir d'autres macros, pour créer des listes à partir de listes. La syntaxe est alors toujours la même, on crée une nouvelle macro (MaMacro) à partir d'une ou plusieurs autres (macro1, maro2,...) via un opérateur. La syntaxe sera donc :

local MaMacro : list *operateur* macro1 macro2 ...

ou bien

local MaMacro : list macro1 *operateur* macro2 ...

Ici les macros servant à créer la nouvelle macro ne sont pas substituées (pas de quotes), la syntaxe faisant appel au mot list, l'opérateur s'applique donc au contenu des macros sans ambiguïté. Nous présentons ici des exemples d'utilisation d'opérateurs sur la base des listes crées ci-dessous :

```
local debut "1 2 3 4 5 "
local fin "5 6 7 8 9 "
local union : list debut | fin
```

```
. di " `union´"
 1 2 3 4 5 6 7 8 9
```

```
local debut2 : list union-fin
```

```
. di " `debut2´"
 1 2 3 4
```

```
local inter : list debut & fin
```

```
. di " `inter´"
 5
```

```
local long : list sizeof union
```

```
. macro list _long
_long:          9
```

Il est également possible d'effectuer des opérations plus complexes sur une macro
liste, en utilisant les commandes uniq ou dups, ainsi :

```
local repetition " 1 2 2 3 3 3 4 4 4 4"
local unique : list uniq repetition
```

```
. macro list _unique
_unique:        1 2 3 4
```

```
local doublons : list dups repetition
```

```
. macro list _doublons
_doublons:      2 3 3 4 4
```

On peut également comparer les listes pour savoir si elles ont les mêmes éléments
dans l'ordre (==) ou dans le désordre (===). Il faut noter que des éléments répétés
sont considérés comme autant d'éléments différents. On peut aussi tester l'inclusion
de macros (in) ou la présence d'un élément dans une macro (posof). L'ensemble de
ces tests entre macros retourne 0 ou 1 suivant que l'issue du test est fausse ou vraie
respectivement.

D'autres opérations sont possibles pour récupérer des informations sur les variables
(type, variable label, value label) ou les données (data label), les matrices (colnames). Il est
également possible de faire des analyses grammaticales (parsing) sur des listes de mots
pour en extraire des sous listes ou en remplacer des éléments (voir aussi les exemples
chapitre 8). Toutes ces opérations sont également possibles avec des macros globales en
remplaçant local par global en début de ligne (voir help extended_fcn).

## 7.2.2  If, else et les contrôles

Stata propose de nombreux outils permettant de programmer des tests et des structures conditionnelles basées sur des listes et des comparaisons. Concernant la comparaison (déjà vu en section 2.2.2), il est bon de rappeler que les valeurs manquantes
(missing) sont les valeurs les plus grandes pour Stata si c'est une variable numérique et
les plus faibles si c'est une variable chaîne. Donc les comparaisons doivent être faites
avec prudence. Rappelons aussi que les comparaisons de variables chaînes sont toujours
délicates à utiliser.

**Le dessous des "if"...**

Il y a deux "if" en Stata, ce qui peut piéger l'utilisateur. Nous avons vu sa forme la
plus courante en section 2.2.2. Ici nous présentons le "if de branchement" (*branching*),
qui vérifie si une condition est vraie et oriente l'exécution vers une sous-partie du programme. Si la réponse du test est positive, les opérations placées directement après le
test seront exécutées. La syntaxe est classique et semblable à celle de la commande

while abordée en section 7.2.3. Dans l'exemple suivant x est un scalaire qui a une valeur unique. On écrira simplement :

```
if x==1 display "La condition est vérifiée"
```

ou bien si plusieurs actions sont nécessaires on les placera entre accolades :

```
if x==1  {
    local nom "fich1"
    use `nom´.dta
    ...
}
```

Si la condition n'est pas vérifiée, les commandes situées entre les accolades sont ignorées et ce sont les commandes suivant le mot clé else, si elles existent, qui sont exécutées, comme dans l'exemple suivant faisant intervenir la boucle while (voir section 7.2.3) :

```
local i=1
while `i´<=10 {
    if `i´ < 5 {
        display `i´ " est inférieur à 5"
    }
    else {
        display `i´ " est supérieur ou égal à 5"
    }
    local i=`i´+1
}
```

Tant que i est inférieur à 5, Stata affiche dans la fenêtre de résultat : 'i' est inférieur à 5, au delà il affiche 'i' est supérieur ou égal à 5.

**Remarques importantes** :
- Il ne faut rien écrire à droite de l'accolade suivant le test "{", ni de celle la fermant "}", sauf, éventuellement, un commentaire car ce n'est pas lu par Stata.
- L'accolade ouvrante est toujours placée à la suite de la condition et/ou du else[8].
- Il faut s'assurer que la condition suivant le while ne sera pas toujours satisfaite, sinon c'est une boucle sans fin.
- L'élément i est une macro-variable, qui est modifiée (incrémentée) à la fin de chaque boucle (voir section 7.2.1).

**Attention :** Dans les deux premiers exemples, x est un **scalaire** qui a une valeur et une seule, et qui est comparée à un nombre. Dans l'exemple précédent, i est une *macro* qui prend des valeurs successives comparées à la valeur 5. Prenons maintenant la situation où une *variable* est utilisée pour un test. Dans l'exemple suivant, la variable sexe prend les modalités 0 ou 1 suivant les individus :

---

8. La position des accolades est très stricte dans ce cas.

```
. list sex in 1/5, clean
          sexe
    1.       1
    2.       0
    3.       0
    4.       1
    5.       0
```

L'issue du test suivant :

```
if sexe==1 {
    di "L´individu est un homme"
}
    else {
    di "L´individu est une femme"
}
```

peut être particulièrement trompeuse puisque la première valeur de la *variable* sexe est 1 et que le test n'est opéré en réalité qu'une seule fois (sur la première valeur de sexe en fait), on a donc :

```
L´individu est un homme
```

ce qui peut être troublant. En effet, comparer une variable (sexe) à une valeur (le nombre 1) n'a pas réellement de sens. Stata donne pourtant un résultat sans mentionner d'erreur, bien que la question soit mal posée. Un programme permettant d'effectuer un test sur la variable sexe pour chaque individu serait composé d'une boucle (voir section 7.2.3) sur l'ensemble des individus du fichier :

```
forvalues x = 1/´c(N)´{
    if sexe[´x´]==1 {
        di "L´individu est un homme"
    }
    else {
    di "L´individu est une femme"
    }
}
```

## 7.2.3   Les commandes répétées

Lorsque l'on doit répéter la même commande sur des objets différents, il est souvent utile de réaliser des boucles. La très puissante commande by (ou bysort) permet d'éviter ces boucles répétitives, souvent coûteuses en temps d'exécution. Si toutefois l'on ne peut faire l'économie d'une ou de plusieurs boucles, la syntaxe utilisée dans Stata dépendra de la nature même de la boucle. On boucle généralement sur des séquences de nombres avec while ou forvalues et sur des séquences d'éléments quelconques avec foreach.

Il est cependant recommandé de posséder certaines séquences bien utiles dans une boucle par exemple. Nous en utiliserons des exemples tout au long de ce chapitre.

## Les séquences de nombres

Afin d'énumérer une liste de nombres, plusieurs possibilités sont offertes par Stata, le tableau suivant résume les principales :

| | |
|---|---|
| 1/30 | liste de première observation à 30 par pas de 1 |
| 1/l | de 1 à la fin du fichier (l = last) |
| 1(2)9 | liste de 1 à 9 par pas de 2 |
| 1 4/8 13(2)21 103 | une combinaison valide de plusieurs cas |
| 1 4/8 9(-1)6 | donne 1, 4, 5, 6, 7, 8, 9, 8, 7, 6 |
| f/-5 | liste du début à 5 enregistrements avant la fin |
| -5/l | liste les 5 derniers enregistrements |

## Les traitements par lots (by et bysort)

Parmi toutes les commandes Stata, la commande by, ou bysort, est l'une des plus utiles et parmi les plus puissantes ; elle est aussi souvent méconnue ou mal utilisée.

by var: cmd

permet un traitement par lot, c'est-à-dire d'effectuer la même commande cmd pour chacune des modalités de la variable var. Par exemple, la commande :

bysort sexe: sum salaire

donne une description de la variable salaire (salaire horaire) pour chaque modalité de la variable sexe et affiche le résultat suivant :

```
-> sexe = Hommes
    Variable |      Obs        Mean    Std. Dev.       Min        Max
-------------+--------------------------------------------------------
     salaire |     4899    56.22742       24.786   13.45464   236.5996

-> sexe = Femmes
    Variable |      Obs        Mean    Std. Dev.       Min        Max
-------------+--------------------------------------------------------
     salaire |     3463     47.6812     15.50869   13.63074   148.4275
```

**Remarques** :
  - Si le fichier n'est pas trié suivant la variable utilisée par by, ici sexe, Stata retournera une erreur (not sorted r(5)) ; on utilisera donc de préférence la commande bysort exactement de la même façon.
  - Certaines commandes ne sont pas compatibles (*not by-able*) avec by (bysort). C'est le cas de hist, kdensity, et d'autres commandes produisant des graphiques[9]. Toutefois, la majorité des statistiques simples et des estimations permettent une utilisation par lot avec by ou bysort.

---

9. D'autres moyens existent pour produire des graphiques par catégorie, voir en section 5.3.4.

Ces commandes peuvent être utilisées pour des opérations plus complexes ; on peut ainsi créer des variables dont les valeurs sont définies par lot en utilisant les commandes gen ou egen définies section 2.3.2.

> bysort age: egen prixmoyenparage=mean(prix)

crée une variable prixmoyenparage sur l'ensemble du fichier valant, pour chaque observation, la moyenne du prix des observations du même age. L'opération à droite des ":" est donc répétée pour chaque modalité de la variable à gauche des ":". On peut également effectuer des estimations par lot :

> bysort sexe: regress salaire diplome region public

donne deux régressions distinctes sur les deux sous-populations sexe=0 et sexe=1. Il est à noter que l'on peut utiliser by (bysort) avec plusieurs variables[10] :

> bysort var1 var2 var3: cmd

La commande cmd sera répétée pour chacune des modalités distinctes du triplet var1 var2 var3, ce qui peut engendrer un nombre de répétitions importantes.

### while

La boucle de base de tous les langages est un peu tombée en désuétude. Ceci est dû à la puissance et la meilleure utilisation des boucles forvalues et foreach. En utilisant while on effectue une série de commandes tant qu'une condition est vérifiée. La boucle la plus simple s'écrit ainsi :

```
local i=1
  while `i´<=10 {
     display `i´
     local i=`i´+1
  }
```

Il faut alors incrémenter la macro i explicitement dans la boucle.

**Remarques sur les boucles :**
Que ce soit dans l'utilisation de while, foreach ou forvalues, il est important de respecter les éléments suivants :

- Il ne faut rien écrire à droite de l'accolade ouvrant une boucle "{", ni de celle la fermant "}", sauf, éventuellement, un commentaire car ce n'est pas lu par Stata.
- Il est recommandé d'utiliser une indentation pour définir le contenu d'une boucle, surtout en cas de boucles emboîtées ou si l'on utilise des conditions dans une boucle (voir aussi page 175).
- Il est parfois inutile, et coûteux en temps de calcul, de faire une boucle alors que d'autres solutions sont possibles. Il existe des commandes particulièrement efficaces en Stata et il ne faut pas s'en priver (voir par exemple bysort, compare, duplicate, collapse, etc.)

---

10. Nous avons testé un bysort à 10 variables ($2^{10}$ réplications) sans trouver de limitation de la part de Stata. La limite est plutôt due à la complexité engendrée et au temps de calcul.

**forvalues**

La commande forvalues permet de parcourir une plage de nombres et d'exécuter une ou plusieurs commandes pour chacun d'eux. C'est la commande la plus efficace (la plus rapide d'exécution) lorsqu'on souhaite parcourir une liste de valeurs consécutives :

```
forvalues i = 1/100 {
    display "i vaut `i'"
}
```

Cette séquence affiche "i vaut ..", i prenant les valeurs de 1 à 100. Les règles de syntaxe utilisées sont les mêmes pour toutes les boucles (voir page 192), rien ne doit être écrit après l'accolade ouvrant la boucle des lignes de commandes ni avant celle la fermant.

```
forvalues i = 10(10)100 {
    display "i vaut `i'"
    generate lag`i'=lag-`i'
}
```

Ici, on affiche "i vaut ..", i prenant les valeurs de 10 à 100 par pas de 10 et on crée 10 nouvelles variables de retard. On utilisera dans ce contexte les listes de nombres (définies page 191), afin de réaliser des boucles plus efficacement.

**foreach**

Pour boucler sur une liste d'éléments autres que des nombres, la commande foreach offre de puissantes possibilités. Ici encore, plusieurs syntaxes coexistent et peuvent perturber l'utilisateur :
-soit on utilise foreach X **in** *maliste* pour utiliser une liste arbitraire

```
foreach X in citron raisin orange poire {
    display "le nom `X' comporte " length("`X'") " caractères"
    use `X'.dta, clear
    describe
}
```

soit on utilise foreach X **of local** *maliste* en ayant préalablement défini une macro-liste[11], fruits.

```
local fruits "citron raisin orange poire"
foreach X of local fruits {
    display "le nom `X' comporte " length("`X'") " caractères"
    use `X'.dta, clear
    describe
}
```

Ici, dans les deux cas, on affiche le nombre de caractères du nom du fichier qui est ensuite ouvert et une liste descriptive des variables est donnée. La documentation de Stata indique que cette commande est la plus rapide en terme de temps d'exécution.

---

11. Ici, et dans toute la suite, nous utilisons des macros locales (local), on peut de la même façon boucler sur des macros globales (global) (voir section 7.2.1).

**Remarque** : Dans ce dernier exemple, la macro liste fruits est utilisée avec foreach sans que des guillemets ne soient nécessaires pour indiquer que l'on en utilise le contenu.

On peut également boucler sur une liste de nombres ou de variables du fichier. On utilisera alors la syntaxe dédiée à chacun de ces cas particuliers. Pour boucler sur une liste de nombres, le plus simple et le plus efficace est d'utiliser la commande forvalues décrite ci-dessous.

On utilise toutefois foreach X of numlist *numlist* dans le cas où la liste de nombres est discontinue :

```
foreach X of numlist 1 4/8 13(2)21 103 {
    scalar define k`X'=2^`X'
}
```

Dans cet exemple on a créé 12 scalaires qui prennent les valeurs suivantes :

```
. scalar list
        k103 =    1.014e+31
         k21 =     2097152
         k19 =      524288
         k17 =      131072
         k15 =       32768
         k13 =        8192
          k8 =         256
          k7 =         128
          k6 =          64
          k5 =          32
          k4 =          16
          k1 =           2
```

Dans le cas d'une boucle sur variables, la syntaxe foreach var of varlist mentionne l'utilisation d'une liste de variables. Cette liste peut comprendre des abréviations ou des caractères "joker" comme dans l'exemple qui suit :

```
foreach var of varlist age pht cout1-cout5 pr* tab?pro *199 {
    quietly sum `var'
    scalar def moy_`var'=r(mean)
}
```

Cet exemple effectue pour chacune des variables de la liste la commande summarize sans afficher les résultats à l'écran, et récupère la moyenne dans un scalaire. Les variables sont : age, pht, cout1 à cout5, les variables commençant par pr, les variables de 7 caractères commençant par tab et finissant par pro et les variables finissant par 199.

**Remarques** :
  – Si l'opération doit être réalisée sur tout le fichier on peut utiliser l'alias système _all, qui est une macro-variable comprenant toutes les variables du fichier, au lieu d'écrire la liste complète des variables ;
  – L'écriture cout1-cout5 définit une macro implicite contenant la liste de toutes les variables comprises entre cout1 et cout5 dans l'ordre du fichier. **Attention**, cet ordre *dépend* du classement des variables dans le fichier (généralement par ordre

de création des variables). Si la variable sexe est intercalée dans le fichier entre cout1 et cout5, elle fera également partie de la liste (voir order section 2.8.1) ;
– On pourra tirer profit des opérations sur les macros décrites en section 7.2.1, afin de créer rapidement la liste sur laquelle boucler.

## 7.2.4  Se servir de ce qui a déjà été calculé

### Les résultats de statistiques descriptives : return list

De nombreuses commandes — en fait, toutes les procédures de classe r() — et notamment summarize, affichent à l'écran des résultats qui sont également stockés dans des scalaires, des macros ou des matrices. La commande return list permet d'afficher ces informations :

```
. return list
scalars:
              r(N) =  8362
          r(sum_w) =  8362
           r(mean) =  25413.1695766563
            r(Var) =  6606033893.755955
             r(sd) =  81277.51161149039
            r(min) =  595
            r(max) =  2055255
            r(sum) =  212504924
```

Ces informations sont éphémères ; pour les utiliser durablement il faut les conserver dans un scalaire ou une matrice juste après que Stata les ait calculées car elles sont effacées par les calculs suivants. On peut par exemple conserver la moyenne arithmétique dans le scalaire M :

```
scalar define M=r(mean)
```

On peut également récupérer des listes que l'on pourra stocker dans des macrovariables et qui serviront à effectuer des commandes répétées. Supposons par exemple que nous ignorions que la liste de l'ensemble des variables d'un fichier est stockée dans la macro _all. On souhaite effectuer un traitement sur toutes les variables de notre fichier. La commande ds (describe short) affiche la liste des variables du fichier et stocke cette liste dans une macro.

```
ds
(...)
return list
macros:
            r(varlist) : "var1 var2 var3"
```

Cette macro-liste r(varlist) est éphémère, on peut donc la récupérer dans une nouvelle macro que nous appelons mesvar

```
local mesvar "`r(varlist)´"
```

et effectuer des traitements répétitifs, ce qui donne :

```
ds
local mesvar "`r(varlist)´"
foreach X in `mesvar´ {
        list var1 if `X´==.
}
```

Ici, la commande local mesvar "'r(varlist)'" affecte à la macro mesvar la valeur d'une autre macro r(varlist). On doit donc utiliser en premier lieu des guillemets simples (' et ') pour obtenir la valeur de r(varlist) que l'on enchâsse ensuite dans des guillemets doubles (" et ") pour définir mesvar. La syntaxe est donc un peu complexe, mais néanmoins logique (voir aussi section 7.2.1).

### Les sorties d'une estimation : ereturn list

Lors d'une estimation — et plus généralement après l'utilisation de procédures de classe e() — les résultats ainsi que bon nombre de paramètres de l'estimation elle-même sont conservés en mémoire. La commande ereturn list affiche les informations par catégorie, scalaires, macros, matrices, fonctions.

```
. regress Y X1 X2 X3
(..)
. ereturn list
scalars:
                   e(N) =  3292
                e(df_m) =  3
                e(df_r) =  3288
                   e(F) =  47.48359513879191
                  e(r2) =  .0415253837839523
                e(rmse) =  .1215173712129899
                 e(mss) =  2.103495463931679
                 e(rss) =  48.55215831342328
                e(r2_a) =  .0406508631487187
                  e(ll) =  2269.397556781153
                e(ll_0) =  2199.587076127397
macros:
             e(cmdline) : "regress Y X1 X2 X3"
               e(title) : "Linear regression"
              e(depvar) : "Y"
                 e(cmd) : "regress"
          e(properties) : "b V"
             e(predict) : "regres_p"
               e(model) : "ols"
           e(estat_cmd) : "regress_estat"
matrices:
                   e(b) :  1 x 4
                   e(V) :  4 x 4
functions:
              e(sample)
```

Le praticien reconnaît les différentes statistiques d'intérêt déjà affichées à l'écran après la régression et peut désormais les conserver durablement dans des scalaires et matrices. La fonction e(sample) est d'un intérêt tout particulier valant 0 ou 1 suivant que l'observation ait été prise en compte dans l'estimation. Ainsi après une regression où des observations ont été ôtées du calcul on pourra conditionner les calculs suivants par cette fonction. Un exemple typique :

> regress Y X1 X2 X3, nocons
> sum X1 if e(sample)

afin d'avoir des statistiques sur la valeur de la variable X1 sur l'échantillon utilisé. On pourra également utiliser la commande estimates, qui permet l'enregistrement d'une estimation dans un fichier pour un usage ultérieur. On écrira :

> estimates save estimation1

pour enregistrer le fichier estimation1.ster, qui pourra être utilisé plus tard via :

> estimates use estimation1

afin de retrouver l'ensemble des informations de l'estimation, que l'on pourra visualiser par ereturn list.

De son coté, le programmeur prendra soin de définir les sorties des procédures proposant des résultats (*r-class* procédures) en utilisant la commande return (voir help return ou section 7.3.2 pour plus de détail sur les classes de programmes).

## Les modalités des variables : levelsof / distinct / vallist[@]

Plusieurs commandes permettent de récupérer les modalités d'une variable :

levelsof var1, l(mod) affiche les modalités distinctes de var1 et crée mod, une macro-liste locale (voir section 7.2.1) contenant toutes ses modalités.

distinct var1 retourne le nombre de modalités de la variable var1 et conserve ce résultat dans la variable locale r(distinct) afin de pouvoir le réutiliser. On peut combiner l'utilisation de distinct avec by pour effectuer un traitement par lot.

vallist var1, local(mod) permet d'avoir le même type d'information avec plus d'options, notamment la possibilité de récupérer dans la macro-variable mod la liste des labels, au lieu de la liste du codage de la modalité vallist var1, local(mod) label.

Ces dernières commandes sont très utiles lorsque l'on veut faire des traitements conditionnés aux modalités d'une variable (var1) dont on ne connaît pas, *a priori*, le nombre ou la nature. Cette information pourra ensuite être utilisée pour parcourir l'ensemble des modalités avec foreach par exemple (voir aussi 7.2.3 ou l'exemple 8.3).

## Les paramètres du système : creturn list

De nombreux éléments du système sont paramétrables depuis la ligne de commande Stata. Par exemple la taille de la mémoire (set memory), le style de graphiques (set scheme), ou encore l'utilisation ou non de la commande more (set more on/off), déjà vus dans les sections précédentes. D'autres éléments sont directement issus du système et peuvent être utiles au programmeur. La liste de l'ensemble de ces variable est donnée par la commande creturn list, qui affiche un tableau très complet, classé par type de paramètres et agrémenté de liens vers l'aide.

Parmi les plus utiles, citons le nombre de variables c(k), ou d'observations c(N) ; l'état des données depuis le dernier enregistrement c(changed) ; la date c(current_date) et l'heure courante c(current_time). Tout comme les paramètres issus des estimations ou des procédures, ces informations pourront être stockées dans des macros pour une utilisation dans un programme (voir par exemple 8.10).

## 7.3  Programmation

Un programme peut n'être qu'un enchaînement, plus ou moins complexe, de diverses commandes potentiellement longues, sur divers fichiers. Un programme permet aussi de garder la trace d'un traitement afin de pouvoir le reproduire, le modifier, ou d'en automatiser le traitement. Enfin certains traitements exigent des commandes complexes qui ne sont disponibles que dans un environnement de programmation.

L'objectif est ici de présenter, exemples à l'appui, la syntaxe, les commandes et la structure indispensable à une programmation simple ou avancée. Tout au long de ce chapitre, nous nous intéresserons donc à des fichiers ayant une extension .do pour les programmes ou .ado pour les procédures. Nous n'allons pas décrire ici de programmes et procédures trop longs ou trop techniques, ni décrire les programmes élémentaires que l'on trouve dans la documentation officielle de Stata ou sur internet. Nous n'entrerons pas non plus dans les détails de l'utilisation du Stata Do-file Editor[12] (présenté section 1.2.2), éditeur qui permet d'exécuter des morceaux de programmes et dont la nouvelle mouture est bien plus agréable et propose, enfin, un environnement de travail digne d'un éditeur de texte. On pourra toutefois lui préférer n'importe quel éditeur de texte dédié à la programmation pour l'écriture de programmes longs.

### Programmes ou procédures ?

Programmes et procédures diffèrent plus par leur utilisation que par les instructions que l'on y trouve, même si les procédures ont une syntaxe un peu plus complexe. Un *programme* (.do) est défini dans un contexte bien précis pour s'appliquer à un jeu de données dont les variables sont connues. Même s'il contient des structures répétitives et demandera à être exécuté de nombreuses fois, un programme n'est pas destiné à servir de nombreuses fois et n'a pas vocation à être générique. Une *procédure*, par contre, (.ado) est destinée à être invoquée plusieurs fois dans des contextes différents ou appliquée à des variables différentes, tout comme les commandes standard Stata. On peut en outre rendre ces procédures flexibles, y adjoindre des options, et ainsi créer l'équivalent d'une commande personnelle.

### 7.3.1  Les programmes : do

Un programme se présente donc typiquement comme ceci :

---

12. Accessible également par la commande doedit, ou par le menu de Stata.

```
    /* programme prog0.do basique */
1   /* Description, commentaires */
2   log using rapport0, replace
3   use "donnees.dta"
4   instructions
5   ...
6   instructions
7   compress
8   save résultat.dta, replace
9   log close
```

La structure générale est simple, un fichier est ouvert en début de programme (use ...),
le résultat est sauvegardé dans un autre fichier que l'on remplace à chaque sauvegarde
(Save...), l'ensemble des opérations est enregistré dans un log (rapport0.smcl), réinitialisé
à chaque lancement. Notez l'utilisation de **compress** avant la sauvegarde.

### Où commencer ?

Un programme s'enregistre dans un fichier dont l'extension est obligatoirement .do
qui se situe quelque part sur votre disque dur[13], disons en c:\Moi\progs. Ce programme
fait appel à un fichier de données qui peut être ailleurs, c:\Moi\donnees. Stata suppose
par défaut que le répertoire de travail est c:\data, sauf mention contraire dans votre
profile.do (voir section 7.1.4). Pour pouvoir bien commencer, le plus simple est de mettre
vos fichiers de données et vos programmes dans le même répertoire, c:\Moi\CoursStata
par exemple, puis de modifier depuis Stata le répertoire courant en utilisant les commandes système de parcours de l'arborescence, *i.e.* cd c:\Moi\CoursStata. Pour savoir
quel est le répertoire de travail courant de Stata, il suffit d'utiliser la commande pwd.

Exécuter un programme, à condition que le répertoire de travail contienne le programme
en question, s'effectue par :

    do monprog

On peut l'éditer, soit en utilisant l'icône de l'interface de Stata, soit en utilisant

    doedit monprog

Enfin, on peut aussi exécuter un programme en tâche de fond (*mode batch*) depuis une
fenêtre de commande ou depuis un programme extérieur en utilisant les possibilités de
liaison entre programmes proposées notamment par Windows via l'OLE, que nous avons
abordé section 7.1.4.

---

13. Bien entendu, les fichiers peuvent se trouver dans votre espace personnel situé sur un serveur, ou
sur tout autre média connecté physiquement ou via un réseau local.

Si le programme fait appel à des fichiers de données situés dans ce même répertoire, alors la commande use MesDonnees est suffisante. Si par contre, les données sont situées dans un autre répertoire, alors il faut préciser le chemin (relatif ou complet).

```
use  "c:\Moi\Moncours\MesDonnees.dta"  // <--- chemin complet
use  "..\Moncours\MesDonnees.dta"      // <--- chemin relatif
```

### Un programme simple

Pour commencer, il n'est pas de commande Stata que vous ne puissiez inclure dans un programme. Un premier exemple sera un programme qui effectue donc une simple succession d'actions. Ici, on va remplacer variable par variable les valeurs manquantes dans nos données[14].

```
   /* programme prog1.do de vérification des données */
1    log using verif, replace
2    use "donnees.dta"
3    quietly ds
4    foreach X in 'r(varlist)'{
5          replace 'X'=0 if 'X'==.
6    }
7    quietly compress
8    save "donnees-V.dta", replace
9    log close
```

La commande **quietly** est utilisée ici deux fois (lignes *3* et *7*). Comme son nom l'indique, elle permet à la commande qui suit (sur la même ligne) de s'exécuter sans affichage, sauf en cas d'erreur. Dans le détail, ligne *3* nous décrivons (ds) la liste des variables présentes dans le fichier, le résultat est stocké dans la macro liste r(varlist). Ligne *4*, une boucle est décrite où la macro-variable locale X représentera tour à tour chacune des variables de cette liste et dont nous prenons la valeur en utilisant les guillemets (*quotes*) ouvrants et fermants. La ligne *5* effectue le remplacement des missing, par appel de la valeur de la macro variable X. Il est préférable de laisser la commande afficher le nombre de remplacements effectués (afin de suivre et tracer les changements dans le fichier) et donc de ne pas utiliser quietly ligne *5* dans une première approche.

Comme le fichier sur lequel s'applique ce programme est précisé, le programme devra être exécuté depuis l'éditeur sans qu'aucun fichier ne soit ouvert sous Stata, ou bien en tapant do prog1.do. On prendra juste garde au répertoire dans lequel se trouve Stata au moment de l'exécution. Si l'on souhaite exécuter ce programme même si un fichier de données est ouvert, on remplacera la ligne *2*, en utilisant l'option clear, par :

```
use "donnees.dta", clear
```

Lorsque le programme s'exécute sans erreur, nous avons un rapport sommaire des commandes exécutées. On pourra éventuellement ajouter set more off au début de ce pro-

---

14. Il s'agit uniquement ici d'une illustration, cette opération pouvant être réalisée directement sans créer de programme.

gramme (et set more on en fin) afin qu'il s'exécute sans avoir à appuyer sur une touche du clavier.

## Trouver une erreur

Comme tout langage, Stata a des règles et retournera des codes d'erreur plus ou moins abscons en cas de mauvaise utilisation de la syntaxe ou des commandes (voir annexe A). Ceux-ci ne fournissent malheureusement pas toujours les solutions aux problèmes, ni la nature-même du problème. Pour connaître l'origine du problème, une méthode consiste à lancer le programme morceaux par morceaux en se servant de l'éditeur de programme qui trouve là toute son utilité. On peut également ajouter des affichages de valeurs particulières ou de macros en parsemant de display 'X' le programme. Si l'erreur persiste, il faut alors utiliser le mode trace.

```
1    log using debug, name(debug) replace
2    set more off
3    set trace on
4    do prog1
5    set trace off
6    set more on
7    log close
```

Cette commande est extrêmement verbeuse, puisqu'elle liste l'ensemble des opérations effectuées (en mode *verbose*), ainsi que les valeurs prises par les macros (y compris au sein des procédures appelées), les sorties sont donc très longues et devront être analysées dans un fichier log (comme ici lignes *1* et *7* ), le *buffer* de la fenêtre résultat ne pouvant généralement pas conserver toute l'information. On n'oubliera pas de désactiver la commande more afin de laisser le programme afficher toutes les commandes jusqu'à l'erreur (lignes *2* et *6*). La commande trace s'avère une alliée précieuse — la seule — pour déboguer les programmes. Espérons que les futures versions de Stata intégreront des outils modernes de traque des erreurs comme il en existe dans d'autres logiciels[15].

On pourra également effectuer des pauses à certains endroits bien précis du programme, en utilisant la commande, justement nommée, pause. Cette commande sera très utile lorsque l'on pense connaître l'emplacement possible d'une erreur et que l'on souhaite suspendre provisoirement l'exécution d'un programme, par exemple pour vérifier la valeur de certaines variables ou scalaires. Ainsi, lors de l'exécution du programme suivant :

---

15. On pourra consulter http://www.stata.com/support/faqs/lang/debug.html pour quelques conseils.

```
1    pause on
2    foreach X in $Maliste{
3         replace 'X'=0 if 'X'==2
4         pause remplacement de 'X'
5    }
6    pause off
```

le programme sera suspendu (ligne *4*), permettant d'exécuter des commandes annexes
de vérification, jusqu'à ce que l'on frappe la lettre q, indiquant la reprise du programme,
jusqu'à la pause suivante. Il est à noter que la ligne de commande est préfixée d'une
flèche, afin d'indiquer le mode "suspendu" du programme en cours. Si la commande
pause est dans l'état off(par défaut), les commentaires de la ligne *4*  ne seront pas
affichés et l'exécution ne sera pas suspendue.

### Des programmes dans des programmes

Bien entendu, il est possible, et même recommandé, de "séquencer" les traitements
d'un programme en de multiples blocs effectuant chacun une tâche bien précise. Mieux,
on peut créer des programmes indépendants qui seront appelés successivement :

```
/* programme total.do de traitement de diverses données */
1    log using total, replace
2    do partie1
3    do partie2
4    do partie3
5    log close
```

Il faut toutefois s'imposer quelques règles de bon sens pour que cette séquence fonctionne
correctement :

- les programmes sont tous dans le même répertoire ;
- chaque programme ouvre un fichier de données et sauve les données dans un autre
  fichier ;
- chaque programme doit laisser l'environnement (répertoire de travail, fichier de
  données, variables) dans l'état où il l'a trouvé ;
- l'enchaînement des tâches doit être bien précisé, chaque programme doit pouvoir
  s'exécuter indépendamment ;
- si des macros sont nécessaires, on pourra utiliser des macros globales pour les
  conserver d'un programme à l'autre.

### Un programme de vérification : assert, confirm, capture

Une des tâches pénibles dont le praticien doit s'acquitter lorsqu'il traite des données,
est de contrôler un ensemble de propriétés que doivent vérifier ses données. Nous avons
vu ci-dessus comment le programme prog1.do remplace les valeurs manquantes par la

valeur 0. Les commandes assert et confirm permettent de tester simplement certaines hypothèses plus spécifiques. Supposons par exemple que le fichier MesDonnes.dta contienne la variable salaire qui ne doit jamais être négative, ni manquante et que la variable Prix ne doit pas être déjà présente dans le fichier et que si elle existe elle doit être initialisée à 0. Le programme suivant permet de tester cela simplement, sans avoir à parcourir une à une les lignes du fichier.

```
      /* programme Verif.do de vérification de diverses hypothèses */
1     log using Verif, replace
2     assert (salaire > 0 & salaire !=.)
3     confirm new variable Prix
4     if !_ rc {                              /* Prix n'existe pas déjà */
5             generate Prix=0
6     }
7     else {                                  /* Prix existe déjà */
8             replace Prix=0
9     }
10    log close
```

Si la condition sur la variable salaire, ligne *2*, n'est pas vérifiée, le programme s'arrête avec un message d'erreur et un rapport sur l'assertion :

```
1500 contradictions in 3292 observations
assertion is false
```

ce qui se révèle particulièrement efficace et utile. Le test opéré ligne *4* porte sur l'existence de la variable Prix et utilise le résultat de la commande confirm (ligne *3*). Si la variable Prix n'existe pas déjà (new variable), le test retourne _rc = 0 et 1 sinon, ce qui permet un traitement différencié dans les deux cas.

Le test d'existence de la variable prix, ligne *3*, pourrait être remplacé par :

```
3'    capture replace Prix=0
```

la commande capture garantit l'exécution d'une commande quelle que soit l'issue de cette commande. En retour le scalaire _rc =0 si l'exécution s'est bien passée (Prix existe donc) tandis que _rc ≠ 0 sinon, auquel cas on exécute les lignes *4*, *5* et *6*. Dans cet exemple utilisant *3'*, les lignes *7* à *9* sont alors inutiles. Cette commande est particulièrement utile également lorsque l'on souhaite qu'un programme ne s'arrête pas à l'issue d'une commande qui peut engendrer une erreur sur certains éléments d'une variable.

## 7.3.2 Les procédures : ado

Une procédure (*ado-file*) est un programme particulier, destiné à pouvoir s'exécuter par simple appel depuis la ligne de commande Stata ou dans un programme. Un grand nombre de commandes utilisées sous Stata sont en fait des procédures et un .ado leur correspond[16]. Une procédure peut avoir un, plusieurs, ou une liste d'arguments ; elle peut être exécutée par lot (en utilisant by) ou pas ; on peut lui adjoindre des conditions (if) ou des options de toutes sortes. Les procédures créées devront être rangées dans un dossier connu de Stata (c:\ado\personal par exemple) ; pour connaître le répertoire par défaut dans lequel Stata reconnaît ces procédures, il suffit de taper sysdir (voir aussi en section 2.3.2).

Il faut noter qu'une procédure créée ou modifiée ne sera reconnue que lorsque Stata aura chargé les nouvelles procédures et "oublié" les anciennes versions antérieurement chargées en mémoire. On utilisera donc la commande discard entre deux modifications d'une procédure, par exemple. Ce point est évidemment à ne pas oublier lors du déboggage des procédures, tâche déjà difficile puisqu'il n'est pas possible d'exécuter des morceaux de procédure.

### Différents types de procédures : les classes

Il y a principalement deux types de procédures, d'une part celles qui produisent un résultat (rclass), les plus nombreuses, ou celles qui effectuent une estimation (eclass), et d'autre part celles qui ne retournent aucun élément calculé. Après l'exécution d'une procédure, certaines informations sont donc potentiellement générées et disponibles en retour. Pour connaître ces informations, on utilise la commande return list pour les procédures de classe rclass et ereturn list pour les procédures de classe eclass (voir aussi en section 7.2.4).

### Passer des arguments — Nombre d'arguments fixe

La procédure ci-dessous Tabmoi.ado prend deux arguments, ici deux variables, et exécute deux tableaux simples et un croisé de de ces deux variables, en ajoutant l'option missing.

```
1    program Tabmoi
2    version 10
3    args var1 var2                // 2 arguments 'var1' et 'var2'
4    tabulate 'var1', missing
5    tabulate 'var2', missing
6    tabulate 'var1' 'var2', missing  // tableau croisé avec missing
7    end
```

Sur l'exemple ci-dessous,

```
Tabmoi an sexe
```

var1 vaut an et var2 vaut sexe, le programme est équivalent à la suite de commandes :

---

16. Les commandes les plus utilisées comme summarize ou generate sont incorporées (*Built-in*) directement dans Stata. La commande levelsof, par exemple, est un ado. On pourra utiliser la commande which pour savoir si une commande est un ado ou pas.

```
tabulate an, missing
tabulate sexe, missing
tabulate an sexe, missing
```

**Remarque :** On pourra noter, ligne *2*, que la version de *Stata* utilisée est mentionnée afin d'assurer une pérennité de la procédure lors de l'évolution du logiciel à des versions supérieures.

### Passer des arguments — Nombre d'arguments libre

La procédure ci-dessous Tabmoi2.ado peut prendre autant d'arguments que l'on veut, par défaut elle prend la liste de toutes les variables présentes dans le fichier :

```
1   program Tabmoi2
2   version 10
3   syntax [varlist]           //  liste les arguments
4   tokenize 'varlist'         //  les arguments sont numérotés
5   while "'2'" !="" {         //  tant que '2' n'est pas vide
6       tabulate '1' '2', missing
7       macro shift            //  on "décale d'un cran"
8   }
9   end
```

La liste des variables suivant la commande est stockée dans la macro varlist par la syntaxe définie ligne *3*. Si aucun argument n'est entré, cette liste contient toutes les variables présentes, par ordre de classement dans le fichier. L'utilisation ligne *4* de la commande tokenize permet d'attribuer un numéro à chacun des arguments de la liste 'varlist' : '1' pour le premier, '2' pour le second, etc. On décale ensuite la liste par macro shift et '2' devient '1', etc. Il est à noter que si l'on ne donne pas d'argument à cette procédure, elle s'applique à toutes les variables présentes, varlist contenant par défaut toutes les variables du fichier.

Sur l'exemple ci-dessous :

```
Tabmoi2 an sexe csp age
```

la macro locale varlist contient les éléments an sexe csp age. On a donc dans la première exécution de la boucle

| | | |
|---|---|---|
| '1' | vaut | an |
| '2' | | sexe |
| '3' | | csp |
| '4' | | age |

puis après avoir effectué

```
tabulate an sexe, missing
```

la commande macro shift (ou, en résumé mac shift) décale les arguments de la liste de sorte que

'1'        sexe
'2'        csp
'3'        age
'4'         .

et l'exécution donne

    tabulate sexe csp, missing

enfin '1' vaut csp, et ainsi de suite jusqu'à avoir épuisé la liste des variables, c'est-à-dire jusqu'à ce que '2' soit vide. Lorsqu'il ne reste plus que 2 variables, '3' est vide, l'exécution se poursuit, puis '2' devient vide, ce qui par comparaison de "'2'" et de "" (ligne 5) stoppe la boucle.

### Des procédures locales

Il est tout à fait possible d'inclure une procédure dans une procédure, et qu'il y ait un appel à cette procédure "locale". C'est ce qui est fait dans l'exemple suivant :

```
1     program CorrelationGene
2     version 10
3     syntax [varlist]
4     tokenize 'varlist'
5     while "'2'" !="" {
6         MaCorrelation '1' '2' , missing  // on appelle la procédure MaCorrelation
7         macro shift
8     }
9     end                                  // fin du programme CorrelationGene


11    program MaCorrelation
12    version 10
13    args var1 var2
...      commandes...
150   end                                  // fin du programme MaCorrelation
```

Ici, la procédure CorrelationGene pourra être invoquée directement, avec un nombre d'arguments (variables) libre. Cette procédure fera appel en interne à MaCorrelation, qui elle n'admet que 2 arguments et qui est invisible depuis Stata. On ne pourra en effet pas utiliser MaCorrelation directement depuis Stata, la procédure étant locale par construction. L'intérêt d'une telle construction réside précisément dans la fabrication de procédures qui ne peuvent s'employer que dans un contexte précis, avec des arguments particuliers par exemple, et que l'on ne souhaite pas confondre avec d'autres trop proches, déjà existantes.

# 8 Stata par l'exemple

Ce chapitre va vous permettre de parcourir quelques exemples souvent rencontrés dans la pratique et qui mettent en œuvre les commandes vues dans les chapitres précédents. Il ne prétend pas être exhaustif mais permet d'illustrer un bon nombre de questions posées. Ces exemples ne sont pas non plus classés en fonction de leur complexité, ils sont là pour vous donner quelques idées et quelques astuces dans la réalisation de vos programmes, à vous de les personnaliser pour répondre à vos attentes.

## 8.1 Sommes, lignes, colonnes, cumulées, totales...

Soit id un identifiant individuel et la variable a indiquant le montant des achats de "Monsieur id" en produit a.

|      | id | a  | b  | c  |
|------|----|----|----|----|
| 1.   | 1  | 1  | 3  | 6  |
| 2.   | 1  | 2  | 5  | 10 |
| 3.   | 1  | 3  | 7  | 14 |
| 4.   | 2  | 4  | 9  | 18 |
| 5.   | 2  | 5  | 11 | 22 |
| 6.   | 3  | 6  | 13 | 26 |
| 7.   | 3  | 7  | 15 | 30 |
| 8.   | 3  | 8  | 17 | 34 |
| 9.   | 4  | 9  | 19 | 38 |
| 10.  | 4  | 10 | 21 | 42 |

Calculons les variables suivantes :

| | | |
|---|---|---|
| 1 | generate cuma=sum(a) | somme cumulée de a, tous individus |
| 2 | egen tota=total(a) | total de a, pour tous les individus |
| 3 | egen meana=mean(a) | moyenne de a, sur tous les individus |
| 4 | bysort id : generate cumida=sum(a) | cumul des achats de a, par individu |
| 5 | bysort id : egen sumida=total(a) | total des achats de a, par individu |
| 6 | egen totabc=rowtotal(a b c) | somme en ligne de a b et c |
| 7 | bysort id : egen totha=total(totabc) | total des achats par individu |

Onobtient alors le résultat :

|      | id | a  | b  | c  | cuma | tota | meana | sumida | totabc | totha |
|------|----|----|----|----|------|------|-------|--------|--------|-------|
| 1.   | 1  | 1  | 3  | 6  | 1    | 55   | 5.5   | 6      | 10     | 51    |
| 2.   | 1  | 2  | 5  | 10 | 3    | 55   | 5.5   | 6      | 17     | 51    |
| 3.   | 1  | 3  | 7  | 14 | 6    | 55   | 5.5   | 6      | 24     | 51    |
| 4.   | 2  | 4  | 9  | 18 | 10   | 55   | 5.5   | 9      | 31     | 69    |
| 5.   | 2  | 5  | 11 | 22 | 15   | 55   | 5.5   | 9      | 38     | 69    |
| 6.   | 3  | 6  | 13 | 26 | 21   | 55   | 5.5   | 21     | 45     | 156   |
| 7.   | 3  | 7  | 15 | 30 | 28   | 55   | 5.5   | 21     | 52     | 156   |
| 8.   | 3  | 8  | 17 | 34 | 36   | 55   | 5.5   | 21     | 59     | 156   |
| 9.   | 4  | 9  | 19 | 38 | 45   | 55   | 5.5   | 19     | 66     | 139   |
| 10.  | 4  | 10 | 21 | 42 | 55   | 55   | 5.5   | 19     | 73     | 139   |

Il faut donc bien voir ici la différence de résultat entre les lignes *1* et *2*, c'est à dire entre la somme *cumulée* et *totale*. Toutes deux issues de la fonction sum, la première est réalisée avec la commande generate tandis que la seconde l'est avec egen.

## 8.2   Calcul de parts de marchés

Soit un fichier constitué des données suivantes, où pour chaque individu id on dispose de la nature du bien acheté prod, de la quantité achetée qtte et du prix payé prix.

|      | id | prod | qtte | prix |
|------|----|------|------|------|
| 1.   | 1  | 1    | 3    | 6    |
| 2.   | 1  | 2    | 5    | 10   |
| 3.   | 1  | 3    | 7    | 14   |
| 4.   | 2  | 1    | 1    | 18   |
| 5.   | 2  | 2    | 10   | 22   |
| 6.   | 3  | 1    | 13   | 26   |
| 7.   | 3  | 2    | 9    | 30   |
| 8.   | 3  | 3    | 3    | 34   |
| 9.   | 4  | 1    | 5    | 38   |
| 10.  | 4  | 2    | 20   | 42   |

Calculons d1 et d2 des variables représentant (pour un individu) la part de la dépense pour chaque bien sur la dépense totale. d1 est exprimé en quantité tandis que d2 est exprimé en valeur :

```
1   bysort id : egen d1=pc(qtte)        part de marché en quantité
2   bysort id : egen d2=pc(qtte*prix)   part de marché en valeur
3   format d1 d2 %7.2f                  on change le format d'affichage
```

On obtient alors le résultat :

|      | id | prod | qtte | prix |    d1 |    d2 |
|------|----|------|------|------|-------|-------|
| 1.   | 1  | 1    | 3    | 6    | 20.00 | 10.84 |
| 2.   | 1  | 2    | 5    | 10   | 33.33 | 30.12 |
| 3.   | 1  | 3    | 7    | 14   | 46.67 | 59.04 |
| 4.   | 2  | 1    | 1    | 18   | 45.00 |  7.56 |
| 5.   | 2  | 2    | 10   | 22   | 55.00 | 92.44 |
| 6.   | 3  | 1    | 13   | 26   | 28.89 | 47.61 |
| 7.   | 3  | 2    | 9    | 30   | 33.33 | 38.03 |
| 8.   | 3  | 3    | 3    | 34   | 37.78 | 14.37 |
| 9.   | 4  | 1    | 5    | 38   | 47.50 | 18.45 |
| 10.  | 4  | 2    | 20   | 42   | 52.50 | 81.55 |

Ainsi, pour notre premier individu, 20 % de ces achats sont effectués en produit 1, ce qui représente environ 11 % de son panier en valeur.

## 8.3 Construction d'une matrice

Supposons que nous ayons les informations suivantes où v2 est un code décrivant l'acheteur et v3 un code décrivant son panier. Enfin, v1 donne le nombre de fois où le couple (v2,v3) est rencontré dans notre base.

|      | v1  | v2  | v3  |
|------|-----|-----|-----|
| 1.   | 2   | 500 | 101 |
| 2.   | 2   | 500 | 102 |
| 3.   | 2   | 500 | 104 |
| 4.   | 3   | 500 | 105 |
| 5.   | 2   | 500 | 106 |
| 6.   | 3   | 500 | 125 |
| 7.   | 2   | 500 | 131 |
|      | ... | ... | ... |
| 8.   | 2   | 500 | 138 |
| 9.   | 2   | 501 | 105 |
| 10.  | 2   | 501 | 106 |
| 11.  | 3   | 501 | 125 |
| 12.  | 2   | 501 | 131 |
| 13.  | 2   | 502 | 104 |
| 14.  | 2   | 502 | 105 |
| 15.  | 2   | 502 | 106 |

Nous aimerions avoir une information plus lisible sur ces liens. Nous voulons donc obtenir la matrice suivante, qui pour chaque couple (v2,v3) donne à son intersection la fréquence observée :

```
A[3,8]
        101   102   104   105   106   125   131   138
500       2     2     2     3     2     3     2     2
501       0     0     0     2     2     3     2     0
502       0     0     2     2     2     0     0     0
```

Pour cela, nous allons utiliser les instructions Stata dédiées aux matrices (voir section 2.6). Les lignes *1* et *2* du listing suivant récupèrent les modalités des variables v2 et v3 dans les variables locales l2 et l3. La matrice A est initialisée à 0 en ligne *3* avec comme dimension ligne le nombre d'items de l2, et comme dimension colonne le nombre d'items de l3.

```
 1    levelsof v2, local(l2)
 2    levelsof v3, local(l3)
 3    matrix A = J(' : word count 'l2' ',' : word count 'l3' ',0)
 4    mat rown A = 'l2'
 5    mat coln A = 'l3'
 6    local i = 1
 7    foreach k of local l2 {
 8    local j = 1
 9        foreach m of local l3 {
10            su v1 if v2 == 'k' & v3 == 'm', meanonly
11            if r(min) !=. matrix A['i','j'] = r(min)
12        local j = 'j'+1
13        }
14    local i = 'i'+1
15    }
```

En lignes *4* et *5* on donne un nom aux lignes et aux colonnes de la matrice A, en utilisant respectivement les items de l2 et de l3. Les compteurs i et j sont initialisés en lignes *6* et *8* et incrémentés à la fin des boucles qui suivent. La ligne *10* permet de calculer pour chaque item de l2 et de l3 la moyenne de v1, qui est égale ici à sa valeur puisque les lignes sont uniques dans notre fichier[1]. Enfin, la ligne *11* remplit la matrice des valeurs calculées.

## 8.4  Tableau de pourcentages

Supposons que nous ayons la répartition des jours travaillés selon le sexe et la catégorie socio-professionnelle d'une cohorte d'actifs. Ce tableau peut nous être donné par la commande :

---

1. Le programme se généralise donc à ce niveau au cas où le fichier comporte des enregistrements redondants mais que l'on veut sommer, par exemple.

```
. table csp sexe, c(sum eff) missing row col
```

```
Categorie
socio
professio            Sexe
nnelle      Hommes  Femmes    Total

  Cadres    102658   83804   186462
     TAM     42352    5905    48257
    Empl     52930  159677   212607
      OQ    113028   12301   125329
     ONQ     38452   21025    59477
    Appr     12212    9999    22211

   Total    361632  292711   654343
```

La commande table nous donne donc, dans un tableau croisé, la somme d'une troisième variable. Mais si on veut ce tableau en pourcentage du total des hommes et des femmes, on peut le calculer de la manière suivante :

```
1    table csp sexe, c(sum eff) name(eff) replace missing
2    egen tot=total(eff), by(sexe)
3    replace eff=100*eff/tot
4    table csp sexe, c(m eff) col format(%9.2f)
```

L'instruction *1* remplace le fichier en mémoire par un fichier où chaque enregistrement représente une cellule du tableau précédent. L'option name(eff) indique à Stata de nommer les variables calculées (ici une seule) en les préfixant par eff. La seconde instruction, *2*, calcule les totaux par sexe. La ligne *3* calcule les pourcentages et la dernière ligne (*4*) permet d'afficher le résultat suivant :

```
Categorie
socio
professio            Sexe
nnelle      Hommes  Femmes    Total

  Cadres     28.39   28.63    28.51
     TAM     11.71    2.02     6.86
    Empl     14.64   54.55    34.59
      OQ     31.25    4.20    17.73
     ONQ     10.63    7.18     8.91
    Appr      3.38    3.42     3.40
```

# 8.5   Compter au sein d'un groupe d'individus

Dans cet exemple nous avons pour chaque individu, identifié par la variable id, plusieurs observations. Nous voulons créer 4 variables :
- obs un compteur de ligne quel que soit l'individu ;
- rang le rang de chaque observation pour un individu ;

- nombre le nombre d'observations par individu;
- numpers un identifiant individuel.

Le code nécessaire est le suivant :

```
1   sort id
2   generate obs=_n
3   bysort id : generate rang=_n
4   bysort id : generate nombre =_N
5   bysort id : generate prem = _n==1
6   generate numpers=sum(prem)
7   drop prem
```

La première ligne (*1*) consiste à ordonner le fichier selon id avant de créer la variable obs (*2*). Puis on crée rang (*3*) et nombre (*4*) par individu. Enfin, pour créer numpers il faut au préalable créer une indicatrice qui prend 1 si c'est le premier enregistrement et 0 sinon sans créer de données manquantes (voir aussi l'exemple 8.14). La ligne *6* crée le numéro individuel en réalisant une somme cumulée de l'indicatrice prem. Ainsi, numpers ne changera de valeur que si un nouvel individu est rencontré. On obtient donc le fichier suivant à partir d'un fichier ou seul id nous était donné.

|      | id  | obs | rang | nombre | numpers |
|------|-----|-----|------|--------|---------|
| 1.   | 101 | 1   | 1    | 1      | 1       |
| 2.   | 102 | 2   | 1    | 1      | 2       |
| 3.   | 104 | 3   | 1    | 3      | 3       |
| 4.   | 104 | 4   | 2    | 3      | 3       |
| 5.   | 104 | 5   | 3    | 3      | 3       |
| 6.   | 105 | 6   | 1    | 3      | 4       |
| 7.   | 105 | 7   | 2    | 3      | 4       |
| 8.   | 105 | 8   | 3    | 3      | 4       |
| 9.   | 106 | 9   | 1    | 6      | 5       |
| 10.  | 106 | 10  | 2    | 6      | 5       |
| 11.  | 106 | 11  | 3    | 6      | 5       |
| 12.  | 106 | 12  | 4    | 6      | 5       |
| 13.  | 106 | 13  | 5    | 6      | 5       |
| 14.  | 106 | 14  | 6    | 6      | 5       |

## 8.6   Compter le nombre d'occurrences différentes

Pour connaître par exemple le nombre de produits différents achetés par un individu, il est nécessaire de réaliser deux étapes. La première, *1*, consiste à repérer au sein de chaque individu (id) les nouvelles occurrences de produit (prod) et de les marquer du chiffre 1 (0 sinon). Ceci demande un tri approprié que l'on réalise avec la commande bysort. La seconde, *2*, fait pour chaque individu le total de ses "1".

```
1   bysort id prod : generate nbval=(_n==1)
2   bysort id : egen uniq = total(nbval)
```

Le résultat ci-dessous montre que les deux premiers individus (101 et 102) n'ont fait qu'un achat. L'individu 104 a 3 actes d'achats, mais seulement 2 distincts (uniq = 2). Les individus 105 et 106 ont quant à eux 3 actes d'achats distincts.

|      | id  | prod | nbval | uniq |
|------|-----|------|-------|------|
| 1.   | 101 | 100  | 1     | 1    |
| 2.   | 102 | 100  | 1     | 1    |
| 3.   | 104 | 100  | 1     | 2    |
| 4.   | 104 | 100  | 0     | 2    |
| 5.   | 104 | 102  | 1     | 2    |
|      | ... | ...  | ...   | ...  |
| 6.   | 105 | 100  | 1     | 3    |
| 7.   | 105 | 101  | 1     | 3    |
| 8.   | 105 | 102  | 1     | 3    |
| 9.   | 106 | 100  | 1     | 3    |
| 10.  | 106 | 100  | 0     | 3    |
| 11.  | 106 | 101  | 1     | 3    |
| 12.  | 106 | 101  | 0     | 3    |
| 13.  | 106 | 102  | 1     | 3    |
| 14.  | 106 | 102  | 0     | 3    |

**Remarque** : Avec le package egenmore, le même résultat aurait pu être obtenu en une seule ligne avec la commande :

```
egen uniq=nvals(prod), by(id)
```

## 8.7 Former toutes les combinaisons possibles entre variables

Il peut être utile à partir d'un ensemble de variables de créer différentes combinaisons de manière automatique afin de réaliser par la suite des opérations combinées. L'exemple suivant illustre l'utilisation de la commande selectvars[@] en calculant des corrélations, mais pourrait s'appliquer à bien d'autres cas.

```
1   sysuse auto, clear
2   selectvars rep price weight, min(2) max(2)
3   foreach v in 'r(varlist)' {
4       corr 'v'
5   }
```

La commande selectvars à la ligne *2* permet de sélectionner dans le groupe de variables qui la suit des groupes de 2 variables au minimum (min(2)) et au maximum (max(2)) 2 variables. Stata stocke dans la return list ces différents items, dans une variable locale appelée r(varlist) comme le montre l'affichage suivant :

```
. selectvars rep price weight, min(2) max(2)
. ret list
macros:
        r(varlist): ""rep78 price " "rep78 weight " "price weight " "
```

On utilise chacun de ces items dans la boucle qui suit (lignes *3*, *4* et *5*) afin de calculer des coefficients de corrélation.

## 8.8    Tester l'occurrence d'une valeur au sein de plusieurs variables

On peut, en s'affranchissant d'une succession de conditions "if", tester la présence de certaines valeurs parmi une ou plusieurs variable(s). Par exemple savoir si les codes 1, 4, 9 ou 12 apparaissent dans les variables a, b ou c. La commande est la suivante :

```
egen z = anymatch(a b c) , values(1 4 9 12)
```

La variable z ainsi créée est une variable binaire prenant 1 si la condition est vraie et 0 sinon, ce qui donne le fichier suivant :

|      | a  | b  | c  | z |
|------|----|----|----|---|
| 1.   | 1  | 3  | 5  | 1 |
| 2.   | 2  | 4  | 6  | 1 |
| 3.   | 3  | 5  | 7  | 0 |
| 4.   | 4  | 6  | 8  | 1 |
| 5.   | 5  | 7  | 9  | 1 |
| 6.   | 6  | 8  | 10 | 0 |
| 7.   | 7  | 9  | 11 | 1 |
| 8.   | 8  | 10 | 12 | 1 |
| 9.   | 9  | 11 | 13 | 1 |
| 10.  | 10 | 12 | 14 | 1 |

Si c'est le nombre d'occurrences trouvées qui nous intéresse, on utilisera la commande anycount() qui utilise la même syntaxe :

```
egen z = anycount(a b c) , values(1 4 9 12)
```

Pour trouver des occurrences dans des chaînes de caractères, on pourra également utiliser la commande findval[@] (voir page 24).

## 8.9    Tester une condition sur plusieurs variables

Supposons maintenant que l'on veuille comparer la valeur de plusieurs variables à une condition qui peut dépendre de ces variables ou d'autres, par exemple si on procède à trois prélèvements de sols (variables b c d) à différentes dates et que l'on compare ces prélèvements à une référence (variable a). On peut souhaiter que l'écart à la référence dépasse en valeur absolu 10 %. Pour contrôler ceci on peut utiliser les commandes suivantes[2] :

---

2. Cette section demande de récupérer le package egenmore[@]. Les commandes décrites ici, bien que fort utiles, sont peu documentées et peuvent ne plus être maintenues ou changer de nom.

```
1    egen any = rany(b c d), c(abs((@ - a)/a) >= .10)
2    egen all = rall(b c d), c(abs((@ - a)/a) >= .10)
3    egen count = rcount(b c d), c(abs((@ - a)/a) >= .10)
```

La condition est exprimée sous forme d'option c(). Stata remplace tour à tour l'@ par les variables b, c et d. A la ligne *1* la variable any prend la valeur 1 si au moins un des prélèvements (b, c ou d) dépasse de 10 % la référence (a) de cette année. A la ligne *2* la variable all prend la valeur 1 si les trois prélèvements dépassent de 10 % la référence. Enfin, à la ligne *3* la variable count nous indique combien de fois (sur nos trois prélèvements a, b, c) cette référence est dépassée. Le résultat est le suivant :

|      | date | a  | b  | c  | d  | any | all | count |
|------|------|----|----|----|----|-----|-----|-------|
| 1.   | 1987 | 35 | 8  | 29 | 32 | 1   | 0   | 2     |
| 2.   | 1988 | 24 | 8  | 31 | 21 | 1   | 1   | 3     |
| 3.   | 1990 | 21 | 8  | 35 | 18 | 1   | 1   | 3     |
| 4.   | 1991 | 21 | 16 | 33 | 18 | 1   | 1   | 3     |
| 5.   | 1993 | 25 | 10 | 33 | 22 | 1   | 1   | 3     |
| 6.   | 1994 | 28 | 5  | 31 | 25 | 1   | 1   | 3     |
| 7.   | 1996 | 30 | 11 | 30 | 27 | 1   | 0   | 2     |
| 8.   | 1998 | 14 | 14 | 35 | 11 | 1   | 0   | 2     |
| 9.   | 1999 | 26 | 10 | 31 | 23 | 1   | 1   | 3     |
| 10.  | 2001 | 35 | 11 | 33 | 32 | 1   | 0   | 1     |

La condition porte ici sur la variable a, mais elle aurait pu également concerner les variables b, c ou d.

## 8.10 Combien de temps prend mon programme?

Stata stocke certains paramètres système dans des variables spécifiques, les "variables de classes c" ou "*c-class variables*". Nous utilisons ici celles relatives à la date du système, mais pour en avoir une liste complète, il suffit d'interroger l'aide sur le mot-clé creturn.

```
1    di "Programme débuté le 'c(current_date)' a 'c(current_time)'"
2    ... ...
3    di "Programme achevé le 'c(current_date)' a 'c(current_time)'"
```

Dans cet exemple il suffit d'insérer votre programme entre les lignes *1* et *3*. Au début et à la fin de votre programme, la date et l'heure courantes seront affichées et vous donneront une indication du temps écoulé entre les deux.

Si l'on souhaite connaître précisément la durée de certaines parties d'un programme, il est souvent plus simple d'utiliser la commande timer. Il suffit d'indiquer le départ (on) et la fin (off). On pourra même enregistrer différentes durées au cours d'un programme en assignant un nombre de référence à chaque départ ou arrêt. Dans l'exemple suivant nous utilisons deux références (1 et 2) afin de mesurer deux durées dans le même programme :

```
1    set timer 1 on
2    set timer 2 on
3        do prog2
4    set timer 2 off
5        do prog3
6    set timer 1 off
7    timer list
```

la dernière ligne produit l'affichage des durées de traitement :

```
. timer list
    1:      970.16 /       1 =       970.1560
    2:       10.16 /       1 =        10.1570
```

Les durées des traitements situés entre les points de référence, soit 970s16 (un peu plus de 16 mn) pour le traitement 1 et 10s16 pour le 2, sont également stockées dans les scalaires r(t1) et r(t2) que l'on affichera en utilisant **return list**. Il est important de remettre le compteur à zéro si l'on souhaite s'en resservir. On utilisera alors la commande **timer clear 2**, pour le compteur 2, par exemple.

On a utilisé ici quelques un des paramètres système. Il en existe de nombreux autres ; ils sont souvent très utiles aux programmeurs. On trouvera d'autres exemples — comme c(N), c(k) ou c(changed) par exemple — à la section 7.2.4 page 197.

## 8.11   Scinder une chaîne sur un séparateur

Supposons que la variable noms dans le fichier suivant représente une liste de noms séparés par la chaîne " et ", et que nous voulions créer deux variables distinctes.

```
. list

                                  noms

    1.      delatour et dargent
    2.      tableaux et demaitre
    3.      statalist et example
    4.   mesfavoris et pointdoc
    5.              mots et maux

    6.      boite et auxlettres
    7.             roi et lion
```

Il faut pour cela scinder la variable noms sur le séparateur, sachant qu'il n'est pas toujours à la même place. Le code est le suivant :

```
1    generate pos=strpos(noms," et ")
2    generate str10 first=substr(noms,1,pos-1)
3    generate str10 last=substr(noms,pos+4,.)
4    drop noms
```

On commence par déterminer la position du séparateur (ligne *1*) pour chaque enregistrement au moyen de la commande index. On extrait ensuite la première partie de la chaîne (ligne *2*) puis la seconde (ligne *3*) en incrémentant le séparateur. On remarque l'utilisation du point "." pour indiquer d'extraire la chaîne de la position "pos+4" à la fin. On obtient ainsi :

```
. list
```

|      | pos | first     | last       |
|------|-----|-----------|------------|
| 1.   | 9   | delatour  | dargent    |
| 2.   | 9   | tableaux  | demaitre   |
| 3.   | 10  | statalist | example    |
| 4.   | 11  | mesfavoris| pointdoc   |
| 5.   | 5   | mots      | maux       |
| 6.   | 6   | boite     | auxlettres |
| 7.   | 4   | roi       | lion       |

On peut bien évidemment améliorer ce code pour le rendre plus général, en mettant par exemple dans une variable locale la longueur du séparateur, ou imaginer des séparateurs différents.

## 8.12  Recherche d'observations identiques

On peut vouloir connaître le nombre d'observations identiques au sein d'un fichier volumineux. Tester l'égalité sur plusieurs variables ou sur l'ensemble des variables peut se faire simplement avec la commande duplicates. Un exemple de syntaxe est :

```
duplicates list dep Psdc99 Psdc90 Psdc82 if dep!="55"
```

Avec l'argument list, duplicates affiche toutes les observations identiques sur le critère sélectionné (ici nos 4 variables dep Psdc99 Psdc90 Psdc82).

```
Duplicates in terms of dep Psdc99 Psdc90 Psdc82
```

| group: | obs:  | dep | Psdc99 | Psdc90 | Psdc82 |
|--------|-------|-----|--------|--------|--------|
| 1      | 2903  | 09  | 62     | 55     | 65     |
| 1      | 3052  | 09  | 62     | 55     | 65     |
| 2      | 11411 | 2B  | 40     | 37     | 53     |
| 2      | 11448 | 2B  | 40     | 37     | 53     |
| 3      | 26820 | 65  | 121    | 128    | 145    |
| 3      | 27087 | 65  | 121    | 128    | 145    |
| 4      | 35758 | 89  | 90     | 89     | 107    |
| 4      | 35855 | 89  | 90     | 89     | 107    |

On peut demander à Stata uniquement un comptage (avec l'argument "report") ou d'effectuer une opération sur ces observations — marquage ou suppression — avec les options tag ou drop.

## 8.13   Supprimer les variables "constantes"

Il est possible de tester de manière automatique sur un grand fichier si les valeurs prises par une variable sont toutes identiques ou pas. Il suffit pour cela de construire une boucle qui va regarder pour chaque variable — après l'avoir triée — si la première observation est équivalente à la dernière. Les opérations de tris pouvant s'avérer très coûteuses en temps sur de gros fichiers, on peut s'affranchir de cette opération sur les variables numériques en observant leur écart-type, ce qui demande de tester le type de la variable au préalable. Réalisons donc ce test :

```
1      foreach v of varlist _all {
2         capture confirm string variable 'v'
3         if _rc {
4            sort 'v'
5            if 'v'[1]=='v'[_N] {
6               drop 'v'
7            }
8         }
9         else {
10           quietly summarize 'v'
11           if 'r(sd)'==0 {
12              drop 'v'
13           }
14        }
15     }
```

La commande capture en ligne *2* (déjà vue en section 7.3.1 page 202) permet de repérer les variables de type chaîne sur lesquelles on effectuera un tri. Pour les autres variables (ligne *9*) on supprimera celles dont l'écart-type est nul. Dans ce cas, les variables pour lesquelles toutes les observations sont codées manquantes sont aussi supprimées. En modifiant légèrement la condition on peut adapter ce code à de multiples exemples :

```
if 'v'[1]=='v'[_N] & 'v'[1]==.
```

conduit dans ce cas à supprimer seulement les variables vides.

## 8.14   Compléter des observations manquantes

En utilisant des pointeurs d'observation, comme dans l'exemple précédent, on peut remplacer les données manquantes d'une variable. Supposons que nous disposions des données suivantes :

| zone | csp | sexe | nbjour |
|------|-----|------|--------|
| 7301 | 4 | 1 | 49034 |
| 7301 | 3 | . | 6369 |
| 7301 | 3 | . | 11878 |
| 7306 | 1 | 2 | 1500 |
| 7306 | 5 | 2 | 2520 |
| 7306 | 1 | . | 25550 |
| 7306 | 3 | 2 | 6489 |
| 7312 | 4 | . | 13452 |
| 7312 | 3 | 1 | 8001 |
| 7312 | 4 | . | 11999 |

Dans cet exemple, certains enregistrements de la variable sexe sont manquants, mais pour un identifiant donné (zone) l'information sexe est renseignée au moins une fois[3]. Pour compléter les informations au sein d'un identifiant donné, il faut procéder de la sorte :

```
1   sort zone sexe
2   bysort zone : replace sexe=sexe[_n-1] if missing(sexe)
```

La ligne *1* trie les observations par sexe au sein de chaque identifiant zone afin de placer les valeurs manquantes toujours en dernier. La ligne *2* fait le remplacement si nécessaire. Le résultat est le suivant :

| zone | csp | sexe | nbjour |
|------|-----|------|--------|
| 7301 | 4 | 1 | 49034 |
| 7301 | 3 | 1 | 11878 |
| 7301 | 3 | 1 | 6369 |
| 7306 | 1 | 2 | 1500 |
| 7306 | 5 | 2 | 2520 |
| 7306 | 3 | 2 | 6489 |
| 7306 | 1 | 2 | 25550 |
| 7312 | 3 | 1 | 8001 |
| 7312 | 4 | 1 | 13452 |
| 7312 | 4 | 1 | 11999 |

# 8.15   Remplacer le if... then... else

Ce qui surprend l'utilisateur débutant en Stata, c'est l'approche qu'a ce dernier du recodage. En effet, venant de logiciels classiques de traitement de données, la syntaxe *if*, *then*, *else* n'existe qu'en programmation (voir section 7.2.2) pour des cas particuliers. Aussi, lorsque l'on veut décomposer en classes une variable continue (disons le salaire horaire salh), a-t-on envie d'écrire quelque chose du type :

---

3. Il peut s'avérer utile de vérifier, dans le cas où l'information sexe est renseignée plusieurs fois dans une même zone, si c'est bien la même. Si ce n'est pas le cas la procédure qui suit ne donnera pas les résultats escomptés.

```
1    if salh≤25 then salhc=0
2    else if 25<salh≤50 then salhc=1
3    else if 50<salh≤100 then salhc=2
4    else if 100<salh≤150 then salhc=3
5    else if salh≥150 then salhc=4
```

Avec Stata cette écriture n'est pas valide, mais deux écritures plus compactes peuvent être utilisées.

La première consiste à utiliser la fonction cond(a,b,c). Cette fonction teste la condition a, retourne b si elle est vraie, c sinon. Ainsi, en emboîtant les conditions, on écrit :

```
1    generate salc=cond(salh≤25,0,    ///
2    cond(salh≤50,1,                  ///
3    cond(salh≤100,2,                 ///
4    cond(salh≤150,3,                 ///
5    cond(salh<.,4,.)))))
```

Ce découpage attribue à la variable salc1 5 modalités (de 0 à 4) en fonction des valeurs prises par salh, c'est-à-dire 25 ou moins, de plus de 25 à 50, de plus de 50 à 100, de plus de 100 à 150 et 150 et plus, respectivement.

On peut noter une méthode encore plus compacte qui est la commande irecode(). Semblable à recode() (voir section 2.3.3) cette commande est mieux adaptée aux découpages d'une variable continue. Ainsi, pour réaliser le même découpage que celui présenté ici, on écrira :

```
generate salc=irecode(salaire,25,50,100,150)
```

Cette écriture donne les mêmes résultats que ceux trouvés avec la fonction cond() à condition que les inégalités soient choisies correctement. En effet, irecode() manipule des inégalités au sens large (voir help irecode()). Enfin, cette commande a l'avantage d'être plus compacte et donc de limiter les risques d'erreurs dus à l'oubli de certaines modalités.

# 8.16  Tronquer une chaîne selon une condition

Supposons que nous ayons une variable chaîne codée sur 4 caractères maximum et que le dernier caractère puisse être une lettre. Nous voulons remplacer cette lettre par un zéro afin d'obtenir une chaîne composée uniquement de caractères numériques. Le principe choisi ici est d'extraire la partie numérique de la chaîne à l'aide de la fonction substr() mais uniquement pour les observations contenant un caractère en dernière position, puis de concaténer un zéro à ces observations. L'instruction peut s'écrire :

```
replace zone = substr(zone,1,length(zone)-1)+"0" if inrange(substr(zone,-1,1), "A","z")
```

La fonction substr() se positionne sur le premier caractère pour extraire la partie numérique de la chaîne (tout sauf le dernier caractère) à laquelle on colle un zéro (+ "0"). La condition if inrange() garantit que cette extraction n'est réalisée que pour les observations dont le dernier caractère est une lettre[4]. On notera également l'utilisation d'un "A" majuscule et d'un "z" minuscule pour prendre en compte une possible différence de casse.

## 8.17 Calcul de matrices d'écarts

Les commandes relatives aux matrices ont été introduites en section 2.6. Ici nous prenons pour exemple la construction d'une matrice d'écarts entre différents points. Supposons que l'on dispose pour différents points Y d'une mesure effectuée X, tel que :

```
. list
```

|  | Y | X |
|---|---|---|
| 1. | Toulouse | 53.85222 |
| 2. | Montauban | 51.98844 |
| 3. | Albi-Carmaux | 52.91531 |
| 4. | Tarbes | 53.51215 |
| 5. | Rodez | 53.49657 |

Nous désirons construire une matrice donnant les écarts de mesures entre chaque point. Pour cela nous utilisons la commande vallist[@] ainsi que des commandes relatives aux matrices :

```
1    vallist Y, global(l2) labels
2    mkmat X, matrix(A)
3    mat D=J(rowsof(A),rowsof(A),0)
4    mat rown D = $l2
5    mat coln D = $l2
6    forval i = 1(1)`=rowsof(A)' {
7            forval j = 1(1)`=rowsof(A)' {
8                    mat D['i','j']=A['i',1]-A['j',1]
9            }
10    }
```

La ligne *1* nous permet de récupérer les labels Y afin de nommer les lignes et les colonnes de la matrice finale (lignes *4* et *5*). La ligne *2* fait de X un vecteur colonne appelé A et la ligne *3* définit la matrice D (carrée, remplie de zéros) avec un nombre de lignes et un nombre de colonnes égal au nombre de lignes de A. Deux boucles (lignes *6* et *7*) nous permettent alors d'enregistrer dans chaque cellule les différences calculées à la ligne *8*. La matrice D finale est alors :

---

4. On peut utiliser de la même manière l'instruction inlist() si on a à tester sur une liste non ordonnée d'items.

```
. mat list D
D[5,5]
                    Toulouse    Montauban   Albi-Carmaux       Tarbes        Rodez
    Toulouse               0    1.8637772      .93690491      .340065    .35564423
   Montauban      -1.8637772            0     -.92687225   -1.5237122   -1.5081329
Albi-Carmaux      -.93690491    .92687225             0     -.5968399   -.58126068
      Tarbes        -.340065    1.5237122      .5968399             0    .01557922
       Rodez      -.35564423    1.5081329      .58126068   -.01557922            0
```

## 8.18   Renommer toutes les variables

Si on a besoin de renommer toutes les variables de notre fichier en mémoire, afin de faire une jointure par exemple, on peut utiliser la variable système _all et une boucle pour parcourir l'ensemble de nos variables. Par exemple :

```
1    foreach var of varlist _all {
2        rename 'var' 'var'bis
3    }
```

Ainsi on a renommé toutes les variables avec le suffixe bis. Il faudra veiller toutefois à ce que la longueur des nouveaux noms des variables ne dépasse pas 32 caractères en ajoutant le suffixe, auquel cas une erreur se produira.

Un peu de raffinement maintenant nous permet d'opérer uniquement sur les variables d'un certain type, par exemple les variables chaînes :

```
1    ds, has(type string)
2    foreach var of varlist 'r(varlist)' {
3        rename 'var' 'var'bis
4    }
```

Dans ce cas l'option has() de la commande ds en ligne *1* stocke dans la variable locale r(varlist) (voir section 7.2.4) le nom des variables de type chaîne[5]. Cette variable locale (voir section 7.2.1) est ensuite utilisée ligne *2* dans une boucle pour réaliser les opérations nécessaires (ici renommer les variables).

## 8.19   Réorganiser un fichier

Un exemple plus poussé de la commande reshape (voir section 2.8.3) est abordé ici afin de transformer un fichier au format *long* en fichier au format *wide*. Par exemple, soit l'effectif moyen t par catégories csp, des entreprises de taille treff en fonction de leur zone d'implantation zone. L'affichage des premières lignes ressemble à ceci :

---

5. D'autres options très utiles permettent à la commande ds de sélectionner l'ensemble des variables désirées.

```
. list in 1/15, clean
           zone       csp     treff          t
   1.    Toulouse    Cadres     1 à 9     19867
   2.    Toulouse    Cadres    10 à 49    24978
   3.    Toulouse    Cadres    50 et +    62301
   4.    Toulouse    TAM        1 à 9      2863
   5.    Toulouse    TAM       10 à 49     6355
   6.    Toulouse    TAM       50 et +    21256
   7.    Toulouse    Empl       1 à 9     21758
   8.    Toulouse    Empl      10 à 49    24086
   9.    Toulouse    Empl      50 et +    50481
  10.    Toulouse    OQ         1 à 9     11746
  11.    Toulouse    OQ        10 à 49    16144
  12.    Toulouse    OQ        50 et +    22134
  13.    Toulouse    ONQ        1 à 9      5425
  14.    Toulouse    ONQ       10 à 49     6456
  15.    Toulouse    ONQ       50 et +    10809
```

En utilisant la commande :

reshape wide t, i(csp zone) j(treff)

on transforme le fichier de la manière suivante :

```
. reshape wide t, i(csp zone) j(treff)
(note: j = 1 2 3)
Data                                long    ->    wide

Number of obs.                       324    ->     108
Number of variables                    4    ->       5
j variable (3 values)              treff    ->   (dropped)
xij variables:
                                       t    ->   t1 t2 t3

. list in 1/15, clean
             zone        csp      t1       t2       t3
   1.    Toulouse     Cadres    19867    24978    62301
   2.    Toulouse     TAM        2863     6355    21256
   3.    Toulouse     Appr       3832     1746     2665
   4.    Toulouse     OQ        11746    16144    22134
   5.    Toulouse     ONQ        5425     6456    10809
   6.    Toulouse     Empl      21758    24086    50481
   7.    Montauban    ONQ        1080     1498     2127
   8.    Montauban    OQ         2676     3806     3255
   9.    Montauban    Empl       4230     4178     6404
  10.    Montauban    Appr        977      542      600
  11.    Montauban    Cadres     2748     2965     4172
  12.    Montauban    TAM         382      696     1344
  13.    Albi-Carmaux Appr        886      390      481
  14.    Albi-Carmaux ONQ         945     1695     1225
  15.    Albi-Carmaux OQ         2478     3213     2513
```

où i() est l'identifiant (ici deux variables qui resteront dans leur format actuel) j() est la (ou les) variable(s) à "éclater" (*i.e.* à transformer en "long") et t le nom que va prendre la nouvelle variable. On prendra garde à ce que les variables introduites dans j() soient numériques. Dans le cas contraire une erreur surviendra. Avec la commande suivante, on retournera à la situation initiale (en perdant malheureusement les labels de treff).

```
reshape long t, i(csp zone) j(treff)
```

## 8.20   Correspondances de listes dans une boucle

Supposons que l'on cherche à faire coïncider les éléments de deux listes distinctes. On peut avoir l'idée de créer une boucle sur l'une des deux listes ; se pose alors le problème de faire coïncider les éléments deux à deux. Le programme suivant résout ce problème en utilisant les fonctions avancées sur les macros en sélectionnant un élément de la seconde liste à chaque itération sur la première boucle. Ce qui donne :

```
1    local animaux "vache cochon poule canard"
2    local cris "Meuh Groink Cotcot Couac"
3    local n : word count 'animaux'
4    forvalues i = 1/'n' {
5        local a : word 'i' of 'animaux'
6        local b : word 'i' of 'cris'
7        di "le (la) 'a' fait 'b' ! ! "
8    }
```

Les possibilités d'analyse grammaticale des macros sont utilisées lignes 3, 5 et 6, pour un résultat particulièrement intéressant :

```
le (la) vache fait Meuh !!
le (la) cochon fait Groink !!
le (la) poule fait Cotcot !!
le (la) canard fait Couac !!
```

## 8.21   Analyse grammaticale de macro-listes

Reprenons un exemple avec une liste d'animaux. On va effectuer des remplacements dans cette liste en utilisant les possibilités d'analyse grammaticale (ou *parsing*) de Stata. On peut ainsi changer une poule en coq :

```
1    local animaux "vache ou cochon ou poule ou canard"
2    local animaux2 : subinstr local animaux "poule" "coq"
```

```
. macro list _animaux
_animaux:       vache ou cochon ou poule ou canard

. macro list _animaux2
_animaux2:      vache ou cochon ou coq ou canard
```

On peut aussi supprimer les "ou" en les substituant à un élément vide ""

```
3    local animaux3 : subinstr local animaux2 "ou" "", all
```

ce qui nous donne la liste nettoyée suivante :

```
macro list _animaux3
_animaux3:      vache cochon coq canard
```

Une autre utilisation est donnée au sein d'une boucle

```
1    local animaux "vache cochon coq canard"
2    foreach x in 'animaux' {
3        display "le nom 'x' comporte " length("'x'") " caractères"
4    }
```

ce qui donne bien

```
le nom vache comporte 5 caractères
le nom cochon comporte 6 caractères
le nom coq comporte 3 caractères
le nom canard comporte 6 caractères
```

La encore, le résultat est assez puissant.

## 8.22   Sélectionner une partie des données

Il est très facile de tirer aléatoirement un échantillon afin de réduire un jeu de données en utilisant la génération de nombres aléatoires opérée grâce à la fonction uniform(). Cela s'écrit en une ligne et ne prend que quelques milisecondes à s'exécuter.

```
keep if uniform()<0.1
```

On ne gardera donc ici que environ[6] 10 % de l'échantillon initial. Si l'on souhaite garder toujours le même échantillon, il conviendra de fixer la valeur de référence du tirage aléatoire opéré (*seed*) en utilisant la commande set seed avant le tirage. Il suffira de choisir un nombre (1 234 par exemple) pour que la séquence :

```
set seed 1234
keep if uniform()<0.1
```

sélectionne toujours le même échantillon d'environ 10 % de l'échantillon initial.

## 8.23   Quelques pièges dans lesquels le bon sens pourrait tomber...

### 8.23.1   Addition de macros

Considérons la séquence suivante définissant deux macro-variables i et j :

---

6. Suivant le nombre initial, l'arrondi peut ne pas être juste.

```
1     local i "10"
2     di " 'i' "
3     local j 5 + 'i'
4     di " 'j' "
```

donne :

```
. local i "10"
. di " `i´ "
10
. local j 5 + `i´
. di " `j´ "
5 + 10
```

La macro j est une macro-liste constituée de 3 éléments (le 5, le + et le 10). Si l'on définit maintenant la macro m en utilisant le signe = (ligne *2*), ci-dessous :

```
1     local k "10"
2     local m = 5 +'k'
3     di "'m'"
```

On obtient une interprétation de la valeur de macro m :

```
. local k  "10"
. local m = 5 +`k´
. di " `m´ "
15
```

Les deux macros j et m sont donc très différentes (l'une est une liste, l'autre une valeur). Ceci est dû à la syntaxe utilisée ; l'utilisation du signe = dans la définition d'une macro permet une interprétation de la valeur des éléments qui la constitue, ce qui peut être très utile ou ... piégeant (voir section 7.2.1).

### 8.23.2   Manipulation avancée de macros

Nous présentons ici des exemples d'utilisation d'opérateurs sur la base des listes suivantes, légèrement différentes de celles présentées en section 7.2.1, puisque *des doublons* (de 5 et de 10) y sont présents. Soit donc les deux listes :

```
1     local debut "1 2 3 4 5 5 "
2     local fin "5 6 7 8 9 10 10"
```

On remarquera que l'union des deux listes

```
3     local union : list debut | fin
```

donne

```
. di " `union´"
1 2 3 4 5 5  6 7 8 9 10 10
```

comporte deux fois le nombre "5", ce qui est logique mais qu'il est bon de remarquer,
tandis que la soustraction :

```
4    local debut2 : list union-fin
```

```
. di " `debut2´"
  1 2 3 4 5
```

élimine bien les éléments de la liste **debut** présents dans la liste **fin**. Il reste donc un "5",
après l'opération.

Sans surprise, l'intersection :

```
5    local inter : list debut & fin
```

```
. di " `inter´"
  5
```

On peut également remarquer que le comptage des éléments tient évidemment compte
des doublons :

```
6    local long : list sizeof union
```

```
. macro list _long _long:          12
```

mais que l'on peut identifier les éléments "uniques"

```
7    local unique : list uniq union
```

```
. macro list _unique _unique:      1 2 3 4 5 6 7 8 9 10
```

tout comme les doublons :

```
8    local doublons : list dups debut
```

```
. macro list _doublons _doublons:      5
```

## 8.23.3   Tests triples

Considérons un programme comprenant trois boucles imbriquées, indexées par i, j et k,
et que l'on souhaite effectuer une action particulière pour certaines valeurs de l'index,
par exemple lorsque i, j et k ont la même valeur. On est tenté d'écrire ceci dans un test
double (ligne *4*), au cœur de la boucle triple :

*(Suite à la page suivante)*

```
1    forvalues i = 1/3 {
2        forvalues j = 1/3 {
3            forvalues k = 1/3 {
4                if 'i'=='j'=='k' {
5                    di in green " (i,j,k) vaut ('i', 'j', 'k') "
6                }
7            }
8        }
9    }
```

Or, l'exécution de ce programme affiche des valeurs du triplet (i,j,k) surprenantes au premier abord :

```
(i,j,k) vaut  (1, 1, 1)
 (i,j,k) vaut  (2, 2, 1)
 (i,j,k) vaut  (3, 3, 1)
```

Pour bien comprendre ce qui se passe ici, il faut se souvenir qu'un test entre 2 éléments retourne 1 s'il est vrai et 0 sinon (voir section 2.2.1). Le test double écrit ici, compare donc i à j *puis* compare le résultat (donc 0 ou 1) à k. On comprendra donc mieux pourquoi l'affichage n'apparaît que lorsque i=j et k=1, toute autre combinaison donnant un résultat faux. Pour réaliser correctement notre test il faut donc remplacer la ligne *4* par :

```
4'                        if ('i'=='j') & ('i'=='k') {
```

qui donne le résultat attendu :

```
(i,j,k) vaut  (1, 1, 1)
 (i,j,k) vaut  (2, 2, 2)
 (i,j,k) vaut  (3, 3, 3)
```

# A  Des messages d'erreur courants

Sous Stata il n'existe pas d'outil spécifique[1] permettant de déboguer les erreurs commises dans les programmes. L'utilisateur sera obligatoirement confronté, un jour ou l'autre, à différents messages d'erreur lors de l'exécution de ses programmes. Nous donnons ici les principaux messages d'erreur rencontrés suivis d'une courte explication. Il en existe bien évidemment beaucoup d'autres, bien moins explicites, et qui malheureusement renvoient vers une aide assez pauvre. Mais la plupart du temps les erreurs commises sont dues à des erreurs de syntaxe très vite corrigées.

## A.1  unrecognized command

Nous l'avons vu en section 1.2.5, Stata se compose d'un noyau de base et d'éléments (.ado) développés en parallèle et qui peuvent être téléchargés. Aussi, en reproduisant les exercices de cet ouvrage vous manquera-t-il parfois le .ado approprié. Lorsque Stata ne connaît pas la commande utilisée (hilo dans l'exemple qui suit) il retourne le message d'erreur :

  unrecognized command: hilo      (*commande -hilo- non reconnue*)

Il se peut que la commande soit mal orthographiée, mais si ce n'est pas le cas, c'est que la commande que vous tentez d'utiliser n'a pas été téléchargée sur votre ordinateur. Vous devrez dans ce cas la rechercher à l'aide des commandes findit ou search afin de pouvoir l'installer (voir section 1.2.6).

## A.2  type mismatch

Stata n'oblige pas à spécifier un type (chaîne, numérique...). Lors de la création de nouvelles variables, il affecte automatiquement le type approprié. Cependant, les variables sont bel et bien typées et lorsque vous effectuez des comparaisons avec la commande if, par exemple, il se peut qu'une erreur apparaisse. En effet, la commande :

  tabulate age if age>= "15"

affichera l'erreur type mismatch (*erreur de type*) si la variable age est codée sous forme numérique, la commande (tabulate) est valide mais la condition ne l'est pas ici puisque "15" est considérée comme une chaîne de caractères. Il faudrait écrire :

  tabulate age if age>=15

---

1. Il existe une commande debug qui permet de vérifier des points particuliers des programmes et de suspendre son exécution. On pourra préférablement utiliser la commande set trace (voir section 7.3.1, page 201) qui offre la possibilité de visualiser le code exécuté.

## A.3   var already exists

Une erreur courante lorsqu'on débute avec Stata est de vouloir recoder une variable en utilisant la commande generate ou egen (voir section 2.3.2). Ainsi les commandes :

```
1     generate age=65 if naiss<=1941
2     generate age=18 if naiss>=1988
```

conduisent au message d'erreur var age already exists à la ligne *2*. En effet, à la ligne *1* la variable age est créée et codée 65 pour toutes les dates de naissances (naiss) antérieures à 1941, aussi en ligne *2* la variable age existe-t-elle déjà et Stata ne peut la créer à nouveau. Pour éviter cela, on utilisera la commande replace et on écrira :

```
1     generate age=65 if naiss<=1941
2     replace age=18 if naiss>=1988
```

## A.4   not sorted : r(5)

Cette erreur est un classique du débutant (mais les utilisateurs expérimentés se font piéger aussi) et indique que l'on a cherché à faire un traitement nécessitant un tri sur une variable. Par exemple lors des traitements par lot utilisant by, il faut que le fichier soit trié suivant la variable dont on explore les modalités. On évitera cet écueil en utilisant systématiquement bysort au lieu de sort suivi de by (voir section 7.2.3).

## A.5   no room to add more obs

Stata travaille principalement avec les données en mémoire. On a beau avoir beaucoup de mémoire vive sur sa machine, par défaut Stata peut ne réserver par exemple que 10 Mo de mémoire pour stocker les données[2]. Aussi l'ouverture d'un fichier volumineux provoquera-t-elle l'erreur no room to add more obs (*plus de place pour ajouter les observations*) et le fichier de données ne sera pas chargé. Pour éviter cette erreur on peut écrire :

```
set memory 50m
```

qui affectera 50 Mo comme espace mémoire. S'il n'y a aucune donnée en mémoire, Stata affichera un tableau récapitulatif de l'utilisation de la mémoire qui ressemblera à ceci (voir également la section 7.1.4) :

---

2. Cette taille est donnée à titre d'exemple pour une version SE.

```
. set mem 50m
Current memory allocation
                      current                                    memory usage
       settable         value     description                    (1M = 1024k)

       set maxvar         5000     max. variables allowed              1.733M
       set memory          50M     max. data space                    50.000M
       set matsize         100     max. RHS vars in models             0.085M
                                                                  ------------
                                                                       51.817M
```

Si des données sont présentes en mémoire, Stata nous prévient que l'opération ne peut être réalisée sans détruire ces données. Il faudra dans ce cas quitter le fichier en cours, ou utiliser les commandes preserve et restore (voir section 7.1.4).

## A.6   matsize too small

Tout comme l'espace réservé aux données, Stata gère un espace mémoire réservé aux matrices, comme le montre le tableau précédent. Si cet espace par défaut est trop faible, le message d'erreur matsize too small (*taille de l'espace mémoire matrice trop faible*) sera renvoyé, et le processus sera interrompu. Pour augmenter cet espace on utilisera une commande du type :

    set matsize 200

Ainsi, la taille maximale des matrices que pourra gérer Stata sera portée à $200 \times 200$. Néanmoins, selon la version de Stata possédée, il ne faudra pas dépasser certaines limites (voir section 1.2.1). Enfin notons que pour travailler avec des matrices le mieux est d'utiliser Mata qui offre un environnement nettement moins restrictif en ce qui concerne la taille des matrices.

## A.7   op. sys. refuses to provide memory : r(909)

Une solution mécanique aux problèmes précédents, sections A.5 et A.6, consiste à augmenter la mémoire dédiée à Stata, mais on se heurte parfois à ce message plutôt déprimant. En effet, la plupart des ordinateurs sous Windows utilisent un système 32-bits (Vista, XP, 2000, NT, ME, 98, 95) dont la gestion de la mémoire est assez contraignante pour les logiciels gourmands en mémoire. Tout d'abord, aucun logiciel ne peut disposer pour lui seul de plus de 2.1 Go de mémoire. En outre, même s'il est théoriquement possible d'atteindre cette limite, certaines librairies dynamiques de Windows (les DLL), utilisent de l'espace dans ces 2.1 Go ce qui limite d'autant la place disponible. Toutefois, ce qui limite encore plus c'est l'espace contigu disponible pour un logiciel. Lorsque Stata cherche à utiliser un fichier d'1,4 Go, il lui faut 1,4 Go de mémoire disponible et contiguë. suivant l'emplacement dans les 2,1 Go des librairies Windows (aléatoire), l'espace résultant peut s'en trouver encore limité. Il se peut donc que l'on puisse charger un fichier d'1,4 Go un jour et pas le lendemain. Il existe toutefois une "rustine" permettant d'utiliser de la mémoire non contiguë, ce qui peut aider si l'on a des fichiers de grande taille à manipuler (disponible sur http://www.stata.com/support/faqs/win/WindowsXP-KB894472-x86-ENU.exe).

# Bibliographie

Bartus, T. 2005. Estimation of marginal effects using margeff. *Stata Journal* 5 : 309–329.

Baum, C. F. 2006. *An Introduction to Modern Econometrics Using Stata.* College Station, TX : Stata Press.

Becketti, S. 2005. In at the creation. *Stata Journal* 5 : 32–34.

Benzécri, J. P. 1973. *L'analyse des données (tome I et II).* Paris : Dunod.

Breusch, T. S., et A. R. Pagan. 1979. A simple test for heteroscedasticity and random coefficient variation. *Econometrica* 47 : 1287–1294.

Cameron, A. C., et P. K. Trivedi. 1990. The information matrix test and its applied alternative hypotheses. Working Paper, University of California, Davis, Institute of Governmental Affairs.

Chamberlain, G. 1982. Multivariate regression models for panel data. *Journal of Econometrics* 18 : 5–46.

Cook, R. D., et S. Weisburg. 1983. Diagnostics for heteroscedasticity in regression. *Biometrika* 70 : 1–10.

Cox, D. R., et E. J. Snell. 1989. *Analysis of Binary Data.* 2nd ed. London : Chapman & Hall.

Cox, N. J. 2005a. A brief history of Stata on its 20th anniversary. *Stata Journal* 5 : 2–18.

———. 2005b. Suggestions on Stata programming style. *Stata Journal* 5 : 560–567.

Dormont, B. 2007. *Introduction à l'économétrie.* Paris : Montchrestien.

Falissard, B. 1996. *Comprendre et utiliser les statistiques dans les sciences de la vie.* Paris : Masson.

Gini, R., et J. Pasquini. 2006. Automatic generation of documents. *Stata Journal* 6 : 22–39.

Greene, W. H. 2008. *Econometric Analysis.* 6th ed. Upper Saddle River, NJ : Prentice Hall.

Greene, W. H., et D. Hensher. 1997. Multinomial logit and discrete choice models. In *LIMDEP Version 7.0 User's Manual*, ed. W. H. Greene, vol. Revised. Plainview, NY : Econometric Software.

Hosmer, D. W., Jr., et S. Lemeshow. 2000. *Applied Logistic Regression*. 2nd ed. New York : Wiley.

Jann, B. 2007. Making regression tables simplified. *Stata Journal* 7 : 227–244.

Long, J. S., et J. Freese. 2006. *Regression Models for Categorical Dependent Variables Using Stata*. 2nd ed. College Station, TX : Stata Press.

Maddala, G. S. 1983. *Limited-Dependent and Qualitative Variables in Econometrics*. Cambridge : Cambridge University Press.

Mitchell, M. 2007. Strategically using general purpose statistics packages : A look at Stata, SAS, and SPSS. Technical report, UCLA Academic Technology Services. http ://www.ats.ucla.edu/stat/technicalreports/number1_editedFeb_2_2007/ucla_ATSstat_tr1_1.1_0207.pdf.

———. 2008. *A Visual Guide to Stata Graphics*. 2nd ed. College Station, TX : Stata Press.

Newton, H. J. 2005. A conversation with William Gould. *Stata Journal* 5 : 19–31.

Pregibon, D. 1981. Logistic regression diagnostics. *Annals of Statistics* 9 : 705–724.

Ramsey, J. B. 1969. Tests for specification errors in classical linear least squares regression analysis. *Journal of the Royal Statistical Society, Series B* 31 : 350–371.

Sanders, L., ed. 1989. *L'analyse des données appliquée à la géographie*. Montpellier : Reclus.

Saporta, G., ed. 1990. *Probabilités, analyse des données et statistique*. Paris : Editions Technip.

Scott, L. M., ed. 1999. *Programming Language Pragmatics*. San Francisco : Morgan Kaufmann.

StataCorp. 2007. *Stata 10 Multivariate Reference Manual*. College Station, TX : Stata Press.

Szroeter, J. 1978. A class of parametric tests for heteroscedasticity in linear econometric models. *Econometrica* 46 : 1311–1328.

Thomas, A. 2000. *Econométrie des variables qualitatives*. Paris : Dunod.

Volle, M. 1978. Analyse des données. In *Economie et Statistiques avancées*. Paris : Economica.

Vuong, Q. H. 1989. Likelihood-ratio tests for model selection and non-nested hypotheses. *Econometrica* 57 : 307–333.

Watson, I. 2007. Publications quality tables in Stata : a tutorial for the tabout program. http ://www.ianwatson.com.au/stata/tabout_tutorial.pdf.

# Index des auteurs

# Index général

# Index des commandes, options, et fonctions